普通高等教育计算机类系列教材

计算机组成原理

主　编　杨　洁

副主编　黄丽佳　崔莉莉　李　斌

参　编　刘中原

机械工业出版社

本书系统地介绍了计算机的基本组成和工作原理。全书共分9章，主要内容包括：计算机系统概论、计算机中信息的表示方法、运算方法和运算部件、存储系统、指令系统、中央处理器、总线系统、计算机的外围设备以及输入/输出系统。

本书内容全面、概念清晰、重点突出，内容组织循序渐进、深入浅出、系统性强。在编写过程中，注重基础知识、基本原理和基本技能的讲解。为了让学生更好地理解并掌握所学的知识，书中列举了大量的实例。此外，为了配合工程教育认证的需要，全书结构和内容更加贴近 OBE 的实际要求，知识点的侧重上也更加符合工程认证的实际需求。

本书既可作为高等教育计算机专业的"计算机组成原理"课程的教学用书，也可作为计算机工程技术人员及计算机爱好者的参考书。

为了方便教学，本书配备电子课件等教学资源。凡选用本书作为教材的教师均可登录机械工业出版社教育服务网 www.cmpedu.com 下载。另外，可在超星慕课查看本书的视频等教学资源。

图书在版编目（CIP）数据

计算机组成原理 / 杨洁主编. —北京：机械工业出版社，2020.11
（2024.7重印）

普通高等教育计算机类系列教材

ISBN 978-7-111-66903-6

Ⅰ.①计… Ⅱ.①杨… Ⅲ.①计算机组成原理—高等学校—教材 Ⅳ.①TP301

中国版本图书馆 CIP 数据核字（2020）第 220112 号

机械工业出版社（北京市百万庄大街22号 邮政编码100037）
策划编辑：王玉鑫 责任编辑：王玉鑫 侯 颖
责任校对：王 延 封面设计：张 静
责任印制：郜 敏
中煤（北京）印务有限公司印刷
2024 年 7 月第 1 版第 6 次印刷
184mm×260mm · 15.5 印张 · 360 千字
标准书号：ISBN 978-7-111-66903-6
定价：39.80 元

电话服务　　　　　　　　　　网络服务
客服电话：010-88361066　　机 工 官 网：www.cmpbook.com
　　　　　010-88379833　　机 工 官 博：weibo.com/cmp1952
　　　　　010-68326294　　金 书 网：www.golden-book.com
封底无防伪标均为盗版　　机工教育服务网：www.cmpedu.com

前言

PREFACE

　　"计算机组成原理"是计算机及相关专业的一门核心专业基础课程。学生在学习了"计算机导论""程序设计基础"等课程,对计算机的应用有了基本的了解之后,就需要了解计算机的基本组成和工作原理。此外,对于后续课程,如"操作系统"等的学习,也需要先掌握计算机的基本工作原理,在此基础上进行后续学习。因此,从课程地位来说,"计算机组成原理"在整个课程体系中起着承上启下的作用,是计算机及相关专业的主干课程之一。

　　本书从传授知识和培养能力的目标出发,结合"计算机组成原理"课程的教学特点;注重从应用中提出问题,再进一步给出解决问题的思路和方法,循序渐进,深入浅出。在内容组织方面,注重基础概念和基础知识、基本原理和基本技能的培养,并根据学生的特点,力求重点突出,要点讲明,难点讲透,通俗易懂。

　　本书共分 9 章。第 1 章主要介绍计算机的基本特性、基本组成和相关的基本概念,从整体角度概述计算机的基本组成;第 2 章讲述了各种信息在计算机中的表示方法,包括带符号数的表示、无符号数的表示、字符和汉字的编码以及常用的数据校验码,同时还介绍了语音和图像等信息的表示方法;第 3 章讲述了定点数和浮点数的运算方法和常用的运算部件,包括加、减、乘、除基本算术运算及与、或、非等基本逻辑运算的原理和具体步骤,讲述了运算部件的基本构成及其工作原理,并介绍了相应运算器芯片的逻辑功能;第 4 章讲述了计算机的存储系统,介绍了存储系统的层次结构,从基本存储单元电路入手讲述 RAM 和 ROM 的工作原理,以及高速缓存和虚拟存储器的基本概念和基本工作原理;第 5 章介绍了指令系统以及寻址方式,并以 Pentium CPU 为例对指令系统进行了分析;第 6 章讲述了中央处理器的组成、各种控制方法的原理;第 7 章讲述了总线系统,并以微型机为例介绍了常用的 PCI 总线;第 8 章介绍了常用的输入/输出设备以及各种外部存储器的特点和基本工作原理;第 9 章介绍了计算机的输入/输出系统,包括 I/O 的控制方式、接口技术等,重点讲述了中断技术和DMA 技术。本书的教学学时数约为 64 学时,涵盖了所有计算机组成原理的重要知识点。

　　本书由上海第二工业大学杨洁主编,参加编写工作的还有黄丽佳、崔莉莉、李斌和刘中原。在本书编写过程中,学校领导和相关教师对本书的编写工作给予了极大的帮助和支持,在此对他们表示衷心的感谢!

　　在本书编写过程中,编者基于目前工程教育认证的 OBE 理念进行相应的探索,力求在最大限度地满足本科教学要求的基础上,进一步符合工程教育认证的实际要求,达到工程教育认证的教学目标。由于时间仓促,编者水平有限,疏漏和不足之处在所难免,希望读者和同行专家批评、指正,以便以后进行修订和补充。

编　者

前言

目 录

CONTENTS

第1章
计算机系统概论

20 世纪 40 年代诞生的电子数字计算机（简称计算机）是 20 世纪最重大的发明之一，是人类科学技术发展史中的一个里程碑。计算机不同于一般的电子设备，它是由硬件、软件组成的复杂的自动化设备。本章主要介绍计算机的产生、发展、分类与应用，以及计算机硬件和软件的基本概念，计算机的层次结构，计算机的基本组成与主要性能指标等。

"计算机"这一术语是从英语"computer"一词翻译过来的。在 20 世纪 50 年代初，人们把"computer"看作是一种新型的计算工具。但随着计算机技术的飞速发展，计算机的功能已远远超出了"计算"这个范围，其处理对象已扩大到数字、文字、图形、图像、声音等多种形式，计算机的应用也迅速扩展到数据处理、事务处理、过程控制、计算机通信和计算机辅助系统等领域。现在，重新认识"计算机"的含义，应把它理解为由硬件和软件两大部分组成的，能按照事先存储的程序（人们意志的体现）自动、高速地对数据进行输入、处理、输出和存储的高度自动化的电子设备。

1.1 计算机的发展与应用

1.1.1 计算机的发展简史

1946 年，在宾夕法尼亚大学诞生了世界上第一台电子数字计算机，这台计算机的名字被称为 ENIAC（Electronic Numerical Integrator and Computer），即电子数值积分和计算机。其外观长 30.48m，宽 1m，占地面积 170m²，有 30 个操作台，约相当于 10 间普通房间的大小，重达 30t，耗电量为 150kW，造价 48 万美元。它使用了约 18000 个电子管、70000 个电阻、10000 个电容、1500 个继电器和 6000 多个开关，每秒执行 5000 次加法或 400 次乘法，速度是继电器计算机的 1000 倍、手工计算的 20 万倍。它每次最多只能存储 20 个字长为 10 位的十进制数；计算程序是通过"外接"的线路实现的，并没有采用"程序存储"方式。ENIAC 是一个专用机，因为它是最早诞生的一台电子计算机，因此被认为是现代计算机的始祖。

在研究 ENIAC 的同时，美籍匈牙利科学家冯·诺依曼与莫尔学院合作提出了一个全新的存储程序的通用电子计算机方案，这就是 EDVAC（Electronic Discrete Variable Automatic Computer），即离散变量自动电子计算机。他首先提出了计算机采用"二进制"代码表示数据和指令，并提出了"程序存储"的概念，使计算机能够存储程序，并自动地执行程序，为现代电子计算机奠定了基础。这台被认为是现代计算机原型的通用计算机 EDVAC 是从 1941 年开始设计，到 20 世纪 50 年代初才研制成功。在它未研制成功之前，冯·诺依曼的设计思想启发了另外两台机器的设计：一台是在威尔克斯（Wilkes）指导下的于 1949 年在英国剑桥大学研制成功的 EDSAC，它用了约 3000 个电子管，能存储 512 个 34 位的二进制数；另一台是在图灵（Turing）指导下的于 1950 年在英国剑桥大学研制成功的 ACE，其字长为 32 位，存储容量也是 512 个单元，做加减运算需要 32ns，乘法运算需要 1ms，仅使用了约 1000 个电子管。

自 1946 年第一台电子计算机 ENIAC 问世以来，计算机大致经历了从电子管、晶体管、中小规模集成电路、超大规模集成电路、人工智能到生物计算机六个发展阶段。

1. 第一代电子管数字计算机（1946～1956 年）

电子管数字计算机的主要逻辑部件为电子管；主存储器采用磁心、磁鼓，外存采用磁带；程序设计主要采用机器语言和汇编语言；应用以科学计算为主。

其主要特点是体积大，功耗大，运算速度每秒只有几千次到几万次，价格较昂贵，可靠性差。但是，它奠定了以后计算机高速发展的科学基础。

在此期间，计算机体系结构形成，确定了程序设计的基本方法，"数据处理机"开始应用。

2. 第二代晶体管数字计算机（1957～1964 年）

晶体管数字计算机的逻辑部件为晶体管；主存采用磁心，外存储器采用磁盘；软件有了很大的发展，出现了多种用途的操作系统，以及各种各样的高级语言和编译语言，如 FORTRAN、COBOL 等高级语言；应用以各种数据处理、事务处理为主，并开始用于工业控制。

其主要特点是体积小、重量轻、耗电少、运算速度每秒达十万次以上、可靠性好。

在此期间，"工业控制机"开始得到应用。

3. 第三代中小规模集成电路计算机（1965～1970 年）

中小规模集成电路计算机的逻辑部件采用中、小规模集成电路；用半导体存储器件代替磁心存储器，采用流水线、多道程序和并行处理技术；软件逐渐完善，出现分时操作系统以及会话式语言等多种高级语言，提出模块化与结构化程序设计。在发展大型机的同时，"小型计算机"开始出现；计算机品种开始向多样化、系列化发展，应用领域不断扩大。

其主要特点是体积更小、速度快、精度高、功能强、计算机成本进一步下降；软件向系列化、多样化发展。

4. 第四代超大规模集成电路计算机（1971～1981 年）

超大规模集成电路计算机的逻辑部件以大、超大规模集成电路为主要功能器件；硬件和软件的技术日益完善，计算速度在每秒千万次或亿次以上，开始以分布式处理来组织系统；应用开始进入尖端科学、军事工程、空间技术和大型事务处理等社会科学和社会生活的各个领域。

其主要特点是速度更快、集成度更高、软件丰富、有通信功能、软/硬件密切配合。

随着大规模集成电路的发展，20 世纪 70 年代，计算机开始向微型化方向发展。1971 年年末在美国硅谷诞生了第一个微处理器和微型计算机，开创了微型计算机的新时代。

5. 第五代人工智能计算机

20 世纪 80 年代开始了第五代计算机系统的研究。1981 年 10 月，日本首先向世界宣告开始研制第五代计算机，并于 1982 年 4 月制订为期 10 年的"第五代计算机技术开发计划"，总投资约为 1000 亿日元。

第五代计算机是为适应未来社会信息化的要求而提出的，与前四代计算机有着本质的区别，是计算机发展史上的一次重要变革。第五代计算机基本结构通常由问题求解与推理、知识库管理和智能化人机接口三个基本子系统组成。当前第五代计算机的研究领域大体包括人工智能、系统结构、软件工程和支援设备，以及对社会的影响等。

人工智能的应用将是未来信息处理的主流，因此，第五代计算机的发展，必将与人工智能、知识工程和专家系统等的研究紧密相连，并为其发展提供新基础。

其主要特点是模拟人类视神经控制系统，所以被称为"视感控器"或"空间电路计算机"。

6. 第六代生物计算机

由于半导体硅晶片的电路密集、散热问题难以彻底解决，影响了计算机性能的进一步发挥与突破。研究人员发现，脱氧核糖核酸（DNA）的双螺旋结构能容纳巨量信息，其存储量相当于半导体芯片的数百万倍。一个蛋白质分子就是一个存储体，而且阻抗低、能耗小、发热量极低。基于此，利用蛋白质分子制造出基因芯片，研制生物计算机（也称分子计算机或基因计算机等）已成为当今计算机技术发展的最前沿。生物计算机比硅晶片计算机在速度、性能上有质的飞跃，被视为极具发展潜力的"第六代计算机"。

有意思的是，第六代计算机的核心是十进制，它和二进制区分十分明显，能识别自然语言的 0~9 的十进制数；计算方式可兼容二进制的方式，可运行珠算等多种算法。

与普通计算机不同的是，由于生物芯片的原材料是蛋白质分子，所以，生物计算机芯片既有自我修复的功能，又可直接与生物活体结合。同时，生物芯片具有发热少、功耗低、电路间无信号干扰等优点。

1.1.2　计算机的发展趋势

1. 巨型化

将来计算机比现代的巨型机具有更高的速度、更大的存储容量，用它来研究现在无法进行研究的问题。这种计算机具有像人脑一样的学习能力和推理能力。

超高速的运算能力已成为巨型机的主要指标。而单纯提高电子器件的速度用传统的体系结构是无法实现上亿次运算的。为此，必须从计算机的体系结构上进行改进，这就出现了巨型机特有的并行处理的结构形式。

另一方面，巨型机的主要表现为超级计算机。超级计算机主要运用于模拟核爆、天气预报等需要处理海量数据的场合。超级计算机反映了当代计算机的最高水平，在一定程度上代表了一个国家的计算机综合水平。

2．微型化

微电子学的迅速发展，使得集成电路芯片的元器件集成度以每 18 个月翻一番的速度增长，现在每个芯片上可集成 5000 万到 1 亿个甚至更多个晶体管，运算速度可达每秒 20 亿条指令。在大规模集成电路和超大规模集成电路技术的支持下，微型计算机得到飞速发展。

2005 年以来出现的"酷睿"系列微处理器是一款先进节能的新型微架构，设计的出发点是提供卓然出众的性能和能效，提高每瓦特性能，也就是所谓的能效比。早期的酷睿是基于笔记本处理器的。2006 年发布的酷睿 2 是一个跨平台的构架体系，包括服务器版、桌面版、移动版三大领域。其中，服务器版的开发代号为 Woodcrest，桌面版的开发代号为 Conroe，移动版的开发代号为 Merom。2019 年 5 月，Intel 正式宣布了第十代酷睿处理器。它采用 10nm 工艺的 Ice Lake 处理器，使用全新的 CPU、GPU 及 AI 架构，服务器类 Woodcrest 为开发代号，实际的产品名称为 Xeon 5100 系列。

SNB（Sandy Bridge）是英特尔公司在 2011 年初发布的处理器微架构，这一架构的最大意义莫过于重新定义了"整合平台"的概念，与处理器"无缝融合"的"核芯显卡"终结了"集成显卡"的时代。这一创举得益于全新的 32nm 制造工艺。由于 SNB 构架下的处理器采用了比之前的 45nm 制造工艺更先进的 32nm 制造工艺，理论上实现了处理器功耗的进一步降低，以及电路尺寸和性能的显著优化，这就为将整合图形核心（核心显卡）与 CPU 封装在同一块基板上创造了有利条件。此外，第二代酷睿还加入了全新的高清视频处理单元。视频转解码速度的高与低跟处理器是有直接关系的，由于高清视频处理单元的加入，新一代酷睿处理器的视频处理时间比老款处理器至少提升了 30%。

2012 年英特尔公司正式发布了第三代酷睿处理器 Ivy Bridge（IVB）。22nm Ivy Bridge 将执行单元的数量翻一番，达到最多 24 个，带来性能上的进一步跃升。2018 年 10 月 8 日，在秋季产品发布会上推出了第九代酷睿处理器。它沿用了第八代 Coffee Lake 芯片的 14nm++工艺。

3．网络化

网络化就是用通信线路把多个分布在不同地点的计算机联成网络系统，目的是实现计算机间资源的共享。用户可以在不同的地点，分时地使用同一个计算机网络。在信息社会里，计算机网络是不可缺少的社会环境。1993 年，原美国副总统戈尔提出"信息高速公路"的设想，宣布实施一项新的高科技计划——"美国信息基础设施"（NII），很快在全世界得到共鸣和响应。

目前，各类局域网（LAN）、城域网（MAN）和广域网（WAN）普遍得到应用。近年来形成的国际互联网（Internet）已经连接了包括我国在内的 150 多个国家和地区。

4．智能化

计算机智能化是新一代计算机追求的目标。即研究如何模仿、延伸和扩展人的智能，以实现某些"机器思维"或脑力劳动自动化。简化计算机的使用，使计算机能模拟人的感觉和思维过程，能识别图像和语音，并具有学习和控制的能力。

目前已研制出的机器人有的可以代替人从事危险环境的工作，有的能和人下棋博弈，这都从本质上扩充了计算机的功能，使计算机成为逐渐替代人的脑力和体力劳动的机器。

展望未来，计算机的发展必然要经历很多新的突破。从目前的发展趋势来看，未来的计算机将是微电子技术、光学技术、超导技术和电子仿生技术相互结合的产物。第一台超高速全光数字计算机，已由英国、法国、德国、意大利和比利时等国的 70 多名科学家和工程师合作研制成功，光子计算机的运算速度比电子计算机快 1000 倍。在不久的将来，超导计算机、神经网络计算机等全新的计算机也会诞生，届时计算机将发展到一个更高、更先进的水平。

1.1.3　计算机的分类

计算机按用途可以分为专用计算机和通用计算机。专用计算机是为解决某一应用问题而专门设计的，是最经济、最快速的计算机，但是它的适应性很差。通用计算机适应性很强，应用面很广，但是运行效率、速度和经济性，比起专用计算机来说就逊色得多。

通用计算机按其处理问题的规模、速度和功能等又可分为巨型机、大型机、中型机、小型机、微型机、工作站等。这些类型计算机之间的基本区别通常在于机器体积的大小、结构的复杂程度、功率的消耗、性能指标、数据存储容量、指令系统和设备、软件配置等不同。

1．巨型机

巨型机又称超级计算机（简称超算），其运算速度每秒接近或超过 1 亿次，要求采用高速器件及并行处理的体系结构。

每个国家超级计算机的能力最为直观的体现是 TOP 500 榜单。该榜单于 1993 年开始，由国际组织"TOP 500"编制，每半年发布一次。2018 年 TOP 500 前 10 名排名情况如图 1-1 所示。2019 年 11 月 18 日，TOP 500 榜单面世，美国超级计算机"顶点"蝉联冠军。中国蝉联上榜数量第一。

时间	2018年11月 全球超级计算机TOP 500　前10名			2018年6月 全球超级计算机TOP 500　前10名		
排名	名称	国家	处理器个数	名称	国家	处理器个数
1	Summit	美国	2397824	Summit	美国	2282544
2	Sierra	美国	1572480	神威·太湖之光	中国	10649600
3	神威·太湖之光	中国	10649600	Sierra	美国	1572480
4	天河2	中国	4981760	天河2	中国	4981760
5	Piz Daint	瑞士	387872	ABCI	日本	391680
6	Trinity	美国	979072	Piz Daint	瑞士	361760
7	ABCI	日本	391680	Titan	美国	560640
8	SuperMUC-NG	德国	305856	Sequoia	美国	1572864
9	Titan	美国	560640	Trinity	美国	979968
10	Sequoia	美国	1572864	Cori	美国	622336

图 1-1　2018 年 TOP 500 前 10 名排名情况（中国存储网整理）

超　算

2019 年 11 月的榜单前 10 位排名较上次未发生变化。美国超级计算机"Summit"以每秒 14.86 亿亿次的浮点运算速度再次登顶，第二位是美国超算"Sierra"，中国超算"神威·太湖之光"和"天河 2"分列三、四位。在上榜数量上，中国有 228 台超算上榜，蝉联上榜数量第一，比半年前的榜单增加 9 台；美国以 117 台位列第二。从总算力上看，美国超算占比为 37.1%，中国超算占比为 32.3%。

2．大型机

大型机包括通常所说的大型机和中型机，其运算速度为每秒 100 万次以上。这种大型机主要以美国 IBM 公司生产的系列产品为代表，其中 IBM 3090 系列的高档机可扩充为巨型机，能达到每秒运行 1 亿次浮点运算的水平。

3．小型机

小型机规模小、结构简单、操作简便、容易推广。具有代表性的是 DEC 公司的 VAX 系列小型机。我国生产过的与 NOVA 兼容的 DJS100 系列、与 PDP11 兼容的 DJS180 系列等都属于小型机。

4．微型机

微型机简称 PC，是面向个人或家庭的。微型机结构简单、价格便宜、操作容易、使用方便。微型机种类繁多，其中最大的系列是 IBM PC 及其兼容机，其次是 Apple Mac 系列机和 PS/2 系列机。

5．工作站

工作站是一种高端的通用微型计算机。它是为了单用户使用并提供比个人计算机更强大的性能，尤其是在图形处理和任务并行方面的能力。通常配有高分辨率的大屏、多屏显示器及容量很大的内存储器和外存储器，并且具有极强的信息和图形图像处理功能的计算机。另外，连接到服务器的终端机也可称为工作站。工作站的应用领域主要有：科学和工程计算、软件开发、计算机辅助分析、计算机辅助制造、工程设计和应用、图形和图像处理、过程控制和信息管理等。

1.1.4　计算机的应用

计算机能迅速发展，主要原因是它的应用广泛性，而计算机化已成为衡量一个国家现代化水平的重要标志。计算机的应用范围主要有以下几个方面。

1．数值计算

数值计算最早应用于科学计算和工程技术方面的领域。这种计算机的特点是输入的是数据，输出的也是数据。例如，大范围的地区气象预报，如果用人工计算需要几天时间完成，这样就不是预报了；用解气象方程式的方法预测气象的变化，准确性较高，但计算工作量大。所以，只有在高速电子计算机出现之后，这种方法才有实用价值。

计算机学科所提供的工具和技术不但加速了科学研究的进程，而且促进了许多新学科分支的建立，如计算化学、计算光学、计算天文学等。

总之，计算机在科学计算和工程计算中的应用，不仅减轻了大量烦琐的计算工作量，更重要的是，一些以往无法解决、无法及时解决或无法精确解决的问题都得到了圆满的解决。

2．信息处理

信息处理的范围相当广泛，概括起来就是对原始数据进行收集、存储、分类、检索、制表等，即把众多的数据按要求整理出一种新的记录形式。信息处理应用十分广泛，如事务处理、企业管理、情报检索、飞机订票、办公自动化等。近些年，各种计算机应用管理所占的比重越来越大，带来的各种效益也十分明显。

此外，信息处理工作也从它的传统范围扩大到其他方面。例如，在医学方面，用计算机来处理病例并用于病情的诊断；用 X 光机进行扫描，用计算机处理获得的数据，可以显示出立体剖面图等。

3．过程控制

计算机具有的高速计算能力和逻辑判断能力，借助传感器、数/模和模/数转换器、执行机构，应用于生产过程和卫星、导弹、火炮等发射过程的实时控制。对于用于控制的计算机，输入量可以是温度、压力、角度、位置、电压等模拟量，将这些模拟量转换成数字量，经过计算和加工处理后，再转换成模拟量才能用于被控制对象。被控制的对象可以是一台或一组机床，一个生产工段，一个车间或整个工厂。这样不仅可以大大提高自动化水平，减轻劳动强度，还可以提高控制系统的准确性，提高产品的质量。

4．辅助教学

计算机辅助教学（CAI）已被普遍应用。利用计算机的存储量大、具有人机交互功能、能处理各种信息的特点设计制作的辅助教学软件，可以模拟各学科的课堂教学过程，突破某些利用传统手段难以实现的知识难点讲解。在教学形式、因材施教、自学、练习、考试、阅卷等方面都更具有优势。

5．辅助设计

由于计算机有快速的数值计算、较强的数据处理以及模拟的能力，在飞机、船舶、半导体集成电路、大型的自动系统等设计中，辅助设计/辅助制造（CAD/CAM）占据着越来越重要的地位。采用 CAD/CAM 技术，要求计算机辅助设计系统配置有图形显示、绘图仪等设备以及图形语言、图形软件等。设计人员可借助这些专用软件和输入/输出设备把设计要求或方案输入到计算机中，再通过相应的应用程序进行处理后再把结果显示出来，设计人员通过鼠标或光笔等进行反复修改，直到满意为止。

6．人工智能

可以用计算机模仿人脑的高级思维活动，如证明数学定理、进行常识性推理、理解自然语言、诊断疾病、下棋、破译密码等，所以人工智能又被称为"智能模拟"。

计算机专家系统就是将专家的知识和经验存入计算机并编制计算机程序，按照专家演绎推理的思维过程，对原始数据进行逻辑的或可能的演绎推理，做出判断和决策。目前，专家系统广泛地应用于经济、生物、医学、心理等领域。

7．机器人

利用计算机技术的机器人除了能在高温、辐射等危险和恶劣的环境下工作以外，还能根据识别的控制对象和周围的环境，来做出判断和决策变化的行动，完成预定的任务。

1.2 计算机系统

1.2.1 计算机的硬件和软件

一个计算机系统包括硬件和软件两大部分，如图 1-2 所示。对于计算机系统的定义也有多种解释，大体上描述为：能按照事先存储的程序，自动、高速地对数据进行输入、处理、输出和存储的高度自动化的电子设备。

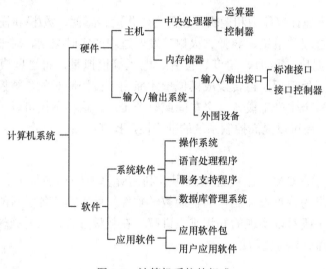

图 1-2　计算机系统的组成

硬件（hardware）是指计算机系统中的实体部分，它由电子的、磁性的、机械的、光的元器件组成，包括运算器、控制器、存储器、输入设备和输出设备五大部分。

软件（software）是相对硬件而言的。计算机软件是指在计算机硬件上运行的各种程序和有关文档的总称，包括系统软件和应用软件两大类。

计算机的功能是通过软件和硬件共同实现的，硬件好比计算机的"躯体"，而软件犹如计算机的"灵魂"，两者相辅相成、互相渗透，在功能上并无严格的分界线。在计算机技术的发展过程中，计算机软件随硬件技术的发展而发展；反过来，软件的不断发展与完善，又促进了硬件的发展。两者的发展密切地交织着。从原理上来说，具备了最基本的硬件之后，某些硬件的功能可由软件实现——软化；反之，某些软件的功能也可由硬件实现——固化。

1.2.2 计算机系统的层次结构

从计算机操作者和程序设计员两个角度所看到的计算机系统具有完全不同的属性。为了更好地表达和分析这些属性，一般把计算机划分为若干层次，用一种层次结构的观点去看待和分析计算机。下面介绍的是用虚拟机的概念划分计算机的层次结构。

1．虚拟机（virtual machine）的概念

虚拟机是一个抽象的计算机，它由软件实现，与实际机器一样，都具有一个指令集并可使用不同的存储区域。例如，一台机器上配有 C 语言和 Pascal 语言的编译程序，对 C 语言的用户来讲，这台机器就是以 C 语言为机器语言的虚拟机；对 Pascal 语言的用户来讲，这台机器就是以 Pascal 语言为机器语言的虚拟机。

2．虚拟机的层次结构

如果从语言的角度来划分计算机系统的层次结构，那么虚拟机可分成如图 1-3 所示的操作系统虚拟机、汇编语言虚拟机、高级语言虚拟机和应用语言虚拟机等层次。

一旦机器（实际机器或虚拟机）确定下来后，所识别的语言也随之确定；反之，当一种语言形式化之后，支撑该语言的机器即可确定。这有助于正确理解各种语言的实质和实现途径，从计算机系统的层次结构图中可清晰地看到这种机器与语言的对应关系。

虚拟机概念的引入，推动了计算机体系结构的发展。由于各层次的虚拟机可方便地识别相应层次的计算机语言，从而摆脱了这些语言必须在同一台机器上执行的情况，为日后的多处理器系统、分布式处理系统、计算机网络、并行计算机系统等计算机体系结构的出现奠定了基础。

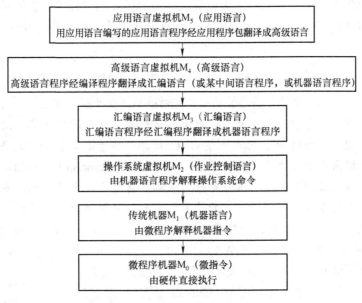

图 1-3　计算机系统的层次结构图

1.3　计算机的基本组成

1.3.1　冯·诺依曼计算机的特点

1945 年，美籍匈牙利科学家冯·诺依曼（Von Neumann）等人在研究 EDVAC 时，提

出了"存储程序"的概念。后来以此概念为基础的各类计算机被统称为冯·诺依曼机。它的特点可归结为：

1）计算机由运算器、存储器、控制器和输入设备、输出设备五大部件组成。

2）指令和数据以同等地位存放于存储器中，并可按地址寻访。

3）指令和数据均以二进制数表示。

4）指令由操作码和地址码组成，操作码用来表示操作的性质，地址码用来表示操作数所在存储器的位置。

5）指令在存储器内按顺序存放。通常，指令是顺序执行的，在特定条件下，可根据运算结果或根据设定的条件改变执行顺序。

6）机器以运算器为中心，输入/输出设备与存储器的数据传送通过运算器完成。

第2）～5）条说明了冯·诺依曼机思想的核心内容——"存储程序"的工作方式。即首先要将事先编写好的程序（包含指令和数据）存入主存储器中，计算机在运行程序时就能自动、连续地从存储器中依次取出指令并执行，全程无须人工干预，直到程序执行结束为止。这是计算机能高速自动运行的基础。

冯·诺依曼对计算机界的最大贡献是首次提出并实现了"存储程序"的概念。70多年来，尽管计算机以惊人的速度发展，但就结构原理来说，目前绝大多数计算机仍建立在"存储程序"概念的基础上。采用冯·诺依曼机结构的计算机统称冯·诺依曼结构计算机，如数据驱动的数据流计算机、需求驱动的归约计算机和模式匹配驱动的智能计算机等。

本书主要介绍冯·诺依曼结构计算机的组成。

冯·诺依曼（John Von Neuman，1903—1957）与 ENIAC

冯·诺依曼是20世纪最有创造性的天才科学家之一，是一个横跨数、理、化等学科的全才。他最大的贡献是建立了现代计算机设计的一般逻辑理论。1944年，他参加ENIAC计算机的研究工作。1946年，与他人合作提出更完善的计算机设计报告，以香农（Shannon）提出的二进制、程序内存以及指令和数据统一存储为基础，奠定了现代计算机体系结构的根基。直至今日，一代又一代的计算机绝大多数仍沿用这一结构，因此可统称为"冯·诺依曼"机。1953年3月，他领导的小组发表了全新的存储程序式通用电子计算机方案——电子离散变量自动计算机（EDVAC）。

1945年春天，由美国宾夕法尼亚大学摩尔电机学院研制的世界上第一台电子计算机ENIAC（electronic numerical integrator and computer）开始运行，用这台计算机计算弹道参数，60秒射程的弹道计算，由原来的20分钟缩短为30秒。

除了常规的弹道计算之外，ENAIC的工作还涉及天气预报、原子核能、风洞实验等诸多领域。冯·诺依曼邀请了研制原子弹的学者在这台计算机上进行了有关原子裂变的能量计算，可以说 ENAIC 为世界上第一颗原子弹的早日问世立下了汗马功劳。1949 年，ENAIC 经过 70 个小时的计算，将圆周率计算到小数点后 2037 位，这是人类第一次用计算机计算出来的最精确的圆周率数值。

ENAIC 于 1955 年退休。10 年间它运行了 8023 个小时，它的算术运算量比有史以来人类大脑所有运算的总和还要大得多。更重要的是，ENAIC 是一个划时代的创举，它成为现代电子数字计算机的始祖。1949 年，英国剑桥大学开发的 EDSAC（electronic delay storage automatic computer）是世界上第一台通用电子数字计算机。从此，人类开始进入了电子计算的电子数字计算机时代。

1.3.2　计算机的主要部件

原始的冯·诺依曼计算机在结构上是以运算器为中心的，而现代计算机已转化为以存储器为中心，如图 1-4 所示（图中实线为控制线，虚线为反馈线，双线为数据线。）

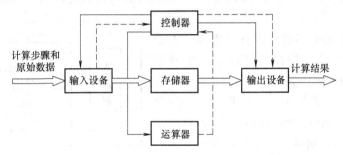

图 1-4　原始的冯·诺依曼计算机结构框图

1．运算器

运算器就好像是一个用电子线路构成的算盘。它的主要功能是执行算术运算和逻辑运算，简称 ALU（arithmetical logical unit）。算术运算是加、减、乘、除和它们的复合运算。逻辑运算是非算术性运算，如比较、转移、逻辑加（或）、逻辑乘（与）、逻辑反（非）及"异或"操作等。

运算器由算术逻辑部件和累加器、寄存器部件两部分构成。算术逻辑部件是运算器的核心，它主要由加法器和有关数据通路组成；累加器、寄存器部件用来提供参与运算的操作数，并存放运算结果。在连续运算中，累加器还用于存放计算的中间结果和最后结果。

2．控制器

控制器是计算机的指挥中心，主要负责对程序规定的控制信息进行分析、实施和协调，使计算机各部件能够有条不紊地进行输入/输出操作或内存访问。运行程序是计算机的主要工作方式，程序包含着为完成某任务而编制的特定指令序列。

计算机的基本操作可归纳为取指令、分析指令和执行指令三个阶段。所有的控制信息来源于控制器。

3．存储器

存储器的功能是存放程序和数据。程序是计算机操作的依据，数据是操作的对象。程序和数据在存储器中都是以二进制的形式表示的，统称为信息。为实现计算机自动运算，这些信息必须先通过输入设备送入存储器中。存储器由许多存储单元组成，每个单元存放一个数据或一条指令。存储单元按某种顺序编号，每个存储单元对应一个编号，称为单元地址，用二进制编码表示。每个单元的地址是固定的，而单元存储的信息可以不同。向存储单元存入或从存储单元取出信息，都称为访问存储器。

存储器分为内存和外存两部分。内存容量小，但存取速度快；外存容量大，但存取速度慢。通常，内存包括 ROM 和 RAM 两种类型；外存储器有磁盘、光盘、移动硬盘等。

4. 输入设备

输入设备的任务是把编好的程序和原始数据送到计算机中，并将它们转换成计算机能识别和接受的信息形式。

5. 输出设备

输出设备是将计算机处理的结果变换成人或其他设备所能接受和识别的信息形式，如字符、文字、图形、图像、声音等。

总之，计算机的上述五大部件（也称五大子系统）在控制器的统一指挥和管理下，协同工作，自动地完成规定的任务。

现代计算机可认为是由三大部件组成，即中央处理器（CPU）、输入/输出（I/O）设备和主存储器（main memory，MM），如图 1-5 所示。CPU 与 MM 合起来又可称为主机，I/O 设备也可叫作外围设备。MM 是存储器子系统中的一种，用于存放程序和数据，它可直接与 CPU 交换信息。另一种叫辅助存储器，简称辅存或外存。控制单元（control unit，CU）用来解释存储器中的命令，并向各执行部件发出操作命令以执行指令。ALU 和 CU 是 CPU 的核心部件。

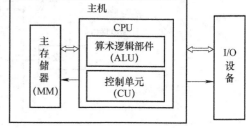

图 1-5　现代计算机的组成框图

1.3.3　计算机的总线结构

将上述五大基本部件按某种方式连接起来就构成了计算机的硬件系统。目前，许多计算机（主要是小型机和微型机）的各大基本部件之间是用总线（bus）连接起来的。

所谓总线是一组能为多个部件服务的公共信息传送线路，它能分时地发送和接收各部件的信息。一般来说，总线可分成以下三种类型：

1）数据总线：用于传输数据。

2）地址总线：用于传输内存存储单元的地址。

3）控制总线：用于传输控制信号。

在上述三种总线上，相应的信息在总线控制器的控制下，分时地传输不同部件间的信息。图 1-6 所示的是具有单总线结构的计算机原理图。

分时和共享是总线的两大基本特征。所谓共享，是指多个部件连接在同一组总线上，各部件之间交换的信息都可通过这组总线传送。分时是指同一时刻总线只能提供给一对部件传送信息，系统中的多个部件是不能同时传送信息的。显然，使用总线时，机器速度相对要慢一些。为了提高数据传送速度，计算机内可设置多组总线。

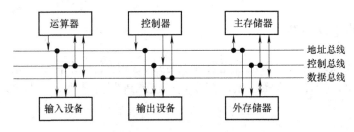

图 1-6　单总线结构的计算机原理图

1.3.4　计算机的语言

编程语言（程序设计语言）是一组用来定义计算机程序的语法规则。它是一种被标准化的交流技巧，用来向计算机发出指令。一种计算机语言让程序员能够准确地定义计算机所需要使用的数据，并精确地定义在不同情况下所应当采取的行动。换句话说，编程语言就是人和计算机之间用来沟通的。它和人类的语言十分相似，人类有汉语、英语、拉丁语等，都是由符号和语法组成的。计算机也有各种不同的程序设计语言，也是由符号和语法组成的。程序设计语言通常可分为机器语言、汇编语言和高级语言三类，每一类又有许多种，而且还在不断发展和改进。

1. 机器语言

这是一种用二进制代码"0"或"1"来代表指令和数据的最原始的程序设计语言，但却是机器唯一能够识别的程序设计语言，习惯上称机器语言。用机器语言编程非常烦琐、费时，因而一般都不用机器语言编程。

2. 汇编语言

汇编语言是一种用助记符来表示的面向机器的程序设计语言。这种语言比较直观、易懂，而且容易记忆。对指令中的操作码和操作数，也容易区分清楚。例如，若要计算机执行两个数 23 和 15 相加，则用汇编语言描述的程序为：

```
MOV  AX, 17H
ADD  AX, 0FH
HLT
```

用汇编语言编写的程序计算机是不能直接识别的。因此，用汇编语言编制的源程序在执行前必须先编译成机器语言表示的目标程序。另外，汇编语言与计算机的结构和指令系统是密切相关的。因此，对于不同类型的计算机，它的汇编语言也往往是不能通用的。

3. 高级语言

高级语言是一种面向过程的、独立于计算机的通用语言。利用高级语言编程，人们可以不必去了解计算机的内部逻辑结构，而将精力集中在课题研究、算法和过程描述。由于高级语言对过程的描述比较接近人们的习惯，因而易学、易懂。程序员用高级语言编程比用汇编语言编程的效率要高得多。同样，用高级语言编写的程序必须经翻译程序或解释程序翻译成目标程序，计算机才可以运行。

1.3.5 计算机的工作过程

为使计算机按预定要求工作，首先要编制程序。程序是一个特定的指令序列，它告诉计算机要做哪些事，按什么步骤去做。指令是一组二进制信息代码，用来表示计算机所能完成的基本操作。

1．程序

程序是为求解某个特定问题而设计的指令序列。程序中的每条指令规定机器完成一组基本操作。如果把计算机完成一次任务的过程比作乐队的一次演奏，那么控制器就好比是一位指挥，计算机的其他功能部件就好比是各种乐器与演员，而程序就好像是乐谱。计算机的工作过程就是执行程序的过程，或者说，是控制器根据程序的规定对计算机实施控制的过程。例如，对于算式

$$a+|b|=\begin{cases}a+b & b\geqslant 0\\a-b & b<0\end{cases}$$

计算机的解题步骤可作如下安排：

步骤 1：取 a。

步骤 2：取 b。

步骤 3：判断。若 b≥0，执行步骤 4；若 b<0，执行步骤 6。

步骤 4：执行 a＋b。

步骤 5：转步骤 7。

步骤 6：执行 a–b。

步骤 7：结束。

计算机的工作过程可归结为取指令→分析指令→执行指令→再取下一条指令，直到程序结束的反复循环过程。通常把其中的一次循环称为计算机的一个指令周期。总之，可把程序对计算机的控制归结为每个指令周期中指令对计算机的控制。

2．指令

程序是由指令组成的。指令是计算机所能识别的一组编制成特定格式的代码串，它要求计算机在一个规定的时间段（指令周期）内，完成一组特定的操作。指令的基本格式可归结为操作码（OP）和操作数地址（AD）两部分。

3．指令的执行

指令规定的内容是通过控制器执行的，或者说控制器是按照一条指令的内容指挥操作的。

（1）控制器的功能

1）定序功能：保证按程序规定的顺序执行指令。

2）定时功能：计算机处理信息是通过信息在计算机的逻辑电路中的流通完成的。为保证计算机工作的准确性，控制器要为计算机中的各部件提供统一节拍，使各条指令及组成每条指令的各基本操作（通常称为微操作）都严格地按规定的时间有条不紊地自动执行。

3）操作控制功能：控制器应能按照指令规定的内容，在相应的节拍向有关部件发出操作控制信号。

（2）控制器的组成　在控制器中，上述功能分别由指令部件、时序部件和操作控制部件来完成。控制器工作原理图如图 1-7 所示。

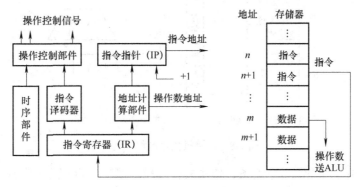

图 1-7　控制器工作原理图

1）指令部件：指令部件的主要功能是取指令和分析指令。它由指令指针（IP）（也叫指令计数器（IC）或程序计数器（PC））、指令寄存器（IR）、指令译码器和地址计算部件组成。

2）时序部件：时序部件也叫节拍发生器，它能为各部件提供一个时间基准。时钟频率（如 800MHz、1GHz、2 GHz、2.4 GHz、3 GHz 等）越高，计算机的工作速度就越快。

3）操作控制部件：该部件的功能是根据指令译码器规定的内容，在规定的节拍内向有关部件发出操作控制信号。

（3）指令的执行过程　通常，计算机执行一条指令的步骤如下：

1）把 IP 中的指令地址送存储器，从该地址取出指令送 IR。

2）地址计算部件根据 IR 中的地址码形成操作数地址送存储器，从该地址取出数据，送到运算器中的寄存器（或寄存器组）。

3）将 IR 中的操作码（OP）送指令译码器进行译码。

4）在操作控制部件发出的操作控制信号的控制下，计算机各有关部件执行 OP 规定的操作。

5）IP 加 1，形成下一条指令地址。如遇到转移指令，则根据对状态标志寄存器测试的结果，决定是否将转移指令中指出的指令地址送 IP。

4. 计算机的解题过程

使用计算机解题大致要经过程序设计→输入程序→执行程序等步骤。现以计算 $a+b-c$ 为例来说明这一过程。

设 a、b、c 为已知的三个数，分别存放在主存的 05～07 号单元中，结果将存放在主存的 08 号单元中。若采用单累加器结构的运算器，要完成上述计算至少需要 5 条指令，这 5 条指令依次存放在主存的 00～04 号单元中，参加运算的数也必须存放在主存指定的单元中，主存中有关单元的内容如图 1-8a 所示。运算器的简单框图如图 1-8b 所示，图中参加运算的一个操作数来自累加器，另一个来自主存，运算结果则放在累加器中。

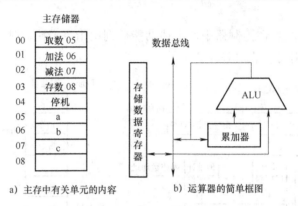

图 1-8　计算机执行过程举例

计算机的控制器对控制指令逐条、依次执行，最终得到正确的结果。具体步骤如下：

1）执行取数指令，从主存 05 号单元取出数 a，送入累加器中。

2）执行加法指令，将累加器中的内容 a 与从主存 06 号单元取出的数 b 一起送到算术逻辑单元（arithmetic logic unit，ALU）中相加，结果 a+b 保留在累加器中。

3）执行减法指令，将累加器中的内容 a+b 与从主存 07 号单元取出的数 c 一起送到 ALU 中相减，结果 a+b−c 保留在累加器中。

4）执行存数指令，把累加器中的内容 a+b−c 存至主存 08 号单元。

5）执行停机指令，计算机停止工作。

1.4　计算机的主要性能指标

评价计算机的性能是一个复杂的问题。早期只用字长、运算速度和存储容量三大指标来衡量，实践证明，只考虑这三个指标是不够的。目前，计算机的主要性能指标有下面几项。

1. 主频

主频即 CPU 的时钟频率，是指计算机的 CPU 在单位时间内发出的脉冲数目。它在很大程度上决定了计算机的运行速度。主频的单位是赫兹（Hz），如 Pentium III 的主频有 450 MHz、500 MHz、733 MHz 等，Pentium 4 的主频在 1GHz 以上。

主频和实际的运算速度存在一定的关系，但并不是一个简单的线性关系。在实际中，CPU 的运算速度还要看 CPU 的流水线、总线等各方面的性能。也就是说，主频仅仅是 CPU 性能表现的一个方面，而不代表 CPU 的整体性能。

在计算机中主频通常由外频和倍频共同组成，并满足主频=外频×倍频。外频即系统总线，CPU 与周边设备传输数据的频率，具体是指 CPU 到芯片组之间的总线速度。倍频可以使系统总线工作在相对较低的频率上，而 CPU 速度可以通过倍频来无限提升。要注意的是，倍频通常是以 0.5 的倍率增长。

2．机器字长

机器字长是指 CPU 一次能处理数据的位数，它是由加法器、寄存器的位数决定的，所以机器字长一般等于内部寄存器的位数。字长标志着精度，字长越长，计算的精度越高，指令的直接寻址能力也越强。假如字长较短的机器要计算位数较多的数据，那么需要经过两次或多次的运算才能完成，这会影响整机的运行速度。

为了更灵活地表达和处理信息，计算机通常以字节（byte）为基本单位，用大写字母 B 表示，一个字节等于 8 个二进制位（bit）。

一般机器的字长都是字节的 1、2、4、8 倍，目前微型计算机的机器字长有 8 位、16 位、32 位、64 位等几种档次。例如，32 位的机器字长最大可以寻址 4GB 的存储空间。现今常用的微处理器的字长是 64 位。

3．主存容量

主存容量是指主存储器所能存储的全部信息量。通常，把以字节数来表示存储容量的计算机称为字节编址的计算机。也有一些计算机是以字为单位编址的，它们用字数乘以字长来表示容量。主存容量的基本单位是 B（字节），还可用 KB、MB（兆字节）、GB（吉字节）、TB（太字节）和 PB（拍字节）来衡量。它们之间的关系见表 1-1。

表 1-1　单位之间的换算关系

单　位	通常意义	实际意义
K（kilo）B	10^3B	2^{10}B=1024B
M（mega）B	10^6B	2^{20}B=1024KB=1,048,576B
G（giga）B	10^9B	2^{30}B=1024MB=1,073,741,824B
T（tera）B	10^{12}B	2^{40}B=1024GB=1,099,511,627,776B
P（peta）B	10^{15}B	2^{50}B=1024TB=1,125,899,906,842,624B

通常，计算机的主存容量越大，存放的信息就越多，处理问题的能力就越强。

4．运算速度

运算速度是一项综合性指标，它与许多因素有关，如计算机的主频、执行何种操作及主存本身的速度等。对运算速度的衡量有不同的方法，常用的方法有：

1）根据不同类型指令在计算过程中出现的频繁程度，乘上不同的系数，求出统计平均值，这时所指的运算速度是平均运算速度。

2）以每条指令执行所需的时钟周期数（cycles per instruction，CPI）来衡量。

3）以 MIPS 和 MFLOPS 作为计量单位来衡量运算速度。

MIPS（million instruction per second）表示每秒执行多少百万条指令。对一个给定的程序，MIPS 定义为

$$MIPS = \frac{指令条数}{执行时间 \times 10^{-6}}$$

这里所说的指令一般是指加、减运算这类短指令。

MFLOPS（million floating-point operations per second）表示每秒执行多少百万次浮点运算。对于一个给定的程序，MFLOPS 定义为

$$MFLOPS = \frac{浮点操作次数}{执行时间 \times 10^{-6}}$$

MFLOPS 适用于衡量向量机的性能。

5. 兼容性

所谓兼容性（compatibility），是指一台设备、一个程序或一个适配器在功能上能容纳或替代以前版本或型号的能力。它也意味着两个计算机系统之间存在着一定程度的通用性。这个性能指标往往与系列机联系在一起的。

系列机的软件兼容分为向上兼容、向下兼容、向前兼容和向后兼容。向上（下）兼容是指按某档次机器编制的程序，不加修改地就能运行在比它更高（低）档的机器上，系列机内的软件兼容一般是可以做到向上兼容，但向下兼容则要看到什么样的程度，不是都能做到的；向前（后）兼容是按某个时期投入市场的某种型号机器编制的程序，不加修改地就能运行在它之前（后）投放市场的机器上。对系列机的软件向下和向前兼容可不做要求，但必须保证向后兼容。向后兼容是软件兼容的根本保证，也是系列机的根本特征。图 1-9 形象地说明了兼容性的概念。

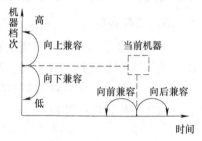

图 1-9　兼容性示意图

除了以上 5 个性能指标外，还有 RASIS 特性，即可靠性（reliability）、可用性（availability）、可维护性（serviceability）、完整性（integrality）和安全性（security）等。

本 章 小 结

本章主要讨论了计算机系统基本部件的功能与结构，同时介绍了计算机的层次结构，并简要叙述了计算机的工作过程，最后介绍了计算机的主要性能指标。

通过本章的学习，应该能够理解计算机的基本概念，初步了解计算机的组成和工作原理，并对计算机系统建立起一个整体的概念。

习　题　1

一、选择题

1. 在下列选项中，最能准确地反映计算机主要功能的是_____。
　　A. 计算机可以存储大量信息　　　　　B. 计算机能代替人的脑力劳动
　　C. 计算机是一种信息处理器　　　　　D. 计算机可实现高速运算

2. 1946 年 2 月，在美国诞生了世界上第一台电子数字计算机，它的名字叫_____，1949 年研制成功的世界上第一台存储程序式的计算机称为_____。

  A. EDVAC   B. EDSAC

  C. ENIAC   D. UNIVAC-Ⅰ

3. 计算机硬件能直接执行的只能是_____。

  A. 符号语言   B. 机器语言

  C. 汇编语言   D. 机器语言和汇编语言

4. 运算器的核心部件是_____。

  A. 数据总线   B. 数据选择器

  C. 累加寄存器   D. 算术逻辑运算部件

5. 存储器主要用来存放_____。

  A. 程序   B. 数据

  C. 微程序   D. 程序和数据

6. 生活中常说的个人台式商用机属于_____。

  A. 巨型机   B. 中型机

  C. 小型机   D. 微型机

7. 至今为止，计算机中所有信息仍以二进制方式表示，其原因是_____。

  A. 节约元件   B. 运算速度快

  C. 物理器件性能决定   D. 信息处理方便

8. 对计算机软、硬件资源进行管理，是_____的功能。

  A. 操作系统   B. 数据库管理系统

  C. 语言处理程序   D. 用户程序

9. 企事业单位用计算机计算、管理职工工资，这属于计算机的_____应用领域。

  A. 科学计算   B. 数据处理

  C. 过程控制   D. 辅助设计

10. 微型计算机的发展以_____技术为标志。

  A. 操作系统   B. 微处理器   C. 硬盘   D. 软件

二、填空题

1. 操作系统是一种_____，用于_____，是_____的接口。

2. 计算机硬件包括_____、_____、_____、_____、_____五部分。

3. 存储器分为_____和_____。在 CPU 运行程序时，必须把程序放在_____。

4. 存储器的存储容量一般以_____为单位，一台微型机的内存容量是 128MB，应是_____个这样的单位。

5. 计算机的运算精度主要由计算机的_____决定，_____越_____，则计算机的运算精度越高。

6. 冯·诺依曼结构计算机的基本特点是_____。

7. 总线一般可分为三类，分别是_____、_____和_____。

8. 计算机软件一般可分为_____和_____。

9．邮局对信件进行自动分拣，使用的计算机技术是_____。

10．微型计算机的分类以微处理器的_____来划分。

三、简答题

1．简述对电子数字计算机的产生做出重要贡献的几位科学家及其主要成就。

2．按照冯·诺依曼原理，现代计算机应具备哪些功能？

3．计算机系统的组成共有几种说法？什么叫硬件？什么叫软件？两者之间的关系是什么？

4．简述计算机应用系统发展的趋势。

5．控制器由哪些部分组成？简要说明各个部件的功能。

第2章

计算机中信息的表示方法

计算机中的信息可分为两大类：一类是控制信息，如指令、控制状态字及由此产生的各种控制命令；另一类是数据信息，它又可分为数值型数据和非数值型数据两种类型。

控制信息是指挥计算机执行某种操作的命令，而数据信息是计算机加工的对象。计算机的基本工作过程就是在程序（指令的有序集合）的控制下对数据进行加工的过程。

由于数据信息在计算机中的表示形式与机器的硬件有密切的关系，它直接影响计算机的结构和性能。本章主要研究计算机内部数据信息应该采用哪些结构形式来表示，它们有什么基本特征以及各种数据形式之间的关系和转换。

具体来说，本章重点讨论数值型数据在机器中表示的各种结构形式和特征，各种数据格式的转换方法，了解各种非数值型数据的编码形式及数据在传送、加工过程中的查错、纠错技术——校验码的基本原理。

2.1 计数制及其相互转换

进位计数制是人们用以计数的基本方法。人们日常生活中习惯用一种"逢十进一"的进位计数制，即十进制。而计算机内部采用的是一种"逢二进一"的进位计数制，即二进制。它是现代电子数字计算机硬件唯一能够执行、使用的进位计数制，这也是冯·诺依曼体系结构的基本特征之一。

本节将讨论进位计数制的基本原理，各种进位计数制（二进制、八进制、十进制、十六进制）的特点（尤其是二进制的特点）和各种进位计数制之间转换的方法。

2.1.1 二进制数及其特点

二进制数的每一位由 0 或 1 两个数值组成。假设，有一个二进制数形式为

$$N_2 = K_{n-1} \cdots K_0 \cdot K_{-1} \cdots K_{-m}$$

表示该二进制数由 n 位整数和 m 位小数组成。按权展开式为

$$N_2 = K_{n-1} \times 2^{n-1} + \cdots + K_0 \times 2^0 + K_{-1} \times 2^{-1} + \cdots + K_{-m} \times 2^{-m}$$

1）任一位参数 K_i 有两种取值，即 0 和 1 两种状态。

2）底数为 2，即逢二进一。

3）每一位权值为 2^i，自低位到高位权值以 2 递增。

例如，有一个二进制数 $N_2=(110101)_2$，下标 2 表示该数是二进制数，读作二进制数 110101，而不是十一万零一百零一。也可在数值后加 B 表示二进制，如 110101B。该二进制数相当于十进制数 $1×2^5+1×2^4+0×2^3+1×2^2+0×2^1+1×2^0=32+16+0+4+0+1=(53)_{10}$。

再如，一个二进制数 $N_2=(110101.0101)_2$，它相当于十进制数 $1×2^5+1×2^4+0×2^3+1×2^2+0×2^1+1×2^0+0×2^{-1}+1×2^{-2}+0×2^{-3}+1×2^{-4}=32+16+0+4+0+1+0.25+0.0625=(53.3125)_{10}$。

n 位二进制整数能表示的最大值为 2^n-1。对于一个十进制整数 N_{10}，如需 n 位二进制整数表示它，则应满足以下关系 $-2^n-1≤N_{10}≤2^n-1$

1．二进制的优点

目前，世界上几乎所有的计算机都采用二进制为基本的数制，即使是使用其他数制形式，也借用二进制来表示。二进制在计算机中被广泛使用是由于它具有以下一些优点。

1）二进制数每一位只取两种状态（值），即 0 和 1。这样二进制每一数位可以用任何具有两个不同稳定状态的元器件来表示，而制造双稳态元器件比多态元器件要容易得多。例如，灯光的亮和暗，继电器的闭合和断开，晶体管的导通和截止，磁性材料的正向剩磁和反向剩磁，等等。把一种状态定义为"1"，那么另一种状态即为"0"。采用双稳态元器件，除了简便易选外还有可靠性高的优点，使信息在处理和存储过程中稳定、不易被破坏。

2）二进制数运算简单。当进行算术运算时必须要记住两个整数的和与积的运算表。那么，对 R 进制数就要记住 $R(R+1)/2$ 个运算的和与积的运算表。

例如，十进制数有 55 个和与积的运算表；二进制数则有 3 个，即 $0+0=0$，$0+1=1$，$1+1=10$。所以，采用二进制数进行运算，其规则要比十进制数简单得多。

3）采用二进制可以使用逻辑代数（布尔代数）运算。这为计算机进行逻辑设计提供了有力的工具。

4）采用二进制可以节约机器的设备量。例如，某个数 N 如采用 R 进制表示

$$N = \sum_{i=-m}^{n-1} K_i R^i$$

此时所需设备量为 $R(m+n)$。

设数据范围为 $0\sim999$ 对十进制需要 $3×10$ 个状态量，而同样用二进制表示需十位二进制，即 $10×2$ 个状态量。

2．二进制与十进制的相似特点

1）二进制数左移一位，其值扩大一倍；而右移一位，则缩小一半（十进制为 10 倍（或 1/10）的变化）。

2）判别一个数的奇偶，对于二进制数，看它的个位："1"为奇数，"0"为偶数。这比十进制更为方便。

3．二进制的缺点

1）同样一个数，用二进制数表示，位数很长，且数码不直观，不符合人们的习惯。所

以，人与机器交换信息时需进行转换，输入时将十进制数转换为二进制数，而输出时将二进制数转换为十进制数。这样，往往要花费许多时间，影响效率。

2）对某些十进制小数不能用有限位的二进制数表示。

综上所述，二进制的优点有：在机器制造上容易实现（只需两种稳定状态），节省器材，计数简便，有利于降低机器的成本。二进制的缺点有：很难识别和表示，对用户要求高。

4．计算机中采用二进制的原因

在计算机中究竟应该采用哪一种进位制，这应从几个方面来衡量，例如，该进位制在机器制造上是否容易实现，是否节省器材，计数是否简便，是否有利于提高计算机性能和效率，是否有利于降低机器的成本等。

由上面对二进制的特点的描述可知，二进制在机器制造上容易实现、计数简便、节省器材、有利于降低机器的成本。所以，目前计算机中主要采用二进制来表示。

2.1.2　八进制数和十六进制数

1．八进制数

假设一个八进制数的形式为

$$N_8 = K_{n-1} \cdots K_0 . K_{-1} \cdots K_{-m}$$

表示该八进制数由 n 位整数和 m 位小数组成。按权展开式为

$$N_8 = K_{n-1} \times 8^{n-1} + \cdots + K_0 \times 8^0 + K_{-1} \times 8^{-1} + \cdots + K_{-m} \times 8^{-m} = \sum_{i=-m}^{n-1} K_i \times 8^i$$

1）基数为 8，逢八进一。

2）系数 K_i 有 8 种取值，即 0～7。

3）权值为 8。

例如，有一个八进制数 $N_8 = (570)_8$，下标 8 表示该数是八进制数，读作八进制数 570，而不是五百七十。也可在数值后加大写英文字母 O 表示八进制，如 570O。该八进制数相当于十进制数 $5 \times 8^2 + 7 \times 8^1 + 0 \times 8^0 = 320 + 56 + 0 = (376)_{10}$。

再如，一个八进制数 $N_8 = (570.304)_8$，它相当于十进制数 $5 \times 8^2 + 7 \times 8^1 + 0 \times 8^0 + 3 \times 8^{-1} + 0 \times 8^{-2} + 4 \times 8^{-3} = 320 + 56 + 0 + 0.375 + 0.0078125 = (376.3828125)_{10}$。

2．十六进制数

假设一个十六进制数形式为

$$N_{16} = K_{n-1} \cdots K_0 . K_{-1} \cdots K_{-m}$$

表示该十六进制数由 n 位整数和 m 位小数组成。按权展开式为

$$N_{16} = K_{n-1} \times 16^{n-1} + \cdots + K_0 \times 16^0 + K_{-1} \times 16^{-1} + \cdots + K_{-m} \times 16^{-m} = \sum_{i=-m}^{n} K_i \times 16^i$$

1）底数为 16，逢十六进一。

2）系数 K_i 有 16 种取值：0，1，2，3，4，5，6，7，8，9，A，B，C，D，E，F。

3）权值为 16。

例如，有一个十六进制数 $N_{16}=(5A3)_{16}$，下标 16 表示该数是十六进制数，读作十六进制数 5A3。也可在数值后加英文大写字母 H 表示十六进制，如 5A3H。该十六进制数相当于十进制数 $5×16^2+10×16^1+3×16^0=1280+160+3=(1443)_{10}$。

再如，一个十六进制数 $N_{16}=(5A3.3B)_{16}$，它相当于十进制数 $5×16^2+10×16^1+3×16^0+3×16^{-1}+11×16^{-2}=1280+160+3+0.1875+0.04296875=(1443.23046875)_{10}$。

2.1.3 不同计数制的相互转换

数制转换就是把一个数值型数据，从某一种进位计数制表示形式转换为另一种进位计数制形式。要实现这种转换，就是依据进位计数制的按权展开式来找出转换的方法。

如 $X_{(r)}$ 为某种数制（r 进位制）表示的数，现要转换为另一种进位制（R 进制）数 $X_{(R)}$，即实现 $X_{(r)}⇒X_{(R)}$。

1. 按基数 R 进行转换的方法

这种方法常用于将十进制数转换为其他计数制形式，如二进制、八进制和十六进制，要把 $X_{(r)}$ 的整数部分和小数部分分别转换为 $X_{(R)}$ 的整数部分及小数部分。

（1）整数部分的转换方法——除基取余法

$$X_{(r)}（整数部分）=\sum_{i=0}^{n-1}K_iR^i$$

$$=K_{n-1}R^{n-1}+K_{n-2}R^{n-2}+\cdots+K_iR^i+\cdots+K_1R^1+K_0R^0$$

1）等式两边都除以 R；依此类推，不断除 R，每次余数为 K_0，K_1，$\cdots$，直至 K_{n-1}。

2）从下往上依次写出 K 值，即可求得 $X_{(R)}$ 整数部分的数制表达式。

【例 2.1】将十进制整数 721 转换为二进制整数。

所以，$(721)_{10}=(1011010001)_2$。

【例 2.2】将十进制整数 721 转换为八进制数。

所以，$(721)_{10}=(1321)_8$。

【例 2.3】将十进制整数 721 转换为十六进制数。

$$16 \underline{\quad|\ 721\quad} \qquad 余\ 1=K_0$$
$$16 \underline{\quad|\ 45\quad} \qquad 余\ 13=K_1$$
$$2\quad =K_2$$

所以，$(721)_{10}=(2D1)_{16}$。

（2）小数部分的转换方法——乘基取整法

$$X_{(r)}（小数部分）=\sum_{i=-m}^{-1} K_i R^i$$
$$=K_{-1}R^{-1}+K_{-2}R^{-2}+\cdots+K_{-m}R^{-m}$$

首先，等式两边乘以 R。

$$R\cdot X_{(r)}=K_{-1}+K_{-2}R^{-1}+\cdots+K_{-m}R^{-m+1}=K_{-1}+F^1$$

其中，K_{-1} 是整数部分（$0\leqslant K_i\leqslant(R-1)$），$F^1$ 是小数部分。

然后，

$$R\cdot F^1=K_{-2}+K_{-3}R^{-1}+\cdots+K_{-m}R^{-m+2}=K_{-2}+F^2$$

同样，K_{-2} 是整数部分，F^2 是小数部分。

依此类推，不断乘 R，每次整数部分为 K_{-1}，K_{-2}，$\cdots$，K_{-m}。

从上往下依次写出 K 值，即可求得 $X_{(R)}$ 小数部分的数制表达式。

【例 2.4】将十进制小数 $(0.625)_{10}$ 转换为二进制小数。

```
     0.625
×       2
     1.250        K₋₁=1      （取整数部分值作为 K）
     0.250                   （去除整数部分继续运算）
×       2
     0.500        K₋₂=0
×       2
     1.000        K₋₃=1      （直至整数为 0 结束）
```

$K_{-1}=1$　（取整数部分值作为 K）

$K_{-2}=0$

$K_{-3}=1$　（直至整数为 0 结束）

所以，$(0.625)_{10}=(0.101)_2$。

【例 2.5】将十进制小数 $(0.625)_{10}$ 转换为八进制小数。

```
     0.625
×       8
     5.000        K₋₁=5
```

$K_{-1}=5$

所以，$(0.625)_{10}=(0.5)_8$。

【例 2.6】将十进制小数 $(0.625)_{10}$ 转换为十六进制小数。

```
     0.625
×      16
    10.000        K₋₁=(10)₁₀=(A)₁₆
```

$K_{-1}=(10)_{10}=(A)_{16}$

所以，$(0.625)_{10}=(0.A)_{16}$。

当然，也可以完成 R 进制和十进制直接的转换。

【例2.7】将二进制数$(0.101)_2$转换为十进制数。（$R=(10)_{10}=(1010)_2$）

$$\begin{array}{r} 0.101 \\ \times \quad 1010 \\ \hline 110.010 \end{array}$$

$\qquad\qquad K_{-1}=(110)_2=(6)_{10}$

$$\begin{array}{r} 0.010 \\ \times \quad 1010 \\ \hline 10.10 \end{array}$$

$\qquad\qquad K_{-2}=(10)_2=(2)_{10}$

$$\begin{array}{r} 0.10 \\ \times \quad 1010 \\ \hline 101.0 \end{array}$$

$\qquad\qquad K_{-3}=(101)_2=(5)_{10}$

所以，$(0.101)_2=(0.625)_{10}$。

【例2.8】将八进制数$(0.5)_8$转换为十进制数。（$R=(10)_{10}=(12)_8$）

$$\begin{array}{r} 0.5 \\ \times \quad 12 \\ \hline 6.2 \end{array}$$

$\qquad\qquad K_{-1}=6$

$$\begin{array}{r} 0.2 \\ \times \quad 12 \\ \hline 2.4 \end{array}$$

$\qquad\qquad K_{-2}=2$

$$\begin{array}{r} 0.4 \\ \times \quad 12 \\ \hline 5.0 \end{array}$$

$\qquad\qquad K_{-3}=5$

所以，$(0.5)_8=(0.625)_{10}$。

2．按权值相加的方法

这种方法常用于各种进位制数（二进制、八进制和十六进制）转换为十进制数。

具体步骤是：对于$X_{(r)}\Rightarrow X_{(R)}$，首先将$r$进制数$X_{(r)}$的每一项$K_i r^i$的权值$r^i$和系数$K_i$转换为$R$进制数并相乘，求出每一项的值，然后再对所有项求和即可。

【例2.9】将二进制数$(1011.101)_2$转换为十进制数。

$$(1011.101)_2=1\times2^3+0\times2^2+1\times2^1+1\times2^0+1\times2^{-1}+0\times2^{-2}+1\times2^{-3}$$
$$=8+0+2+1+0.5+0+0.125=(11.625)_{10}$$

【例2.10】将八进制数$(107.2)_8$转换为十进制数。

$$(107.2)_8=1\times8^2+0\times8^1+7\times8^0+2\times8^{-1}$$
$$=64+0+7+0.25=(71.25)_{10}$$

【例2.11】将十六进制数$(1A.A)_{16}$转换为十进制数。

$$(1A.A)_{16}=1\times16^1+10\times16^0+10\times16^{-1}$$
$$=16+10+0.625=(26.625)_{10}$$

3．试减法（减权定位法）

该方法常用于十进制数转换为二进制数。具体步骤是：若将N_{10}转换为二进制数$N_2=K_{n-1}2^{n-1}+\cdots+K_i2^i+\cdots+K_02^0+K_{-1}2^{-1}+\cdots+K_{-m}2^{-m}$，则用$N_{10}$与二进制数各项权值比较，若

满足 $2^i \leqslant N_{10} \leqslant 2^{i+1}$ 时，就做 $[N_{10}-2^i]$，并将 K_i 记为 1（$K_i=1$）；然后再进行下一步比较，若满足（$N_{10}-2^i$）$\geqslant 2^{i-1}$，则做减法 $(N_{10}-2^i)-2^{i-1}$，并将 K_{i-1} 记为 1，否则不做减法，而将 K_{i-1} 记为 0；再然后，将差值与 2^{i-2} 比较；这样从高位向低位逐次比较，直到差值为 0 或与 2^{-m} 比较为止，求得 N_2 的各项系数 K_i 的值。

【例 2.12】将十进制数 $(328)_{10}$ 转换为二进制数。

$$328-2^8=328-256=72 \qquad\qquad K_8=1$$
$$72-2^6=72-64=8 \qquad\qquad K_6=1$$
$$8-2^3=8-8=0 \qquad\qquad K_3=1$$

所以，$(328)_{10}=(101001000)_2$。

【例 2.13】将十进制数 $(27.6875)_{10}$ 转换为二进制数。

$$27-2^4=27-16=11 \qquad\qquad K_4=1$$
$$11-2^3=11-8=3 \qquad\qquad K_3=1$$
$$3-2^1=3-2=1 \qquad\qquad K_1=1$$
$$1-2^0=1-1=0 \qquad\qquad K_0=1$$
$$0.6875-2^{-1}=0.1875 \qquad\qquad K_{-1}=1$$
$$0.1875-2^{-3}=0.1875-0.125=0.0625 \qquad\qquad K_{-3}=1$$
$$0.0625-2^{-4}=0 \qquad\qquad K_{-4}=1$$

所以，$(27.6875)_{10}=(11011.1011)_2$。

4．特殊转换方式

二进制数转换为八进制数时，二进制数中用三位（不足三位补 0）转换为相应八进制数的一位，反之亦然。

【例 2.14】

$$(67.52)_8=(\underline{110}\ \underline{111}.\underline{101}\ \underline{010})_2$$
$$(\underline{010}\ \underline{101}\ \underline{101}.\underline{110}\ \underline{010}\ \underline{011})_2 = (255.624)_8$$

十六进制数转换为二进制数时，二进制数中用四位（不足四位补 0）转换为相应十六进制数的一位，反之亦然。

【例 2.15】

$$(68E.A3)_{16} = (\underline{0110}\ \underline{1000}\ \underline{1110}.\underline{1010}\ \underline{0011})_2$$
$$(\underline{0011}\ \underline{0010}\ \underline{1001}\ \underline{1001}.\underline{0011}\ \underline{1010}\ \ \ \underline{0100})_2=(3299.3A4)_{16}$$

综上所述，数制转换的方法有很多，基本分成整数和小数部分来完成，除基取余法（整数部分）和乘基取整法（小数部分）应用得最为普遍，当然也可以采用减权定位法等一些更为灵活的方法来完成。

2.2　数值型数据的表示方法

数值型数据是一种有确定的数值，能够在数轴上找到确定的点的数据信息，或者说它能够进行算术运算并得到明确数值概念的信息。

在讨论数的编码与表示之前需要确定两个概念。

数值范围：一种数据类型所能表示的最大值和最小值。

数据精度：实数所能表示的有效数字位数。

数值范围和数据精度均与使用多少位二进制位数以及编码方式有关。

计算机用数字表示正负，隐含规定小数点。采用"定点"和"浮点"两种表示形式。

2.2.1　机器数和真值

在客观世界中具有确定符号、小数点及大小的数据——"真值"。

真值指的是正、负号加某进制数绝对值的形式。例如，二进制真值+1011、−1011。

机器数：在机器中使用的连同符号一起数码化表示的二进制数的形式。例如：二进制数 1011，其真值为+1011，机器数的原码为 01011，反码为 01011，补码为 01011。而二进制数据−1011，其真值为−1011，机器数的原码为 11011，反码为 10100，补码为 10101。

那么在计算机中要表示一个数值型数据要解决三个方面的问题：数值的大小如何表示；数值的正负号如何表示；数值的小数点如何表示。这就是数值型数据表示的三要素。

这样看来如何正确表示机器需要操作的操作数是很重要的。只有正确的表示才能进行正确的运算，并得出正确的结果。

2.2.2　带符号数的表示方法

在计算机中数是以二进制形式存放的，二进制数码"1"和"0"分别对应一位存储元的两种不同的稳定状态，这样可以用 n 位存储元来存放一个 n 位二进制数。对于数的两种符号，即正号（+）和负号（−），如果也能用某个存储元的两种状态来表示，那么机器就能表示和识别了，这种处理方法称为符号的数字化。通常用"0"表示正号，而"1"表示负号。这样一来，一个二进制数在机器中要包括两个组成部分：符号位和数值。

符号在机器中被数字化后，计算机如何对数进行运算？运算是否方便？为了解决这些问题，研究出一套完整的处理带符号数的二进制编码表示系统，简称码制。把机器内部编码方式表示的数称为机器数，而原来带正负号的数称为机器数的真值。

目前，计算机中常用的编码方式主要有三种，即原码、补码和反码。另外，在后面要讲到的浮点数阶码的表示中，还常用到一种编码方式，称之为移码。

1.　原码表示法

（1）原码的定义　已知真值 X，则其原码 $[X]_原$ 由符号位及数值两部分组成。当真值 $X \geqslant 0$ 时，符号位为"0"；当 $X \leqslant 0$ 时，符号位用"1"表示；而数值部分总是取 X 的绝对值。

设定点小数为 $X = X_0.X_{-1}X_{-2} \cdots X_{-n}$，定点整数为 $X = X_n X_{n-1} X_{n-2} \cdots X_1 X_0$。

原码定点小数的定义式为

$$[X]_原 = \begin{cases} X & 0 \leqslant X < 1 \\ 1 - X & -1 < X \leqslant 0 \end{cases}$$

原码定点整数的定义式为

$$[X]_{原}=\begin{cases} X & 0 \leqslant X \leqslant 2^n \\ 2^n-X=2^n+|X| & -2^n \leqslant X \leqslant 0 \end{cases}$$

可根据定义式求取原码，也可以根据变化规则来直接写出原码。

【例 2.16】当 X 为二进制小数时：

X=+0.1011　　　　　　　$[X]_{原}$=0.1011

X=−0.1011　　　　　　　$[X]_{原}$=1.1011

当 X 为二进制整数时：

X=+10101　　　　　　　$[X]_{原}$=010101

X=−10101　　　　　　　$[X]_{原}$=110101

当真值 X 为 R 进制整数时，也是用 0 表示+，1 表示−。也可以如下例这样表示十进制数。

【例 2.17】X=(+76.8)$_{10}$　　　　　　　$[X]_{原}$=(076.8)$_{10}$

　　　　　X=(−76.8)$_{10}$　　　　　　　$[X]_{原}$=(976.8)$_{10}$

（2）原码的特点

1）原码表示中 0 有两种形式，可以认为是（+0）也可以认为是（−0），即 $[+0]_{原}$=0.000…0，$[-0]_{原}$=1.000…0，两种形式是等效的。

2）原码表示简单易行，与真值转换方便。

3）用原码表示时，进行加、减法运算比较复杂。例如，两个数相加时，需先判别符号：同号时，数值相加，结果符号不变；异号时，取绝对值相减，结果的符号取决于绝对值大的数的符号，这要增加机器的设备量及延长运算的时间。

2．补码表示法

（1）概念的引入　补码的引入是为了方便计算机进行加、减法运算。具体来说，就是把负数转化为"正数"（补码形式），使减法转换为加法，从而使负数的加、减法运算都转化为正数的加法运算。

在介绍补码的概念之前，先介绍一下"模"的概念。"模"是指一个计量系统的计数范围，如过去计量粮食用的斗、计时用的时钟等。计算机也可以看成一个计量机器，因为计算机的字长是定长的，即存储和处理的位数是有限的，因此它也有一个计量范围，即都存在一个"模"（mod）。例如，时钟的计量范围是 0~11，mod=12。"模"实质上是计量器产生"溢出"的量，它的值在计量器上表示不出来，计量器上只能表示出模的余数。任何有模数的计量器，均可化减法为加法运算。

假设当前时针指向 8 点，而准确时间是 6 点，调整时间可有以下两种拨法：一种是倒拨 2 个小时，即 8−2=6；另一种是顺时针拨 10 小时，8+10=12+6=6，即 8−2=8+10=8+(12−2)（mod 为 12）。在模为 12 的系统里，加 10 和减 2 的效果是一样的，因此凡是减 2 运算，都可以用加 10 来代替。

若用一般公式可表示为 $a-b=a-b+\text{mod}=a+(\text{mod}-b)$。对"模"而言，2 和 10 互为补数。实际上，在以 12 为模的系统中，11 和 1、8 和 4、9 和 3、7 和 5、6 和 6 都有这个特性，共同的特点是两者相加等于模。

对于计算机而言，模的概念和方法完全一样。n 位计算机，设 n=8，所能表示的最大数是 11111111，若再加 1 成 100000000（9 位），但因只有 8 位，最高位 1 自然丢失，又回到了 00000000，所以，8 位二进制系统的模为 2^8。在这样的系统中减法问题也可以顺利地变成加法问题，只需把减数用相应的补数表示就可以了。这样，就出现了补码。

由以上分析可知有了模的概念后，就可以得到一个负数补码表示方法，即若 $X<0$（X 为真值，M 为模数），则 $[X]_{\text{补}}=M+X=M-|X|$。

（2）补码的定义　已知真值 X，则其补码——$[X]_{\text{补}}$ 由符号位及数值两部分组成。

设定点小数为 $X=X_0.X_{-1}X_{-2}\cdots_{-n}$，定点整数为 $X=X_nX_{n-1}X_{n-2}\cdots X_0$。

定点小数补码定义为

$$[X]_{\text{补}}=\begin{cases} X & 0\leqslant X<1 \\ 2+X=2-|X| & -1\leqslant X<0 \end{cases} \quad (\bmod 2)$$

定点整数补码定义为

$$[X]_{\text{补}}=\begin{cases} X & 0\leqslant X<2^n \\ 2^{n+1}+X=2^{n+1}-|X| & -2^n\leqslant X<0 \end{cases} \quad (\bmod 2^{n+1})$$

【例 2.18】当真值 X 用二进制小数表示时，求其补码。

$X=+0.1101$　　　$[X]_{\text{补}(\bmod 2)}=0.1101$　或 $[X]_{\text{补}(\bmod 4)}=00.1101$

$X=-0.1101$　　　$[X]_{\text{补}(\bmod 2)}=1.0011$　或 $[X]_{\text{补}(\bmod 4)}=11.0011$

当真值 X 用二进制整数表示时，求其补码。

$X=+11101$　　　$[X]_{\text{补}(\bmod 64)}=\underline{0}11101$　或 $[X]_{\text{补}(\bmod 128)}=\underline{00}11101$

$X=-11101$　　　$[X]_{\text{补}(\bmod 64)}=\underline{1}00011$　或 $[X]_{\text{补}(\bmod 128)}=\underline{11}00011$

从例 2.18 可以看出，正数的补码，符号位为"0"，数值部分为 X。负数的补码符号位为"1"，数值部分为 X 的数值部分按位取反，再在最低位+1。

（3）补码的基本性质　假设真值 X 以二进制小数为例，即 $X=\pm0.X_{-1}X_{-2}\cdots X_{-m}$。

1）在补码表示形式中，0 仅有一种表示形式，（-0）与（+0）相同。

2）设 $[X]_{\text{补}}=X_0.X_{-1}X_{-2}\cdots X_{-m}$（$X_0$ 为符号位），

若 $X\geqslant0$，$X_0=0$，则有 $[X]_{\text{补}}=X=2X_0+X(2X_0=0)$；

若 $X<0$，$X_0=1$，则有 $[X]_{\text{补}}=2+X=2X_0+X(2X_0=2)$。

结论：$[X]_{\text{补}}=2X_0+X$　$-1\leqslant X\leqslant(1-2^{-m})$

3）已知 $[X]_{\text{补}}=X_0.X_{-1}X_{-2}\cdots X_{-m}$，求真值 X 的方法。

因为

$$[X]_{\text{补}}=2X_0+X$$

所以

$$\begin{aligned} X&=[X]_{\text{补}}-2X_0 \\ &=\left(X_0.X_{-1}X_{-2}\cdots X_{-m}\right)-2X_0 \\ &=\left(X_0+\sum_{i=-m}^{-1}X_i2^i\right)-2X_0 \\ &=-X_0+\sum_{i=-m}^{-1}X_i2^i \end{aligned}$$

4）已知 $[X]_\text{补}=X_0.X_{-1}X_{-2}\cdots X_{-m}$ $(-1\leqslant X<1)$，则 $\left[-X_\text{补}\right]=\overline{X}_0.\overline{X}_{-1}.\overline{X}_{-2}\cdots\overline{X}_{-m}+2^{-m}$。

例如，

$\qquad [X]_\text{补}=0.1011 \qquad\qquad [-X]_\text{补}=1.0101$

$\qquad [X]_\text{补}=1.0111 \qquad\qquad [-X]_\text{补}=0.1001$

结论：由 $[X]_\text{补}$ 求 $[-X]_\text{补}$ 的方法是，连同符号位按位取反，再在最低位+1。

5）已知 $[X]_\text{补}=X_0.X_{-1}X_{-2}\cdots X_{-m}$，则 $\left[\dfrac{1}{2}X\right]_\text{补}=X_0.X_0X_{-1}X_{-2}\cdots X_{-m}$。

例如，

$\qquad [X]_\text{补}=0.1011 \qquad \left[\dfrac{1}{2}X\right]_\text{补}=0.01011$

$\qquad [X]_\text{补}=1.0101 \qquad \left[\dfrac{1}{2}X\right]_\text{补}=1.10101$

右移规则：连同符号位右移一位，在符号位的位置补上与 $[X]_\text{补}$ 相同的符号。对应的左移有溢出的可能，左移的时候末位补 0。

（4）补码的特点

1）它是一种以模数（mod）为概念基础而引入的机器码，因此模数取不同值，负数的补码值也会随之改变。例如，取一位符号位时 mod=2（小数型时），而取两位符号位时 mod=4，如 $X=-0.1001$ $[X]_\text{补mod2}=1.0111$ $[X]_\text{补mod4}=11.0111$。

2）补码形式将负数化为正数形式，将减法化为加法运算，所以特别适于加、减法运算。

3）负数补码可以通过对原码数码位（除符号位）取反加"1"（最低位权值）求得，也就是说，当 $X<0$ 时，$[X]_\text{补}=[X]_\text{反}+1$。例如，$[-0.1101]_\text{补}=1.0010+1=1.0011$，所以补码的模数比反码的模数大 1。

3．反码表示法

（1）反码的定义　已知真值 X，则其反码——$[X]_\text{反}$ 由符号位及数值两部分组成。

设定点小数为 $X=X_0.X_{-1}X_{-2}\cdots X_{-n}$，定点整数为 $X=X_nX_{n-1}X_{n-2}\cdots X_1X_0$。

反码定点小数的定义式为

$$[X]_\text{反}=\begin{cases} X & 0\leqslant X<1 \\ (2-2^{-n})+X & -1<X\leqslant 0 \end{cases}$$

反码定点整数的定义式为

$$[X]_\text{反}=\begin{cases} X & 0\leqslant X<2^n \\ (2^{n+1}-1)+X & -2^n\leqslant X<0 \end{cases}$$

即，当 $X\geqslant 0$ 时，反码形式同原码形式，当 $X\leqslant 0$ 时，反码各位（不包括符号位）与原码各位取反值。

【例 2.19】当真值 X 为二进制小数时，求其反码。

$\qquad X=+0.1011 \qquad [X]_\text{反}=0.1011$

$\qquad X=-0.1011 \qquad [X]_\text{反}=1.0100$

当真值 X 为二进制整数时，求其反码。

$$X=+1101 \qquad [X]_{反} =\underline{0}1101$$

$$X=-1101 \qquad [X]_{反} =\underline{1}0010$$

（2）反码的特点

1）反码表示中，0 也有两种形式，可以认为是（+0），也可以是（−0），即 $[+0]_{反} =0.000\cdots00$，$[-0]_{反}=1.111\cdots11$，两种形式是等效的。

2）反码表示正数时，与原码和补码的形式完全相同。反码表示负数时，其码值比补码小"1"（最低位权值），也就是说其模数也比补码模数小"1"。

3）反码也同样适用与加、减法运算，仅因其模数比补码小"1"，故在加、减法运算时，若产生模的溢出时，须在最低位补"1"（称之为循环进位法）。

4．移码表示法

移码是一种用于表示浮点数阶码的机器码（它只表示整数）。

（1）移码的定义　已知真值 $X=\pm X_{n-1}X_{n-2}\cdots X_1X_0$，则其移码 $[X]_{移}$ 由符号位及数值两部分组成。

当 $X \geqslant 0$ 时，符号位为"1"；而 $X<0$ 时，符号位为"0"。它的符号位取值与上面介绍的三种机器码（原码、补码、反码）的符号位相反，而数值部分与补码的码值相同（取反+1）。

【例 2.20】

$$X=+1111 \qquad [X]_{移} =\underline{1}1111$$

$$X=+0000 \qquad [X]_{移} =\underline{1}0000$$

$$X=-0001 \qquad [X]_{移} =\underline{0}1111$$

$$X=-1111 \qquad [X]_{移} =\underline{0}0001$$

$$X=-10000 \qquad [X]_{移} =\underline{0}10000$$

（2）移码的特点　它仅用于表示浮点数阶码，只取整数；其符号位表示形式与其他机器码相反，"1"表示正数，"0"表示负数。

移码表示法，从物理意义上讲，无论设 X 为任何值（$\geqslant 0$ 或 $\leqslant 0$）都加上 2^n，这意味着将 X 在数轴上向正方向移动 2^n，这样当 X 表示范围 $-2^n\sim+(2^n-1)$，而 $[X]_{移}$ 从形式上为 $0\sim 2^{n+1}-1$，当然，用移码表示的机器数仍是和真值 X 对应，即 $-2^n\sim+(2^n-1)$。

用移码表示的机器数其优点在于其表示形式是在数轴上的平移，所以，用移码表示的数的范围其递增分布规律与真值 X 相同，即对于 $[X]_{移}$ 的不断加 1，其值逐渐递增，可从 $-2^n\sim 2^n-1$，而其他三种机器码则没有这种特点。

移码的 0 的表示形式也是唯一的：$[+0]_{移}=10\cdots0= [-0]_{移}$。

综上所述，引入码制，如原码、补码、反码及移码，主要是为了解决带有符号的真值 X 能在机器中正确地表示和进行相应的运算，使得减法可以用加法来代替。其中，原码表示直观，与真值形式相对应，是其他各种表示形式的基础，但它对于加、减法运算不方便；补码及反码的最大优点在于数的加、减法运算简便；而移码仅用于阶码的表示。

2.2.3　定点数和浮点数及其表示方法

计算机要处理的数据可能是整数或小数，也可能既包括整数又包括小数，但机器不能识别小数。为了让机器能正确处理和识别小数，引入两种表示方式：定点表示及浮点表示。

1．数的定点表示

十进制数

$$67.891 = 10^2 \times 0.67819 = 10^{-3} \times 67819$$

$$0.0053 = 10^{-2} \times 0.53 = 10^{-4} \times 53$$

二进制数

$$1010.101 = 2^{100} \times 0.1010101 = 2^{-011} \times 1010101$$

$$0.001001 = 2^{-010} \times 0.1011 = 2^{-110} \times 1011$$

对于任意一个二进制数有

$$X = \sum_{i=-m}^{n-1} X_i 2^i = 2^n \cdot \sum_{i=-m}^{n-1} X_i 2^{i-n} = 2^{-m} \cdot \sum_{i=-m}^{n-1} X_i 2^{i+m}$$

机器中采用定点表示的小数点位置是固定的，通常采用两种形式表示。

（1）定点小数　小数点在所有数码有效位之前。对于二进制数有

$$X = 2^n \cdot \sum_{i=-m}^{n-1} X_i 2^{i-n}$$

$$= 2^n \cdot S$$

$$S = \sum_{i=-m}^{n-1} X_i 2^{i-n} = \sum_{j=-(m+n)}^{-1} X_{j+n} 2^j$$

其中，$j=i-n$，2^n 是一个比例因子；n 为小数点向右移动的位置。

二进制数 $X=1011.11=2^4 \times 0.101111$，$S=0.101111$（二进制小数），$2^4$ 为比例因子，$n=4$ 意味着 S 的小数点位置向右移动 4 位，或者反过来说将 S 数值向左移动 4 位，就是二进制数 X。

在采用定点小数型机器中，对参加运算的数，选择适当的公共比例因子，使它们都用二进制小数 S 来表示。将 S 写成一般形式

$$S = \sum_{i=-m}^{-1} S_i 2^n$$

它表示数的范围是 $2^{-m} \sim (1-2^{-m})$，$|S| < 2^{-m}$ 按 0 处理。

机器码格式如下：

小数点

符号位	二进制小数

（2）定点整数　小数点位于数值之后，对于二进制小数有

$$X = \sum_{j=-m}^{n-1} X_i 2^i = 2^{-m} \cdot \sum_{i=-m}^{n-1} X_i 2^{i+m} = 2^{-m} \cdot S$$

$$S = \sum_{j=-m}^{n-1} X_i 2^{j+m} = \sum_{j=0}^{n+m+1} X_{j-m} 2^j$$

其中，$j=i+m$　2^{-m} 是一个比例因子，m 为小数点向左移动的位数。

例如，二进制数 $X=1011.11=2^{-2}\times(101111)$，$2^{-2}$ 为比例因子，$S=101111$（二进制整数），$m=-2$ 意味着 S 的小数点向左移动两位，或将 S 数值向右移两位，就是二进制数 X。

在采用定点整数型机器中，对参加运算的数，用一个恰当的公共比例因子，使它们都用二进制整数表示。

2. 数的浮点表示

（1）浮点表示的含义　由于计算机中参与运算的数的范围很大，采用定点式，无论是定点小数还是定点整数，会使运算精度与数的范围受到限制。为此，机器采用浮点数表示。

对于一个任意二进制数 X 有

$$X = \pm\sum_{i=-m}^{n-1} X_i 2^i = 2^n \cdot \left(\pm\sum_{i=-m}^{n-1} X_i 2^{i-n}\right) = 2^E \cdot S$$

采用浮点表示时，小数点位置是不固定的，随 X 而变。

浮点数用两部分表示：

1）S 为尾数，是一定点小数。

2）E 为阶码，表示该数的小数点位置，是一个整数。

$E<0$ 表示 S 的小数点位置向左移（或 S 数值向右移），$E>0$ 表示 S 的小数点位置向右移（或 S 数值向左移）。

（2）常规浮点数的表示方法

符号	阶码值	尾符	尾码值
E_f	E_m	S_f	S_m
E		S	

浮点数包括阶码（E）和尾数（S）两部分；阶码（E）由阶符（E_f）及阶码值（E_m）组成，尾数（S）由尾符（S_f）及尾数码（S_m）组成。

尾数的正负表示浮点数的正负。

阶码的正负表示小数点位置移动的方向，阶码码值（E_m）表示小数点移动的位数，而尾数的数码部分（S_m）包含浮点数的有效码位。

本书主要采用此种表示形式表示浮点数，并进行相应运算。

【例 2.21】二进制数 $X=-110.1101=2^{+3}\times(-0.1101101)=2^{+011}\times(-0.1101101)$

	E_f	E_m	S_f	S_m
$[+0]_{\text{符原码}}$	0	011	1	1101101
		E		S

其中，S_m 包含真值 X 的有效码位，S_f 表示 X 的正负，$E=+3$，表示将尾数左移 3 位。

（3）IEEE 754 浮点表示方法　IEEE 754 标准的浮点格式如下：

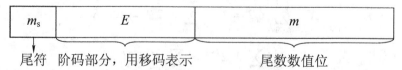

IEEE 754 标准中有三种形式的浮点数，具体格式见表 2-1。

表 2-1　IEEE 754 标准中的三种浮点数形式

类型	尾符（位）	阶码（位）	尾数数值（位）	总位数（位）	偏置值	
					十六进制	十进制
短浮点数	1	8	23	32	7FH	127
长浮点数	1	11	52	64	3FFH	1023
临时浮点数	1	15	64	80	3FFFH	16383

关于 IEEE

IEEE（Institute of Electrical and Electronic Engineer）的全称为电气和电子工程师协会，是由全球的工程师、科学家和学者组成的会员组织，是世界上最大的技术团体，在全球范围内有超过 300000 名会员。IEEE 在计算机和通信领域颁布了大量的标准。尽管 IEEE 是个民间学术团体，但它在全世界享有盛名，由它制定和颁布的标准几乎都成了一致公认的国际标准。

表 2-1 中的短浮点数又叫单精度浮点数，长浮点数又称双精度浮点数，它们都采用隐含尾数最高数位的方法，这样就增加了一位尾数。临时浮点数又称扩展精度浮点数，无隐含位。

下面以 32 位的短浮点数为例，介绍浮点代码与真值的关系。32 位的短浮点数的最高位为数符位；其后是 8 位阶码，以 2 为底，用移码表示，阶码的偏置值为 127；其余 23 位是尾数的数值位。对于规格化的二进制浮点数，约定其最高位总是"1"，为使尾数能多表示一位有效值，可将这个"1"隐含，故尾数数值实际上是 24 位，即 1 位隐含位加 23 位小数位。

阶码是以移码形式表示的。对于短浮点数，其移码的偏置值是 127（7FH）；长浮点数的偏置值是 1023（3FFH）。根据移码的定义，存储浮点数的阶码部分之前，偏置值要先加到阶码真值上。

（4）浮点数的范围　设浮点数共 n 位，其中尾数 n_1 位（含 1 位符号），阶码 n_2 位（含 1 位符号位），当用原码表示时，浮点数的范围如下：

阶码表示范围：$2^{\pm[2^{(n_2-1)}-1]}$

尾数表示范围：$\pm\left[1-2^{-(n_1-1)}\right]$

浮点数最大值：$+2^{\left[2^{(n_2-1)}-1\right]}\times\left[1-2^{-(n_1-1)}\right]\approx+2^{\left[2^{(n_2-1)}-1\right]}$

浮点数最小值：$-2^{\left[2^{(n_2-1)}-1\right]}\times\left[1-2^{-(n_1-1)}\right]\approx-2^{\left[2^{(n_2-1)}-1\right]}$

绝对值最小值：$2^{-\left[2^{(n_2-1)}-1\right]}\times2^{-(n_1-1)}$

【例 2.22】浮点数 16 位，尾数 12 位，阶码 4 位，各包含 1 位符号位。当阶码值和尾数值都用原码表示时，浮点数最大值为 $+2^7\times(1-2^{-11})$，浮点数最小值为 $-2^7\times(1-2^{-11})$，浮点数绝对值最小值为 $2^{-7}\times2^{-11}$。

当浮点数位数一定时，阶码位数越多，则浮点数表示的范围越大；而尾数的位数越多时，该浮点数表示的有效数值位数越多，数的精确度越高。这两者要根据实际情况适当进行分配。

（5）规格化和溢出处理

1）规格化。浮点数经运算后，为了不丢失有效数字，提高运算精度，要对结果进行规格化处理，以使尾数的有效数字尽可能占满尾数的整个数位。

浮点数经运算后，尾数可能有三种情况：

$0<|S|<2^{-1}$　　未规格化

$2^{-1}<|S|<1$　　规格化

$1<|S|<2$　　尾数溢出

对未规格化数，须进行规格化处理，即将尾数左移一位，并使阶码值减 1，直至尾数满足规格化条件，这个处理称为"左规"处理。相应地，也可以对尾数进行"右规"处理。

2）溢出处理。当一个数的大小，超出浮点数的表示范围，而无法表示这个数时，称为溢出。此时，尾数用规格化的数表示。判断浮点数溢出主要看阶码值是否超出了数据的表示范围。

当一个数的阶码值大于机器数的最大阶码值时，称为上溢；当一个数的阶码值小于机器数的最小阶码值时，称为下溢。显然，上溢时，机器不能继续运算，转溢出处理；下溢时，把浮点数各位强制清零，当作 0 处理。

只要浮点数的尾数为 0，不论阶码值为何值，一般也当作机器零处理。为了保证浮点数表示形式的唯一性，规定了机器零的标准格式，即尾数为 0，阶码值为最小值（绝对值最大的负数）。

（6）浮点数的四种机器码形式

设 $X=2^{-3}×(+0.10101)$

$[X]_原$	1	011	0	10101
$[X]_补$	1	101	0	10101
$[X]_反$	1	100	0	10101
$[X]_移$	0	101	0	10101

（阶移尾补）

（7）数的定点表示与浮点表示的比较

1）浮点表示比定点表示的数的范围大。

例如，用同样位数 16 位，则有：

定点表示的数的范围为 $0.00\cdots01\sim0.11\cdots11$，其绝对值变化范围为 $2^{-15}\sim1-2^{-15}$（约等于 1）。

浮点表示中，阶码值为 4 位，尾数为 12 位，各含 1 位符号位；其绝对值范围为 $2^{-7}×2^{-11}\sim2^{7}×(1-2^{-11})$。

所以，前者的范围为 $2^{-15}\sim1$，后者范围为 $2^{-18}\sim2^{7}$。

当然，为了提高浮点数的精度，必须采用比定点数长的位数，以增加尾数的长度。

2）浮点数的表示及处理较为复杂。浮点数包含两部分阶码值及尾数值，可以采用不同的编码制。浮点数要进行规格化及溢出处理，都比定点数复杂。

3）浮点数的运算过程也比定点数复杂。做加、减法时，要先对阶，使小数点位置对齐，然后再运算，运算完毕要做规格化及溢出处理。做乘、除法时，阶码值要进行加、减法，尾数做乘、除法，运算完毕再做规格化及溢出处理。

浮点计算的先驱——William M. Kahan

William M. Kahan 是一位加拿大计算机科学家，因为他在浮点运算部件的设计和浮点运算标准的制定上的突出贡献，而获得 1989 年图灵奖这一殊荣。Kahan 1933 年出生于多伦多，1954 年在多伦多大学获得数学学士学位，1956 年和 1958 年又先后获得硕士学位和博士学位。他曾在大学任教，又在 IBM、HP、INTEL 等公司工作，积累了丰富的工程实践经验。Kahan 在 INTEL 公司工作期间，主持设计并开发了 8087 芯片，成功地实现了高速、高效的浮点运算。目前，许多计算机和数学软件包都配置有 8087（或 80287、80387）这种数字协处理器。此外，Kahan 还在 IEEE 浮点运算标准的制定、HP 计算机的体系结构设计、数值计算算法的设计、误差分析、自动诊断等方面做出了卓越的贡献。

2.3　计算机中的编码

前面讨论了二进制数值型数据的编码。非数值型数据是一种用代码形式表示的"符号"信息，它没有"值"的概念，如常见的字符数据、逻辑数据。它们在计算机中也必须用编码表示。

2.3.1　字符的编码

字符数据主要指数字、字母、通用符号、图形符号、控制符号等，在计算机内部它们都被变换成计算机能够识别的二进制编码形式。这些字符以什么样的规则进行二进制 0、1 组合完全是人为规定的，可以有各种各样的编码方式。国际上普遍采用的编码是美国国家信息交换标准代码（American Standard Code for Information Interchange），简称 ASCII 码。

ASCII 码使用了 4 类共 128 种常用的字符：

1）数字 0~9。这里 0~9 是 10 个数字符号，与它们的数值二进制码是两个不同的概念。

2）字母。26 个大写英文字母和 26 个小写英文字母。

3）通用符号。如↑、+、{ 等。

4）动作控制符。如 Esc、Ctrl 等。其中个别字符因机型不同，表示的含义可能不一样，如"↑"有表示为"∧"或"Ω"的，"－"也有表示为"↓"的。

ASCII 码字符排列有一定的规律。数字 0~9 的编码是 0110000~0111001，它们的高 3 位均是 011，后 4 位正好与其对应数值的二进制代码相符。英文字母 A~Z 的 ASCII 码从 1000001（41H）开始顺序递增，字母 a~z 的 ASCII 码从 1100001（61H）开始顺序递增。这样排序对信息检索十分有利。

ASCII 码规定了单个字符的编码，一个字符对应一个 ASCII 码，占据计算机一个字节的存储空间。实际上，因为计算机的操作命令往往是若干字符、数据组合的字符串，为了节约内部存储空间，现代计算机常采用压缩技术重新编码，压缩编码办法有很多，这里不做进一步介绍。

2.3.2　十进制数字的编码

计算机内采用二进制数表示和运算，具有许多优点，但是人们习惯十进制，因此，某些场合，希望机器也能直接运算十进制数。为此，经常采取借用二进制方式来表示十进制数。由于十进制数有 10 个状态，所以借用 4 位二进制数的 16 个状态组合中的 10 个状态来表示十进制数的 0～9，这就是二—十进制编码的基本方法，即常说的 BCD 码（Binary Coded Decimal）。

BCD 码因组合不同可以有若干种类，对某种 BCD 码的评价标准为：是否便于和二进制数的相互转换，是否便于十进制数运算，是否便于求补，是否能校正错误。

常用的 BCD 码有四种，即 8421 码、2421 码、余 3 码和格雷码。

1．8421 码

8421 码是一种最基本的 BCD 码或称二—十进制码（8421 BCD 码）。一般不特别指明，就是指 8421 码。

1）8421 码用四位二进制数 0000～1001 表示十进制数 0～9，而对 1010～1111（10～15）作为非法码（冗余代码）。各位权值为 8、4、2、1，因此得名 8421 码。

2）它与二进制数 0000～1001 完全相同，所以将 8421 BCD 码转换为二进制数很方便。

3）8421 码的加、减运算可以参照二进制数运算方法进行修正，所以运算也较方便。

4）8421 码具有奇偶性，即最低位为 0，则是偶数，为 1 则是奇数。

【例 2.23】将 $(101011)_2$ 用 8421 BCD 码表示。

解：$(101011)_2=(43)_{10}=(01000011)_{BCD}$

2．2421 码

1）其高位权值为 2，依次为 421，故而得名。编码方式是 0～4 的最高位为 0，其余位与 8421 码相同；5～9 的最高位为 1（权为 2）。

2）2421 码的一个特点是求 $[-X]_补$ 很方便。

$$[-1]_{补 \bmod 10}=9，即 [-0001]_补 \rightarrow 1111$$

$$[-2]_{补 \bmod 10}=8，即 [-0010]_补 \rightarrow 1110$$

$$[-3]_{补 \bmod 10}=7，即 [-0011]_补 \rightarrow 1101$$

$$[-4]_{补 \bmod 10}=6，即 [-0100]_补 \rightarrow 1100$$

$$[-5]_{补 \bmod 10}=5，即 [-0101]_补 \rightarrow 1011$$

3）2421 码具有奇偶性。

3．余 3 码

1）其编码方法是将 8421 码的每个编码加上 3（0011）。

2）余 3 码每位没有固定权值。

3）它也很易于求补码。

$$[-1]_{补\,mod10}=9，即\,[-0100]_补\to1100$$

$$[-2]_{补\,mod10}=8，即\,[-0101]_补\to1011$$

$$[-3]_{补\,mod10}=7，即\,[-0110]_补\to1010$$

$$[-4]_{补\,mod10}=6，即\,[-0111]_补\to1001$$

$$[-5]_{补\,mod10}=5，即\,[-1000]_补\to1000$$

4）余 3 码奇偶性与 8421 码及 2421 码相反。最低位为 0，则为奇数，最低位为 1，则为偶数。

4．格雷码

十进制格雷（Gray）码的方案有很多种，Gray 码可以避免在计数时发生中间错误，所以也被称为可靠性编码。其主要特点如下：

1）它也是一种无权码。

2）从一种代码变到相邻的下一种代码时，只有一个二进制位的状态在发生变化。

3）具有循环特性，即首尾两个数的 Gray 码也只有一个二进制位不同，因此 Gray 码又称为循环码。

4）十进制 Gray 码也有 6 个代码为非法码，视具体方案而定。

2.3.3　汉字的编码

1．汉字的特点

汉字的历史源远流长，世界上约有 1/4 人口使用汉字，汉语被联合国列为法定六种正式语言和工作语言之一。解决计算机汉字信息处理技术，对我国推广计算机应用及加强国际交流有着极其重要的意义。

汉字也是一种字符，但是汉字的计算机处理技术远比拼音文字复杂，为了解决汉字信息的计算机处理，必须解决以下几方面的问题。

1）汉字信息交换用编码字符集（国标码）及其在计算机内表示（机内码）。

2）汉字信息的输入编码。

3）汉字信息字形显示码。

2．国标码和汉字内码

（1）国标码　为了能在不同汉字系统之间交换信息，高效率、高质量地共享汉字信息，在 1980 年我国发布推行了 GB 2312—1980 国家标准信息交换用汉字编码字符集（基本集），简称国标码。

国标码规定每个字符编码为两个字节，每个字节占用 7 位，最高位补 0。第 1 个字节表示区号，第 2 个字节表示位码。共分 94 个区号，每区 94 个位码。区号和位码的编码从 $(21)_H$ 开始到 $(7E)_H$ 结束，如 1 区第一个位码的国标码为 $(2121)_H$，而 16 区第一个位码的国标码为 $(3021)_H$ 即汉字"啊"。

国标码 1 区（区号 21）～9 区（区号 29）是数字、外文字母（英语、俄语、日语、拉丁语、希腊语、汉语拼音等）、图形字符、一般符号等；16 区（区号 30）～55 区（区号 57）为一级汉字；56 区（区号 58）～84 区（区号 77）为二级汉字。

（2）汉字内码　汉字内码是汉字在计算机内部存储、运算的信息代码。内码设计要求与西文信息处理有较好的兼容性。

目前，占主导地位的汉字内码是采用把国标码两个字节的最高位由 0 置 1 而成，这样最高位的 1 成为汉字码的标识符（最高位为 0 是 7 位 ASCII 码，为 1 则是汉字内码）。例如，汉字"啊"的国标码为(3021)$_H$，而机内码为(B0A1)$_H$。这种机内码结构简单，有利于节省计算机存储汉字信息的容量，又和西文字符有较好的兼容性（用最高位来区分 ASCII 码或汉字内码）。当然，当采用扩展 ASCII 码字符表（8 位）时，为了区分中西文代码，汉字内码还可以附加辅助标识符。

3．汉字输入代码

计算机系统使用汉字，首先的问题是如何有效地把汉字输入计算机内。为了能直接使用西文键盘输入汉字，必须为汉字输入设计编码，即用字母和数字串来代替汉字。一般来说，汉字输入编码应有以下一些特点：易记忆；字母和数字串简短；编码与汉字对应性好，重码少。

目前，已研究出几百种编码方案，但归纳起来有这样几种类型：用序号码形式（数码）表示，如 GB 2312—1980 国标区位码及电信业中使用的电报码；以发音为基础的拼音码；形码输入方案；音形码输入方案；其他编码。

4．汉字字型码

汉字字型复杂，笔画繁简不一，一字多至 30 多画，笔画方向、形状变化多端。因此，计算机显示汉字时，通常把一个汉字用点阵字模表示。

汉字（或其他字符、字母、数字等）在显示或打印时，要按点阵式字模组成字形码，点阵越大，打印字体越清晰、美观，但字形码越庞大，占用的存储空间越大，如 16×16 点阵，每个汉字要占 32 字节，24×24 点阵要占 72 字节，48×48 点阵占 288 字节。

2.4　其他信息的表示方法

1．语音的计算机表示方法

语言具备文字和语音两种属性，常用的文字信息的计算机表示方法前面已经介绍过了，而语音是人发出的一系列气流脉冲激励声带而产生不同频率振动的结果，是一种模拟信号。它是以连续波的形式传播的，不能直接进入计算机存储。

当计算机播放语音信息时，把声音文件中的数字信号还原成模拟信号，通过音响设备输出。

当一篇文章用语音输入计算机，要求以文字编码形式存储时，需要更加复杂的语音识别技术。计算机中预先存储每个文字的语音模型，当语音输入时与机内的语音模型比较，由此达到识别语音的目的，然后转化成相应的文字编码。由于各种方言语音的差异，以及重音现象、孤立文等的问题，影响语音识别的准确性。现在语音识别技术的发展已经越来越成熟了。

2．图像的计算机表示方法

凡是人类视觉系统所能感知到的信息形式或人们心目中的有形想象统称为图像。例如，一张彩色图片、一页书，甚至影像视频最终也是以图像形式存在的。图像信息的处理是多媒体应用技术中十分重要的组成部分，亦是当前热门研究课题。在计算机技术中对图像有不同的表示、处理和显示方法。记录图像的方式包括两种：一种是通过数学方法记录图像，即矢量图；另一种是用像素点阵的方法记录，即位图。

3．图形的计算机表示方法

图形是一种抽象化的图像。图形输出显示后与位图图像是一样的，但位图图像的基本元素是像素点，计算机存储的是每个像素点的量化值，占用存储空间大。图形的基本元素是图元，使用图形指令描述图元。实际上，图形指令只需要知道图元的几何特征，一般就能经过数学公式计算得出图元。比如一个圆，只要知道半径和圆心，执行圆的图形指令时调用相应的函数就能画出圆的图形。因为采用图形方式时计算机存储的是图形指令，所以占用的存储空间比位图图像小得多，但是，图形显示时要经过数学计算，所用的时间比位图图像时间要长。

2.5　数据校验码

1．数据校验码的意义

信息的正确性对计算机工作具有很重要的意义，但在信息的存储与传送过程中可能由于某种随机干扰而发生错误。例如，主存是一个较大容量的存储体矩阵，从其中某个单元读取信息时会引起一些附加的干扰信息，经读放大器鉴别时就可能出错。又如，外存储器是在运动状态下读/写，可靠性更差，通过长线传输，也容易受到干扰而出错。所以从存储器读取信息或从外部写入，常常希望能进行某种检验以判断是否发生了错误，甚至希望能找到发生错误的所在并纠正错误。这就是校验码产生的原因。

2．校验的基本方法

现在提出的校验办法大多基于一种"冗余校验"思想，即除了基本的有效信息代码外，再扩充部分代码，增加的这部分称为校验位。将有效信息位与校验位一起按某种规律编码，一起写入存储器或向外发送。当从存储器读出或从外部接收到代码时，按同一约定的规律进行译码，取出有效信息的部分，判断所约定的规律是否被破坏，如果被破坏，表明收到的信息有错，可能是有效信息位，也可能是校验位出错，根据被破坏后的特征，有可能判定出是哪些位出错，从而纠正它们。

3．校验纠错能力

由判别一种校验码制的冗余程度，估计它查错能力，引出"码距"的概念。由若干位代码组成一个字叫"码字"，一种码制可有若干种码字的组合。将两个码字逐位比较，码值不同的位数就叫作这两个"码字"间的距离，即该码制的距离，简称码距。

例如，8421 码中的 6（0110）与 7（0111）之间距离为 1，因为它们之间只有一个码值不同，而 8（1000）与 7（0111）之间距离为 4。因此，8421 码制的码距为 1，计作 $D=1$。如果读了一个代码为（0111），无法判断究竟是正确的"7"，还是最低位出错的"6"，可见 $D=1$ 的码制不能发现错误，当然也就无法纠错。

加入校验位后，总的位数增加了。如果仍保持原来码字组合的数量，则码字间的距离就可能扩大。例如，4 位二进制数表示 16 种码字组合，加入 1 位校验位后，如仍保持 16 种有效码字组合，就可能做到码距 $D=2$。增加冗余位越多，码距就可能越大，查错能力就越强。通过实例分析可知，往往不是简单地增加冗余位就可能相应地增加码距，这需要探求有效的校验码组成方法。为此，已经发展了一整套纠错编码理论与技术，当然校验方法往往不能绝对完全地发现错误，但查错概率达到一定值时，就有实用价值。校验位越多，编码规律越合理，纠错能力就越强。

2.5.1　奇偶校验码

奇偶校验码是一种结构最简单、最常用、最基本的一种校验方法。它广泛用于主存储器读/写校验以及输入/输出代码校验。

奇偶校验的编码规律：对 n 位有效信息码（二进制数码）再配以 1 位校验位 P 组成一个（$n+1$）位校验码。若是"奇校验"则使校验码中所包含"1"的个数为奇数，而"偶校验"则使校验码中所包含"1"的个数为偶数。因此，要求校验位 P 的码值与 n 位数码的码值符合以下逻辑规律：

设 n 位数码为 $X_{n-1}X_{n-2}\cdots X_1X_0$，则

$$P_{奇}=\overline{X_{n-1}\oplus X_{n-2}\oplus\cdots X_1\oplus X_0}$$

$$P_{偶}=X_{n-1}\oplus X_{n-2}\oplus\cdots X_1\oplus X_0$$

例如，已知 7 位信息代码 $X_6X_5X_4X_3X_2X_1X_0=1001000B$。若采用偶校验

$$P_{偶}=1\oplus 0\oplus 0\oplus 1\oplus 0\oplus 0\oplus 0=0$$

则校验码为 $X_6X_5X_4X_3X_2X_1X_0$，$P_{偶}=10010000$。

若采用奇校验，则 $P_{奇}=1$，校验码为 10010001。

若先将带有校验位的校验码存入内存，以后经奇偶校验法对读出代码的奇偶性进行校验，就可以发现代码是否有误。

奇偶校验虽然只能发现奇偶二进制码位的错误，且不能纠正错误，但由于发生两位以上错误的概率很小，校验方法简单易行，因此是其他各种校验方法的基础，故得到广泛应用。

2.5.2　循环冗余校验码

循环冗余校验（cyclic redundancy check，CRC）码，是一种具有很强检错、纠错能力的校验码。循环冗余校验码常用于辅助存储器校验以及计算机信息通信中。因为循环冗余校验码的编码原理复杂，这里只对 CRC 码的编码方式及实现做定性的介绍。

设被校验的数据信息代码 $M(x)$ 是 n 位二进信息，将 $M(x)$ 左移 K 位后被一个约定的"生成多项式"$G(x)$ 相除，"生成多项式"是 $K+1$ 位的二进制数，相除后得到的 k 位余数就是校

验位。校验位拼接到原来的 n 位二进制数后形成 $n+k$ 位的循环冗余校验码（CRC 码），因此 CRC 码也称（$n+k$，n）码。

CRC 码的特征：CRC 码能被"生成多项式"整除，所以当需要校验信息是否出错时，只需要把 CRC 码用同样的"生成多项式"相除，如果正好除尽，表明无信息差错，当不能除尽时，说明有信息位的状态发生了转变，即表示出错。因为校验位是通过以多项式 $G(x)$ 得到的，故 $G(x)$ 称为生成多项式。

【例 2.24】将 4 位二进制数 1100 生成 CRC 码。

解：

$M(x)=1100=x^3+x^2$

$G(x)=1011=x^3+x+1$（校验位 3 位）

$M(x)x^3=x^6+x^5=1100000$（$M(x)$左移 3 位）

用模 2 除法，求 $R(x)$ 得

$M(x)x^3 \div G(x)=1100000 \div 1011=1110+0010/1011$

```
              1 1 1 0
      ┌─────────────────
1011  │ 1 1 0 0 0 0 0
        1 0 1 1
        ─────────
          1 1 1 0
          1 0 1 1
          ─────────
            1 0 1 0
            1 0 1 1
            ─────────
              0 0 1 0
```

得到 1100 的 CRC 码为 1100010。如果传送正确 CRC 码可被 $G(x)=1011$ 整除，余数 $R(x)=0$。

2.5.3　海明校验码

海明校验实质上是一种多重奇偶校验方法，它不仅能发现错误，而且能指明是哪一位出错，从而纠正错误。

1．海明校验的基本方法

若有 n 位二进制数，则配以 K 个校验位，再按一定排列规律组成一个（$n+k$）位海明码，并分成 K 个奇偶校验组（每组 2^{K-1} 位）。此时，能校验 2^K 个信息，其中一个信息指出"没有错误"，其余（2^K-1）指出错误的位置。其中，K 个位置用于指明 K 个校验位，（2^K-1-K）用于指明 n 个二进制数码位。所以，$n \leqslant 2^K-1-K$。

二进制信息位数 n 与校验位数 K 的关系见表 2-2。

表 2-2　二进制信息位数 n 与校验位数 K 的关系

n	1	2~4	5~11	12~26	27~57	58~120
K	2	3	4	5	6	7

2. 查错和纠错

当海明码传送到接收端时，分别对各奇偶校验组各码位值求异或（假设按偶校验），即

$$G_1 = P_1 \oplus D_0 \oplus D_1 \oplus D_3$$
$$G_2 = P_2 \oplus D_0 \oplus D_2 \oplus D_3$$
$$G_3 = P_3 \oplus D_1 \oplus D_2 \oplus D_3$$

此时，若海明码各码位没有发生错误，则 $G_3G_2G_1 = 000$。但若

P_1 出错，则 $G_3G_2G_1 = 001$

P_2 出错，则 $G_3G_2G_1 = 010$

D_0 出错，则 $G_3G_2G_1 = 011$

$\vdots$ $\vdots$

D_3 出错，则 $G_3G_2G_1 = 111$

把 $G_3G_2G_1$ 称为指误字，$G_3G_2G_1 = 000$ 说明没有错，而 $G_3G_2G_1 \neq 000$ 时为有错，且 $G_3G_2G_1$ 的代码值表示哪一个海明码位发生错误，然后只要将该码位值取反即可纠正错误。

例如，$D_3D_2D_1D_0 = 1010$

则

$$P_1 = D_0 \oplus D_1 \oplus D_3 = 0 \oplus 1 \oplus 1 = 0$$
$$P_2 = D_0 \oplus D_2 \oplus D_3 = 0 \oplus 0 \oplus 1 = 1$$
$$P_3 = D_1 \oplus D_2 \oplus D_3 = 1 \oplus 0 \oplus 1 = 0$$

所以，$H_7H_6H_5H_4H_3H_2H_1 = D_3D_2D_1P_3D_0P_2P_1 = 1010010$（海明码）

检验时

$$\left.\begin{array}{l} G_1 = P_1 \oplus D_0 \oplus D_1 \oplus D_3 = 0 \oplus 0 \oplus 1 \oplus 1 = 0 \\ G_2 = P_2 \oplus D_0 \oplus D_2 \oplus D_3 = 1 \oplus 0 \oplus 0 \oplus 1 = 0 \\ G_3 = P_3 \oplus D_1 \oplus D_2 \oplus D_3 = 0 \oplus 1 \oplus 0 \oplus 1 = 0 \end{array}\right\} \text{说明此时无错}$$

若 D_1 出错；即 $D_1 \neq 1$，则海明码变为 1000010。

则

$$G_1 = 0 \oplus 0 \oplus 0 \oplus 1 = 1$$
$$G_2 = 1 \oplus 0 \oplus 0 \oplus 1 = 0$$
$$G_3 = 0 \oplus 0 \oplus 0 \oplus 1 = 1$$

所以，$G_3G_2G_1 = 101$ 说明海明码第 5 位错，即 $G_1 = (H_5)$ 出错。应取反 $D_1 = 1$。

发明纠错码的大数学家——里查德·海明（Richard Hamming）

Richard Hamming 于 1915 年生于美国芝加哥。1937 年在芝加哥大学获得数学硕士学位，1939 年在内布拉斯加大学获得硕士学位，又于 1942 年在伊利诺大学获得博士学位。他长期在贝尔实验室工作，担任计算机科学部的主任。他成功地解决了通信时发送方发出的信息在传输过程中的误码问题，并于 1947 年发明了一种能纠错的编码，称为纠错码或海明码。这种方法在计算机各部件间进行信息传输时以及在计算机网络信息传输中同样有用。为此，他于 1968 年荣获图灵奖。Hamming 作为数学家在数值方法、编码与信息论、统计学和数字滤波器等领域也有重大的贡献。Hamming 是美国工程院院士，曾任 ACM 第

七届主席，还获得了除图灵奖之外的多个重大奖项。

本 章 小 结

本章讨论了计算机中数值型数据的表示方法，介绍了二进制、八进制、十进制和十六进制数据的表示和相互转化方法。接着讨论了有符号数据在计算机中的表示——原码、反码、补码和移码等。同时，还介绍了非数值型数据——字符、汉字、声音、图形、图像在计算机中的表示方法。最后，讨论了计算机中常用的校验码——奇偶校验码、CRC 码和海明码。

习　题　2

1．将十进制数 125 转换为二进制数、八进制数及十六进制数。

2．将十六进制数 A5.4E 转换为二进制数及八进制数。

3．将二进制数 101011.101 转换为十进制数。

4．把下列十进制数转换为八进制数和十六进制数。

　　（1）135　　　（2）254　　　（3）936　　　　（4）268

5．某机器字长为 32 位，采用定点表示，尾数为 31 位，数符 1 位，问：

　　（1）利用定点原码整数表示时，最大正数是多少？最小负数是多少？

　　（2）利用定点原码小数表示时，最大正数是多少？最小负数是多少？

6．把下列二进制数转换为十进制数。

　　（1）1110　　（2）1010　　（3）101111　　　（4）11100010　　　（5）1011010

7．把下列十进制数转换为二进制数。

　　（1）92　　（2）128　　（3）136　　（4）246

8．把下列二进制数转换为八进制数。

　　（1）100111010111　　　　　（2）111001110011101

　　（3）1001110010001110　　　（4）11011011110111

9．把下列八进制数转换为二进制数。

　　（1）7630　　（2）212　　（3）177777　　（4）3476

10．把下列二进制数转换为十六进制数。

　　（1）1011011　　（2）1110111　　（3）1000010　　（4）11011111

11．设真值 x 范围为 $-2^4 \leqslant x < 2^4$，写出下列真值的原码、反码和补码。

$$+1010 \qquad -1010$$
$$+1111 \qquad -1111$$
$$+0000 \qquad -1000$$

12．写出下列十进制数的原码、反码和补码（用 8 位二进制数表示）。

　　（1）+65　　　（2）+115　　　（3）−65　　　　（4）−115

13．实现下列机器数之间的转换。

（1）已知 $[x]_原 =10110$，求 $[x]_反$。

（2）已知 $[x]_反 =10110$，求 $[x]_补$。

（3）已知 $[x]_补 =10110$，求 $[x]_原$。

14. 已知下列机器数，写出它们所对应的真值。

（1）$[x]_原 =11011$　（2）$[x]_原 =00000$　（3）$[x]_反 =11011$　（4）$[x]_反 =01111$

15. 写出下列用补码表示的二进制数的真值。

（1）01101110　（2）01011001　（3）10001101　（4）11111001

16. 已知 $[x]_补 =0101010$，$[y]_补 =1010110$，求 $[1/2x]_补$、$[1/2y]_补$、$[1/4x]_补$、$[1/4y]_补$、$[-x]_补$、$[-y]_补$。

17. 在 ASCII 码表上查出下列符号的 ASCII 码值，并写出其二进制编码。

（1）=　（2）4　（3）0　（4）9　（5）A　（6）Z　（7）a

18. 试将十进制数 518.98 转换成 BCD 码。

19. 在进行偶校验时，指出下列数据的奇偶位。

（1）1010001

（2）1000001

第3章
运算方法和运算部件

在计算机中，完成数值运算的部件就是 CPU 中的算术逻辑运算单元（arithmetic logical unit，ALU）。ALU 的逻辑结构取决于机器的指令系统、数据的表示方法、运算方法和选用的逻辑器件等。数据的表示方法在第 2 章中已经讲解，指令系统的内容将在第 5 章介绍，本章重点介绍运算方法、运算器的结构和工作原理。

对运算方法的讨论主要是指算术运算在计算机中是按什么规则进行的。不同的机器数表示形式所对应的算法也不同。此外，由于计算机中的数有定点和浮点两种表示，因此相应地有定点数运算和浮点数运算方法。

计算机中的加、减、乘、除基本算术运算通常都是转化为加法运算完成的，因此加法器是构成运算器的关键部件。为了提高乘/除法运算速度，有的计算机还专门设置了乘法部件和除法部件，但加法器绝对不是可有可无的。在运算器内部，除了加法器以外，还设有一定数量的寄存器，用来存放参加运算的数据及运算过程中的中间结果。逻辑运算也是计算机中常用的操作，其硬件设置比较简单，通常是在加法器的输入端增加相应的逻辑门来实现。

随着大规模集成电路的发展，运算器的结构也在不断地变化。本章以四位运算器 SN74181 为例，介绍 ALU 的结构和原理。同时，重点介绍定点数的机器四则运算和浮点数的机器四则运算过程。

3.1 算术逻辑运算基础

3.1.1 移位运算

移位运算在日常生活中很常见。例如测量身高，160cm 可以写成 1.6m。仅从数字而言，160 相当于数 1.6 相对于小数点左移 2 位，并在数字后面添加了 1 个 0；同样 1.6 也相当于 160 相对于小数点右移了两位，并删去了数字后面的 1 个 0。所以说，当某个十进制数相对于小数点左移 n 位时，相当于这个数乘以 10^n；右移 n 位时，相当于这个数除以 10^n。

计算机中小数点的位置是事先约定的，所以二进制表示的机器数在相对于小数点做 n

位左移或右移时，实质上就是这个数乘或除 2^n（$n=1,2,\cdots,n$）。

移位操作是实现算术和逻辑运算不可缺少的基本操作。因此，计算机的指令系统都设置有各种移位操作指令。

移位操作按移位性质可分为三种类型：逻辑移位、循环移位和算术移位。按被移位数据长度可分为字节移位、半字长移位、字长移位和多倍字长移位。按每次移位的次数可分为移 1 位和移 n 位（$n\leqslant$被移位数据长度）。计算机中的移位指令应指明移位性质、被移位数据长度和一次移位的位数。下面分别讨论按移位性质划分的三种类型的移位操作。

1. 逻辑移位

逻辑移位操作的对象是一组无数值意义的二进制代码，移位只是数码位置的变化，无数值大小的变化。其移位规则是：左移时低位补 0，右移时高位补 0。例如，将寄存器的内容逻辑右移一位，如图 3-1a 所示。

2. 循环移位

循环移位指存在闭合移位环路，即在被移位数据的最高位与最低位之间有位移通路。其位移规则是：循环左移时，最高位移到最低位，其余各位依次左移；循环右移时，最低位移到最高位，其余各位依次右移。例如，将寄存器的内容循环右移一位，如图 3-1b 所示。

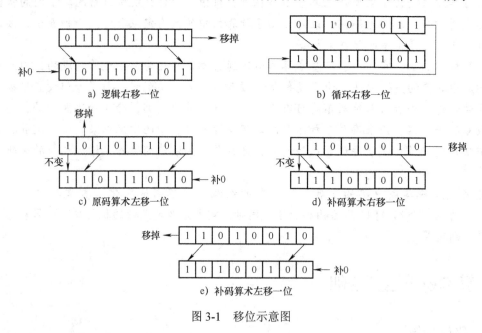

a) 逻辑右移一位   b) 循环右移一位

c) 原码算术左移一位   d) 补码算术右移一位

e) 补码算术左移一位

图 3-1 移位示意图

3. 算术移位

算术移位是指带符号数的移位。如果左移后并未溢出，则左移一位相当于带符号数乘 2，而右移一位相当于带符号数除 2。对于原码与补码，它们的具体移位规则有所不同。需要注意的是，不论正数还是负数，移位后的符号位都不变，这是算术移位的重要特点。

（1）原码移位规则　不论是正数或负数，原码移位都相同。左移时，符号位不变，各位依次左移，末位补 0。注意，由于负数原码数值部分与真值相同，所以在移位时只要使其符号位不变，空位都补 0 即可。例如，将寄存器的内容（原码）算术左移一位，如图 3-1c 所示。

【例 3.1】设机器字长为 8 位（含 1 位符号位），若 $X = \pm 26$，写出二种机器数左、右移一位和两位后的表示形式及对应的真值。

解：（1）$A=+26=(+11010)_2$ $\qquad$ $B=-26=(-11010)_2$

则 $[A]_原=[A]_补=[A]_反=00011010$；$[B]_原=10011010$，$[B]_补=11100110$，$[B]_反=11100101$。

移位结果见表 3-1。

表 3-1 例 3.1 移位后的结果

移位操作 $A=+26$	机器数 $[A]_原=[A]_补=[A]_反$	对应的真值	移位操作 $A=-26$	机器数 $[A]_原$	对应的真值
移位前	00011010	+26	移位前	10011010	−26
左移一位	00110100	+52	左移一位	10110100	−52
左移两位	01101000	+104	左移两位	11101000	−104
右移一位	00001101	+13	右移一位	10001101	−13
右移两位	00000110	+6	右移两位	10000110	−6

（2）补码右移规则 根据补码与原码的对应关系，不难得出补码的移位规则。补码右移规则是：连同符号位一起，各位依次右移，其中符号位的值右移至最高有效位，而符号位本身保持原值不变。对于正数补码，符号位为 0，右移至最高有效位相当于对它补 0；对于负数补码，符号位为 1，右移至最高有效位相当于对它补 1。例如，将寄存器的内容（补码）算术右移一位，如图 3-1d 所示。

（3）补码左移规则 各位依次左移，其中最高有效位左移到符号位，而末位则补 0。如果左移后并不发生溢出，则对于正数补码其最高有效位应为 0，左移至符号位使其仍保持 0 不变化；而对于负数的补码其最高有效位应为 1，左移至符号位使其保持 1 不变。注意：若左移后发生溢出，则对于单符号位补码而言将会破坏正确的符号。例如，将寄存器的内容（补码）算术左移一位，如图 3-1e 所示。

3.1.2 十进制数的运算

前面已经阐述了 BCD 码的概念，那么，在计算机内如何用 BCD 码进行计算呢？先看以下两个例子。

【例 3.2】用 BCD 码完成下列运算。

（1）13+12=25

```
  0001 0011    (13)
+ 0001 0010    (12)
-----------
  0010 0101    (25)
```
结果正确

（2）18+19=37

```
  0001 1000    (18)
+ 0001 1001    (19)
-----------
  0011 0001    (31)
```
结果错误

（3）15+16=31

```
  0001 0101    (15)
+ 0001 0110    (16)
-----------
  0010 1011
```
结果错误

可见，采用 BCD 码运算时，其运算结果可能出错。在例 3.2（2）中，出错的原因是发生了"半进位"，即低 4 位向高 4 位发生了进位；而例 3.2（3）虽然没有发生"半进位"，但所得的结果中低 4 位 BCD 码已超过了其表示的范围 0000~1001。因此这两个例子的运算结果都出现了错误。

因此，在计算机内部实现 BCD 码算术运算，要对运算结果进行修正。对加法运算的修正规则是：如果两个一位 BCD 码相加之和小于或等于$(1001)_2$，即$(9)_{10}$，则不需要修正；如果相加之和大于或等于$(10)_{10}$，或者在相加过程中发生了"半进位"，则需要"加 6"进行修正，从而得出正确的结果。那么，对例 3.2（2）和（3）的结果进行修正：

```
(2)      0011 0001   (31)        (3)      0010 1011   （结果）
       + 0000 0110   (06)               + 0000 0110   (06)
       ─────────────                    ─────────────
         0011 0111   (37)                 0011 0001   (31)
```

      修正后结果正确   修正后结果正确

【例 3.3】已知一个数为$(4)_{10}$，另一个数为$(9)_{10}$，用 8421 BCD 码进行运算，得出两个数的和。

解：$(4)_{10}=(0100)_2$ $(9)_{10}=(1001)_2$

```
      0100    (4)
   +  1001    (9)
   ─────────
      1101    （结果）
   +  0110    (6)
   ─────────
    1 0011    (13)
```

3.1.3 逻辑运算

对逻辑变量的运算，常用的基本逻辑运算有逻辑"与"、逻辑"或"、逻辑"非"和逻辑"异或"。具体实现相应运算时，可以直接使用相应的逻辑门电路来完成。这些逻辑门电路是计算机硬件的基础，是设计、制造计算机的基础元器件。

1. 逻辑"与"运算

逻辑"与"运算通常也称为"逻辑乘法"，用符号"$\wedge$"表示。可用逻辑与门电路实现。

设两个二进制数：

    $A=A_0A_1A_2\cdots A_n$ $B=B_0B_1B_2\cdots B_n$

则

    $A\wedge B=C_0C_1C_2C_3\cdots C_n$

其中，$C_i=A_i\wedge B_i$（$i=0,1,2,\cdots,n$）。

对于二进制数而言，逻辑"与"的运算规则为

    $0\wedge 0=0$ $0\wedge 1=0$ $1\wedge 0=0$ $1\wedge 1=1$

例如，

    $A=10010$ $B=11011$

则

$$10010$$
$$\underline{\wedge 11011}$$
$$10010$$

所以，$A \wedge B = 10010$。

2. 逻辑"或"运算

逻辑"或"运算通常也称为"逻辑加法"，用符号"$\vee$"表示。可用逻辑或门实现。

设两个二进制数 $A=A_0A_1A_2\cdots A_n$，$B=B_0B_1B_2\cdots B_n$，A、B 两个数的逻辑"或"就是两个数对应位相"或"的结果。逻辑"或"运算也是按位运算，表示为

$$A \vee B = C_0C_1C_2C_3\cdots C_n$$

其中，$C_i = A_i \vee B_i$（$i=0,1,2,\cdots,n$）。

逻辑"或"的运算规则为

$$0 \vee 0=0 \qquad 0 \vee 1=1 \qquad 1 \vee 0=1 \qquad 1 \vee 1=1$$

例如，

$A=10010 \qquad\qquad B=11011$

$$10010$$
$$\underline{\vee 11011}$$
$$11011$$

所以，$A \vee B = 11011$。

3. 逻辑"非"运算

逻辑"非"运算通常也称为"求反运算"，用在逻辑变量上加一短线表示该变量的"非"。求反操作可用反向器（非门）实现。

已知二进制数 $A=A_0A_1A_2\cdots A_n$，对 A 求反是指将 A 按位取反，即

$$\overline{A} = C_0C_1C_2\cdots C_n$$

其中，$C_i = \overline{A_i}$（$i=0,1,2,\cdots,n$）

求反运算的规则为

$$\overline{1}=0 \qquad \overline{0}=1$$

例如，$A=1$，则 $\overline{A}=0$。

4. 逻辑"异或"运算

逻辑"异或"运算就是通常所说的"不带进位的加法"运算，即"半加"，用符号"$\oplus$"表示。可用异或门电路实现。

设两个二进制数：

$$A=A_0A_1A_2\cdots A_n \qquad B=B_0B_1B_2\cdots B_n$$

A、B 两个数的"异或"就是将这两个数的对应位求和，而各位之间不产生进位的关系。表示为

$$A \oplus B = C_0C_1C_2\cdots C_n$$

其中，$C_i = A_i \oplus B_i = \overline{A_i}B_i + A_i\overline{B_i}$（$i=0,1,2,\cdots,n$）。

"异或"运算的规则为

$$0 \oplus 0=0 \qquad 0 \oplus 1=1 \qquad 1 \oplus 0=1 \qquad 1 \oplus 1=0$$

例如，A=10010，B=11011，则

$$
\begin{array}{r}
1\,0\,0\,1\,0 \\
\oplus\ 1\,1\,0\,1\,1 \\
\hline
0\,1\,0\,0\,1
\end{array}
$$

所以，$A \oplus B$=01001。

综上所述，逻辑运算是计算机中最基本的运算，特别是与、或、非三种基本逻辑运算，利用这些运算及其组合，可以实现计算机中的所有逻辑功能。

需要注意的是，逻辑运算都是发生在本位上的运算，不涉及进位和借位的问题，因此也不可能发生"溢出"。

3.2 定点数的加法和减法运算

加法运算是所有计算机的基本运算，减法运算可以通过补码加法来实现。而乘法和除法运算也可以通过一系列的加、减法运算和移位来实现。通过前面的学习可知，在计算机内部，带符号数通常都是用补码来表示的。因此，在讨论加、减法运算时，主要介绍补码的加、减法运算方法。

3.2.1 补码加法运算

两个参与相加的数不管是正数还是负数，在进行加法运算时，将两个数表示成对应的补码形式，再将这两个补码直接按二进制运算规则相加，所得的结果就是和的补码形式。即两个数补码的和等于两个数和的补码。可用如下关系式描述：

$$[X]_{补} + [Y]_{补} = [X+Y]_{补}$$

这个结论也适用于定点小数。

【例 3.4】已知 X=+1001，Y=+0101，求 $X+Y$。

解：$[X]_{补}$ =01001，$[Y]_{补}$ =00101

$$
\begin{array}{r}
[X]_{补} \qquad 01001 \\
+\ [Y]_{补} \qquad 00101 \\
\hline
[X+Y]_{补} \qquad 01110
\end{array}
$$

所以，$X+Y$=+1110。

【例 3.5】已知 X=+0.1011，Y=−0.0101，求 $X+Y$。

解：$[X]_{补}$ =0.1011，$[Y]_{补}$ =1.1011

$$
\begin{array}{r}
[X]_{补} \qquad 0.1011 \\
+\ [Y]_{补} \qquad 1.1011 \\
\hline
[X+Y]_{补} \qquad ①0.0110
\end{array}
$$

丢掉

所以，$X+Y=0.0110$。

由以上两例可见，补码加法的特点：一是符号位要作为数的一部分一起参加运算；二是要在模 M 的意义卜相加，即超过 M 的进位要去掉。例 3.4 中的模为 $(100000)_2$，例 3.5 中的模为 $(10)_2$，而字长均为 5 位。

3.2.2 补码减法运算

两个异号数的相加是利用它们的补码将减法变成加法来做，减法运算当然也可以转化成加法来完成。之所以使用这种方法而不直接用减法，是因为这样可以和常规的加法运算使用同一个加法器电路，从而简化了计算机硬件电路的设计。

$$[X-Y]_补 = [X+(-Y)]_补 = [X]_补 + [-Y]_补$$

由于在存储器单元或寄存器中保存的通常是 $[Y]_补$，因此要将减法运算转化为加法运算，就需要将 $[Y]_补$ 变为 $[-Y]_补$，$[-Y]_补$ 称为 $[Y]_补$ 的机器负数。如何根据 $[Y]_补$ 来求 $[-Y]_补$ 呢？不管 Y 的真值为正还是为负，根据 $[Y]_补$ 求 $[-Y]_补$ 的法则是：对 $[Y]_补$ 连同符号位一起"求反且最末位加 1"（在定点小数中的这个"1"为 2^{-n}），即可得到 $[-Y]_补$。

【例 3.6】已知 $X=+0.1110$，$Y=-0.1101$，求 $[X]_补$、$[-X]_补$、$[Y]_补$ 和 $[-Y]_补$。

解：$[X]_补 =0.1110$ $[-X]_补 =1.0001+0.0001=1.0010$

$[Y]_补 =1.0011$ $[-Y]_补 =0.1100+0.0001=0.1101$

在求得 $[-Y]_补$ 后，将其与 $[X]_补$ 相加，便得出 $[X-Y]_补$。

【例 3.7】已知 $X=+0.1101$，$Y=+0.0110$，求 $X-Y$。

解：$[X]_补 =0.1101$，$[Y]_补 =0.0110$，$[-Y]_补 =1.1010$

$$
\begin{array}{ll}
[X]_补 & 0.1101 \\
+\ [-Y]_补 & 1.1010 \\
\hline
[X-Y]_补 & ①0.0111
\end{array}
$$

丢掉

所以，$X-Y=+0.0111$。

根据以上的讨论，可将补码加、减法运算规则归纳如下。

1）参加运算的所有操作数都用补码表示。

2）符号位与数值位一起参加运算。

3）若为加法操作，则两数补码直接相加；若为减法操作，则减数补码连同符号位一起取反加 1 后再与被减数补码相加。

4）运算的结果仍然是补码的形式。

3.2.3 溢出及其判别方法

由于 CPU 的字长是一定的，在确定了运算字长和数据的表示方法后，所能表示的数的范围也就相应确定了。当运算结果超出了机器数所能表示的范围，就会产生溢出。由于发生溢出会导致运算结果错误，因此计算机必须能够判断完成某一运算之后所得的结果是否发生了溢出。若溢出则停机，或转入中断服务程序进行处理，此时运算没有正确结果。

显然，两个异号数相加或两个同号数相减其运算结果是不会产生溢出的，只有两个同号数相加或两个异号数相减才可能发生溢出。运算结果为正且大于所能表示的最大正数，称为"正溢"；运算结果为负且小于所能表示的最小负数，称为"负溢"。

如何判别运算结果是否发生了溢出呢？可以通过下面的例子来推导出发生溢出的条件。设字长为 8 位，用补码表示，则表示数的范围为-128～+127，如果运算结果超出此范围则发生溢出。

【例 3.8】

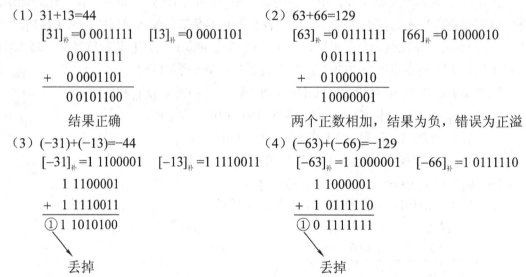

通过上述例子分析，可归纳出判断发生溢出的方法。

1. 根据进位位判断

从例 3.8 中可以看出，两个正数相加导致结果为负数的原因是由于在运算过程中，数值位向符号位发生了进位。而在例 3.8（4）中，两个负数相加导致结果为正数的原因是由于在运算过程中，符号位向更高位（丢掉位）发生了进位。在例 3.8（1）中没有发生这样的进位，因此没有发生溢出。在例 3.8（3）中，这两种进位同时发生了，结果也没有发生溢出。通过上述分析，设数值位向符号位发生的进位为 C，若有进位则为 1，没有进位则为 0；而符号位向更高位发生的进位为 S，若有进位则为 1，没有进位则为 0。则发生溢出的条件为

若 $S \oplus C=1$ 　有溢出　　$S=0$，$C=1$ 为正溢　　$S=1$，$C=0$ 为负溢

若 $S \oplus C=0$ 　无溢出

【例 3.9】

（1）63+66=129

$\qquad$ [63]$_补$ = 0 0111111　[66]$_补$ = 0 1000010

$\qquad$ 　0 0111111

$\qquad$ +　0 1000010

$\qquad$ ——————————

$\qquad$ 　1 0000001

（2）（−63）+（−66）=−129

$\qquad$ [−63]$_补$ =1 1000001　[−66]$_补$ =1 0111110

$\qquad$ 　1 1000001

$\qquad$ +　1 0111110

$\qquad$ ——————————

$\qquad$ ① 0 1111111

$\qquad\qquad\qquad\qquad$ ↘

$\qquad\qquad\qquad\qquad$ 丢掉

$\qquad$ C=1，S=0 发生正溢，结果错误　　　C=0，S=1 发生负溢，结果错误

2．根据双符号位判断

由于用一位二进制数来表示符号只能表示出正负两种情况，当产生溢出时，会使符号位的含义产生混乱。因此，可将符号位扩充为两位，这样既能表示出正负，又能反映出是否发生溢出和所发生溢出的类型。双符号位的编码含义如下：

00 结果为正，没有溢出　　　　　01 结果溢出，为正溢

10 结果溢出，为负溢　　　　　　11 结果为负，没有溢出

【例 3.10】

（1）63+66=129

$\qquad$ [63]$_补$=00 0111111　[66]$_补$ =00 1000010

$\qquad$ 　00 0111111

$\qquad$ +　00 1000010

$\qquad$ ——————————

$\qquad$ 　01 0000001

（2）（−63）+（−66）=−129

$\qquad$ [−63]$_补$ =11 1000001　[−66]$_补$ =11 0111110

$\qquad$ 　11 1000001

$\qquad$ +　11 0111110

$\qquad$ ——————————

$\qquad$ ① 10 1111111

$\qquad\qquad\qquad\qquad$ ↘

$\qquad\qquad\qquad\qquad$ 丢掉

两个正数相加，结果为负，错误（正溢）　最高位丢掉，结果却为正数，错误（负溢）

【例 3.11】已知机器字长为 8 位，X=+110110，Y=−110011。求 $X+Y$ 和 $X−Y$。

解：$[X]_补$=00 110110，$[Y]_补$ =11 001101，$[−Y]_补$ =00 110011

$\qquad$ $[X]_补$ $\qquad$ 00 110110

$\qquad$ + $[Y]_补$ $\qquad$ 11 001101

$\qquad$ ———————————————————

$\qquad$ $[X+Y]_补$ ① 00 000011

$\qquad\qquad$ ↙

$\qquad\qquad$ 丢掉

所以，$[X+Y]_补$ =00 000011，$X+Y$=000011。

$\qquad$ $[X]_补$ $\qquad$ 00 110110

$\qquad$ + $[−Y]_补$ $\qquad$ 00 110011

$\qquad$ ———————————————————

$\qquad$ $[X−Y]_补$ $\qquad$ 01 101001

$[X−Y]_补$ 的符号位为 01，计算结果发生了溢出（正溢），所以，$X−Y$ 没有正确结果。

通过分析发现，不论结果是否溢出，第一符号位总是指示结果的正确符号，从而据此

可判断出溢出为正溢还是负溢。需要指出的是，若采用双符号位方案，操作数及结果在寄存器或存储器中仍然用一个符号位，只是在运算时扩充为双符号位。

3.3 算术逻辑运算单元

算术逻辑运算单元（ALU）主要完成对二进制数的算术和逻辑运算。在某些计算机中，ALU 还要完成数值的比较、变换数值的符号、计算操作数的地址等操作。可见，ALU 是一种功能较强的组合逻辑电路，因此有时也被称为多功能函数发生器。

由于加法操作是各种算术运算的基础，因此 ALU 的核心就是加法器。

3.3.1 加法单元电路

在 ALU 中，一位加法单元电路通常都采用全加器。全加器有三个输入量：X 操作数的第 i 位 X_i，Y 操作数的第 i 位 Y_i，以及低位送来的进位 C_i；两个输出量：全加和 F_i，以及本位向高位的进位 C_{i+1}。图 3-2 所示为全加器的框图和功能表。

根据功能表可写出全加器的和 F_i 及进位 C_{i+1} 的逻辑表达式：

$$F_i = \overline{X_i}\,\overline{Y_i}C_i + \overline{X_i}Y_i\overline{C_i} + X_i\overline{Y_i}\,\overline{C_i} + X_iY_iC_i$$

$$C_{i+1} = \overline{X_i}Y_iC_i + X_i\overline{Y_i}C_i + X_iY_i\overline{C_i} + X_iY_iC_i$$

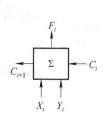

输入			输出	
X_i	Y_i	C_i	F_i	C_{i+1}
0	0	0	0	0
0	0	1	1	0
0	1	0	1	0
0	1	1	0	1
1	0	0	1	0
1	0	1	0	1
1	1	0	0	1
1	1	1	1	1

a）全加器的框图　　　　b）功能表

图 3-2　全加器的框图及功能表

对上述两个逻辑表达式进行化简，得

$$
\begin{aligned}
F_i &= \overline{X_i}\,\overline{Y_i}C_i + \overline{X_i}Y_i\overline{C_i} + X_i\overline{Y_i}\,\overline{C_i} + X_iY_iC_i \\
&= \overline{X_i}(\overline{Y_i}C_i + Y_i\overline{C_i}) + X_i(\overline{Y_i}\,\overline{C_i} + Y_iC_i) \\
&= \overline{X_i}(Y_i \oplus C_i) + X_i(\overline{Y_i \oplus C_i}) \\
&= X_i \oplus Y_i \oplus C_i \\
C_{i+1} &= \overline{X_i}Y_iC_i + X_i\overline{Y_i}C_i + X_iY_i\overline{C_i} + X_iY_iC_i \\
&= C_i(\overline{X_i}Y_i + X_i\overline{Y_i}) + X_iY_i(\overline{C_i} + C_i) \\
&= C_i(X_i \oplus Y_i) + X_iY_i \\
&= X_iY_i + C_i(X_i \oplus Y_i)
\end{aligned}
$$

3.3.2 串行加法器和并行加法器

一个全加单元电路只能实现对一位二进制数的加法运算，为了能实现对多位数的相加，就要由多个全加单元电路组成加法器。根据单元电路的连接方式，通常有两种形式：串行加法器和并行加法器。

1．串行加法器

在串行加法器中只有一个加法单元电路，实现多位相加是通过移位寄存器从低位到高位串行地提供操作数相加。若操作数为 n 位，就需要相加 n 步。这种加法器每产生一位和就串行地送到结果寄存器中。进位信号由一位触发器保存，参与下一位运算。串行加法器框图如图 3-3 所示。

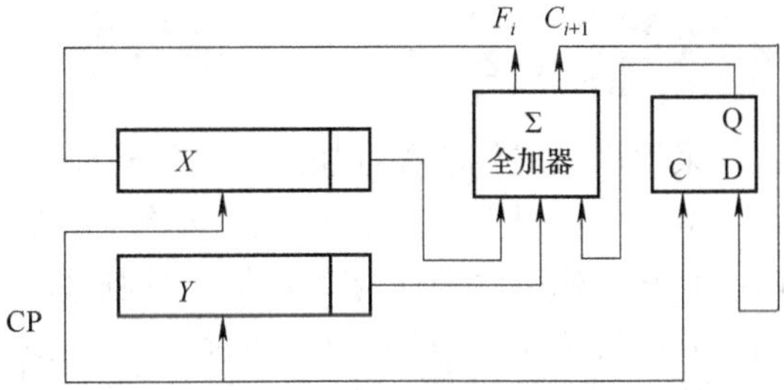

图 3-3　串行加法器框图

串行加法器的速度较慢，在对运算速度要求不高的系统中可以使用。现代计算机中的 ALU 大多采用并行加法器。

2．并行加法器

在并行加法器中，加法单元电路的位数与操作数的位数相同，可以同时对操作数的各位进行相加。并行加法器中的操作数各位也是同时提供的，但由于进位是逐位形成的，从而各位的和也不能同时得到。例如，求和的最长时间是计算 $11\cdots11$ 与 $00\cdots01$ 的相加，此时最低位产生的进位逐级影响到最高位。因此，并行加法器的运算时间是由进位信号的传递时间决定的，而每位加法单元电路本身的求和延迟只是次要因素。很明显，提高并行加法器运算速度的关键是尽量加快进位的产生与传递。这就需要进一步讨论并行加法器的进位链的问题。

3.3.3　并行加法器的进位链

在并行加法器中，用以传递进位信号的逻辑线路称为并行加法器的进位链。围绕进位信号的处理，提出了多种可行的进位链。这些进位链从根本上可以归结为串行进位（注意：这里指的是并行加法器中进位信号采用串行传递结构）与并行进位，或者是将整个加法器分组、分级，对组内、组间、级间分别采用串行或并行结构。下面分别进行介绍。

1．进位函数

设相加的两个 n 位操作数为

$$X = X_{n-1}X_{n-2}\cdots X_i\cdots X_1X_0$$
$$Y = Y_{n-1}Y_{n-2}\cdots Y_i\cdots Y_1Y_0$$

则进位信号的逻辑表达方式为

$$C_{i+1} = X_iY_i + C_i(X_i \oplus Y_i)$$

从上述逻辑表达式可以看出，C_{i+1} 由两个部分组成：X_iY_i 和 $C_i(X_i \oplus Y_i)$。为讨论方便，定义两个辅助函数：

$$G_i = X_iY_i \qquad\qquad P_i = X_i \oplus Y_i$$

G_i 称为进位产生函数，其逻辑含义是：若该位两个输入 X_i、Y_i 均为 1，必然产生进位。此分量与低位向本位产生的进位无关。

P_i 称为进位传递函数，其逻辑含义是：当 $P_i =1$ 时，如果低位有进位，在本位必然产生

进位。也就是说，低位传来的进位 C_i 能越过本位向更高位传递。因此有

$$C_{i+1} = G_i + P_i C_i$$

2. 串行进位

采用串行进位的并行加法器的结构如图 3-4 所示。

从图中可以看出，把 n 个加法单元电路串联起来，就可以进行两个 n 位二进制数相加。其中进位是逐级形成的，而每一级的进位直接依赖于前一级的进位，这就是串行进位方式，通常也称为行波进位。将 $i=0,1,2,\cdots,n-1$ 分别代入进位表达式，则可得串行进位的逻辑表达式：

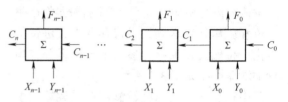

图 3-4　n 位串行进位的并行加法器

$$C_1 = G_0 + P_0 C_0 = X_0 Y_0 + (X_0 \oplus Y_0)C_0$$
$$C_2 = G_1 + P_1 C_1 = X_1 Y_1 + (X_1 \oplus Y_1)C_0$$
$$\vdots$$
$$C_n = G_{n-1} + P_{n-1}C_{n-1} = X_{n-1}Y_{n-1} + (X_{n-1} \oplus Y_{n-1})C$$

在 ALU 中很少采用单纯的串行进位方式。但由于这种方式可节省元器件，而且成本低，因此在分组进位方式中可局部采用这种进位方式。

3. 并行进位

为了提高并行加法器的运算速度，就必须解决进位传递的问题。方法是：使各级进位信号同时产生，而不是串行形成。

根据进位产生函数与进位传递函数，以 4 位加法器为例，分析各进位信号的产生情况。各进位信号可表示为

$$C_1 = G_0 + P_0 C_0$$
$$C_2 = G_1 + P_1 C_1 = G_1 + P_1(G_0 + P_0 C_0)$$
$$C_3 = G_2 + P_2 C_2 = G_2 + P_2(G_1 + P_1(G_0 + P_0 C_0))$$
$$C_4 = G_3 + P_3 C_3 = G_3 + P_3(G_2 + P_2(G_1 + P_1(G_0 + P_0 C_0)))$$

将上式完全展开后，得

$$C_1 = G_0 + P_0 C_0$$
$$C_2 = G_1 + P_1 G_0 + P_1 P_0 C_0$$
$$C_3 = G_2 + P_2 G_1 + P_2 P_1 G_0 + P_2 P_1 P_0 C_0$$
$$C_4 = G_3 + P_3 G_2 + P_3 P_2 G_1 + P_3 P_2 P_1 G_0 + P_3 P_2 P_1 P_0 C_0$$

从上述公式可知，这个 4 位加法器的各进位输出信号仅由进位产生函数 G_i 和进位传递函数 P_i 及最低进位位决定，而 G_i 和 P_i 只与本位的 X_i 和 Y_i 有关，即 G_i 和 P_i 是同时形成的。因此，各级进位的输出 C_i 也是同时形成的，这种同时形成各位进位的方式称为并行进位或先行进位，又称为同时进位。将上述逻辑表达式化成"与或非"形式如下：

$$\overline{C}_1 = \overline{P}_1 + \overline{G}_1 \overline{C}_0$$
$$\overline{C}_2 = \overline{P}_2 + \overline{G}_2 \overline{P}_1 + \overline{G}_2 \overline{G}_1 \overline{G}_0$$
$$\overline{C}_3 = \overline{P}_3 + \overline{G}_3 \overline{P}_2 + \overline{G}_3 \overline{G}_2 \overline{P}_1 + \overline{G}_3 \overline{G}_2 \overline{G}_1 C_0$$
$$\overline{C}_4 = \overline{P}_4 + \overline{G}_4 \overline{P}_3 + \overline{G}_4 \overline{G}_3 \overline{P}_2 + \overline{G}_4 \overline{G}_3 \overline{G}_2 \overline{P}_1 + \overline{G}_4 \overline{G}_3 \overline{G}_2 \overline{G}_1 \overline{C}_0$$

根据上述逻辑表达式，可得到对应的逻辑电路图，如图 3-5 所示。

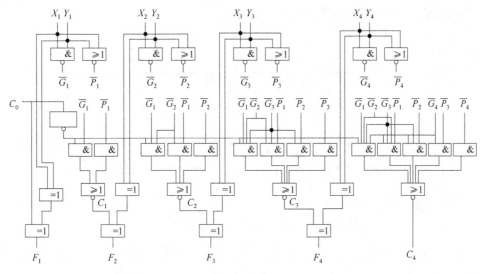

图 3-5　4 位并行加法器逻辑电路图

可见，并行进位链中各进位信号都有独自的进位形成逻辑，因此每位进位信号的产生时间都是 $4t$，其中包括形成 G_i 和 P_i 的 $1.5t$，以及由 G_i 和 P_i 形成 C_i 的 $2.5t$，与低位进位无关。若采用串行进位，4 位加法器的最长进位延迟时间为 $4t+3\times2.5t =11.5t$。显然，并行进位可有效地减少进位延迟时间。

虽然并行进位加法器的运算速度快，但这是以增加硬件逻辑电路为代价的。因此，对于长字长的加法器，要实现全字长的并行进位是不可行的。目前，实际采用的做法是：将加法器分成若干组，在组内采用并行进位，组间可采用串行进位或并行进位，由此可形成多种进位结构。下面介绍两种常用的分组进位结构。

4．组内并行、组间串行的进位链

以 16 位加法器为例，将其分为 4 组，每小组 4 位，各组内部采用 4 位并行进位加法器，对于第 2、3、4 小组需更换变量下标。组间采用串行进位方式，这样就构成了组内并行、组间串行的加法器，如图 3-6 所示。

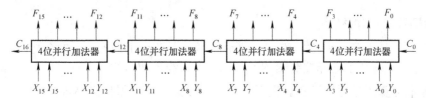

图 3-6　组内并行、组间串行的 16 位加法器

采用这种进位链，进位延迟较串行方式缩短了许多。如果还需要进一步提高速度，则可采用组内并行、组间也并行的进位链。

5．组内并行、组间并行的进位链

仍以 16 位加法器为例，将加法器分为 4 个小组，每组包括 4 位，组内采用并行进位结构，组间也采用并行进位结构。这种结构相当于将加法器分为两级：4 个小组的组内进位链为 0 级，组间进位链为 I 级，如图 3-7 所示。

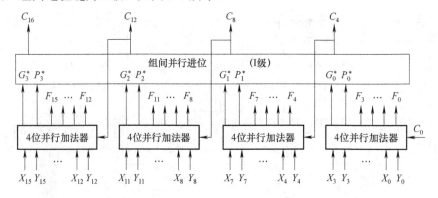

图 3-7　组内并行、组间并行的 16 位加法器

G_i^* 为本小组所产生的进位，与由低位小组来的进位无关；P_i^* 为小组进位的传递条件，决定低位小组的进位能否传到高位小组。需要说明的是，在这种结构中，C_4、C_8、C_{12} 和 C_{16} 均由组间进位线路产生，所以组内并行进位线路就不再产生这些进位。

3.3.4　4 位运算器 SN74181

ALU 能完成多种算术运算和逻辑运算。为了简化硬件结构，通常 ALU 是在加法器的基础上再扩展其他功能。例如，有的 ALU 还增加了判断结果是否为 0，以及溢出的判断等功能。下面以一个 4 位 ALU SN74181 为例子，说明其结构和功能。

1．SN74181 的外部结构

图 3-8 为芯片 SN74181 的各功能引脚示意图。图中 $\overline{A}_0 \sim \overline{A}_3$、$\overline{B}_0 \sim \overline{B}_3$ 为 ALU 的两个数据输入端，$\overline{F}_0 \sim \overline{F}_3$ 为结果输出端。$MS_0S_1S_2S_3$ 为功能选择控制输入端，其不同的组合将选择 ALU 完成不同的运算操作。C_n 为 ALU 最低位进位输入，C_{n+4} 为 ALU 产生最高输出。$\overline{G}$、$\overline{P}$ 输出小组进位辅助函数，可以提供给组间进位链使用。（A=B）输出可作为符合比较操作的结果。

2．SN74181 内部结构

图 3-9 所示是 SN74181 的一位基本逻辑，核心是两个半加器构成的全加器，其输入端除 $\overline{A}_i$、$\overline{B}_i$ 外，还附加了选择控制端 $S_3S_2S_1S_0$。第二级半加器的输入选择控制端 M 用以选择是进行算术运算还是逻辑运算。根据以上逻辑线路，可以得出当 $S_3S_2S_1S_0$ 取不同值时，X_iY_i 与输入信号 A_iB_i 的关系，见表 3-2。

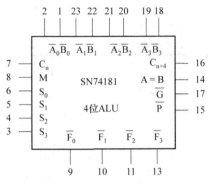

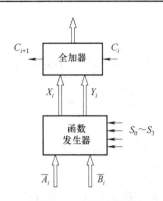

图 3-8　SN74181 引脚示意图　　　　　图 3-9　一位基本逻辑

表 3-2　SN74181 的逻辑关系

S_3S_2	X_i	S_1S_0	Y_i
0　0	1	0 0	A_i
0　1	$A_i + \overline{B}_i$	0 1	A_iB_i
1　0	$A_i + B_i$	1 0	$A_i\overline{B}_i$
1　1	A_i	1 1	0

由表可知，X_i 的一种选择可提供进位传递函数 $P_i=A_i+B_i$，而 Y_i 可提供进位产生函数 $G=AB$。从而为加法器的并行进位链提供所需的参量。

当选择端 $M=1$ 时，ALU 执行逻辑运算；$M=0$ 时，低位进位 C_i 被送至第二级半加器，因此 ALU 执行算术运算。图 3-10 即为由负逻辑操作数表示的 SN74181 逻辑电路图。

3. SN74181 的功能表

表 3-3 是 SN74181 的功能表，它列出了这种 ALU 可以完成的 16 种不同的算术或逻辑运算操作。下面举例说明 SN74181 的功能表。

【例 3.12】

（1）$M=1$，$S_3S_2S_1S_0=1001$

根据表 3-1 得

$$X_i = A_i + B_i, \quad Y_i = A_iB_i$$

根据图 3-10 有

$$\overline{F}_i = X_i \oplus Y_i \oplus 1 = \overline{X_i \oplus Y_i} = \overline{(A_i + B_i) \oplus A_iB_i}$$
$$= \overline{\overline{\overline{A}_iB_i + A_i\overline{B}_i}} = \overline{\overline{A_i \oplus B_i}}$$

所以，$F_i = A_i \oplus B_i$，$F = A \oplus B$

（2）$M=0$，$S_3S_2S_1S_0=1001$

由于

$$X_i = A_i + B_i, \quad Y_i = A_iB_i, M = 0$$

所以

$$\overline{F}_i = X_i \oplus Y_i \oplus \overline{C}_i = \overline{X_i \oplus Y_i \oplus C_i} = \overline{A_i \oplus B_i \oplus C_i}$$
$$F_i = A_i \oplus B_i \oplus C_i, \quad F = A+B$$

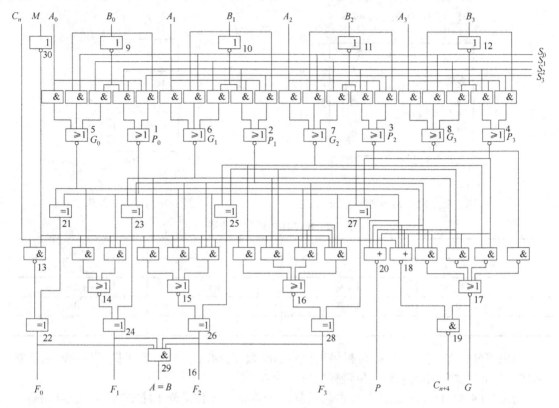

图 3-10　SN74181 逻辑电路图

表 3-3　SN74181 的逻辑功能表

$S_3 S_2 S_1 S_0$	负逻辑（$C_0=0$）	
	$M=1$　　逻辑运算	$M=0$　　算术运算
0 0 0 0	$\overline{A}$	A 减 1
0 0 0 1	$\overline{AB}$	AB 减 1
0 0 1 0	$\overline{A}+B$	$A\overline{B}$ 减 1
0 0 1 1	逻辑 1	减 1
0 1 0 0	$\overline{A+B}$	A 加（$A+\overline{B}$）
0 1 0 1	$\overline{B}$	AB 加（$A+\overline{B}$）
0 1 1 0	$\overline{A \oplus B}$	A 减 B 减 1
0 1 1 1	$A+\overline{B}$	$A+\overline{B}$
1 0 0 0	$\overline{A}B$	A 加（$A+B$）
1 0 0 1	$A \oplus B$	A 加 B
1 0 1 0	B	$\overline{AB}$ 加（$A+B$）
1 0 1 1	$A+B$	$A+B$
1 1 0 0	逻辑 0	$A+A$
1 1 0 1	$A\overline{B}$	AB 加 A
1 1 1 0	AB	$A\overline{B}$ 加 A
1 1 1 1	A	A

4．用 SN74181 构成多位的 ALU

由于 SN74181 是 4 位片结构，因此很容易将其连接成各种位数的 ALU。每片 SN74181 可作为一个 4 位的小组，组间可以采用串行进位也可采用并行进位。采用组间并行进位时，要使用一片 SN74182 并行进位组件。图 3-11 提供了一个 16 位组间并行进位的连接实例。SN74181 输出的小组进位产生函数 C_i^* 与小组进位传递函数 P_i^* 作为并行进位链 SN74182 的输入，而 SN74182 则产生 3 个组间进位信号 C_{n+X}、C_{n+Y} 和 C_{n+Z}。并且 SN74182 还产生向高一级进位链提供的辅助函数 $\overline{G}^{**}$ 和 $\overline{P}^{**}$，可用在位数更长时构成多级并行进位结构。

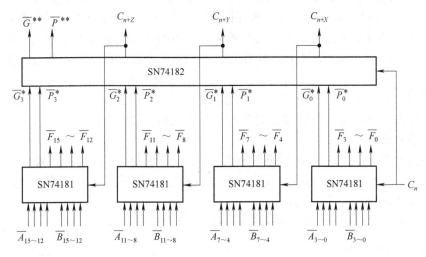

图 3-11　16 位并行进位 ALU 结构

3.4　定点数的乘法和除法运算

3.4.1　定点数的乘法运算

为了说明在计算机内是如何实现两个数相乘的，可以先从无符号数的手工运算来进行分析。

例如，手工运算求$(0.1101)\times(0.1011)$的乘积，采用竖式乘法。过程如下：

$$
\begin{array}{r}
0.1101 \\
\times\ 0.1011 \\
\hline
1101 \\
1101 \\
0000 \\
1101 \\
\hline
0.10001111
\end{array}
$$

即$(0.1101)\times(0.1011)=0.10001111$

由此可见，在手工计算时，逐次按乘数每 1 位上的值是 1 还是 0，决定加数取被乘数的数值还是取零，然后加数逐次向左偏移1位，最后一起求和。

那么，若要在计算机内实现上述二进制数乘法的运算，就应该解决以下几个问题。

1）因为加法单元电路只有两个输入端，因此在机器内多个数据一般不能同时相加，一次加法操作只能求出两数之和，因此每求得一个和，就应与上次部分积相加。

2）人工计算时，加数之和逐次向左偏移一位，由于最后的乘积位数是乘数（或被乘数）的两倍，如按此法在机器中运算，加法器的位数也需增到两倍。观察计算过程很容易发现，在求本次部分积时，前一次部分积的最低位就不再参与运算了，因此可将其右移一位，相加数可直送而不必偏移，于是就可以用 N 位加法器实现两个 N 位数相乘。

3）部分积右移时，乘数寄存器的内容也同时右移一位，这样可以用乘数寄存器的最低位来控制累加数是取被乘数还是零，同时乘数寄存器的最高位可接收部分积右移出来的一位。因此，完成乘法运算后，寄存器中保存乘积的高位部分，乘数寄存器中保存乘积的低位部分。

在计算机中，用原码表示乘法运算比较方便。原码表示的两数相乘，乘积的符号位为相乘两数符号位的异或值，数值部分为两数绝对值之积。原码乘法实质上可以理解为两个正数相乘，符号单独处理。

在运算过程中，无论是用硬件还是软件实现一位乘法运算，通常都采用三个寄存器A、B 和 C。B 用来存放被乘数；C 用来存放乘数和部分低位积；A 的初值为 0，然后存放部分积，运算结束后存放乘积的高位。

下面主要讨论定点带符号数一位乘法：原码一位乘法和补码一位乘法。

1. 定点原码一位乘法

两个用原码表示的数相乘，其乘积的符号为相乘两数符号的异或值，而数值则为两个操作数绝对值之积。

$$[X]_原 = X_0 X_1 X_2 \cdots X_n \qquad\qquad [Y]_原 = Y_0 Y_1 Y_2 \cdots Y_n$$

$$[X \times Y]_原 = [X]_原 \times [Y]_原$$

$$= (X_0 \oplus Y_0)|(X_1 X_2 \cdots X_n) \times (Y_1 Y_2 \cdots Y_n)$$

符号"|"表示把符号位和数值连接起来。

运算规则如下：

1）被乘数和乘数的符号不参加运算，只有数值原码值作为操作数。两个操作数的符号单独做异或处理，结果作为最后乘积结果的符号。

2）初始化 A 寄存器为 0，C 寄存器为乘数的数值位的原码值。

3）判断 C 中的最末一位，若为 0，那么下一次操作加 0；若为 1，那么下一次操作加 X（不带符号）数值的原码值。

4）然后 A 和 C 寄存器一起右移一位，继续判断 C 中的最末一位的值。

5）判断移位次数是否达到 n 次（n 同乘数数值的位数），没有则继续执行第 3）步。

6）直到移位次数达到 n 次，运算结束。

7）A 寄存器里的是高位部分积，C 里面的是低位部分积。

【例 3.13】设 $X = 0.1101$，$Y = 0.1011$，求 $X \times Y$。

解：采用双符号位，运算过程如下：　　　　$X_f \oplus Y_f = 0 \oplus 0 = 0$

　　　　A（被乘数/高位部分积）　　　C（乘数/低位部分积）

```
        0  0  0  0  0  0        1  0  1  1
   +X   0  0  1  1  0  1
        0  0  1  1  0  1
 ──►    0  0  0  1  1  0      1  1  0  1  1（右移一位，移掉）
   +X   0  0  1  1  0  1
        0  1  0  0  1  1
 ──►    0  0  1  0  0  1      1  1  1  0  1（右移一位，移掉）
   +0   0  0  0  0  0  0
        0  0  1  0  0  1
 ──►    0  0  0  1  0  0      1  1  1  1  0（右移一位，移掉）
   +X   0  0  1  1  0  1
        0  1  0  0  0  1
 ──►    0  0  1  0  0  0      1  1  1  1  1（右移一位，移掉）
```

所以，$X \times Y = 0.10001111$。

2．定点补码一位乘法（校正法）

由补码的特点所决定，在计算机内部，带符号数通常都用补码来表示。

校正法运算规则如下：

1）参加运算的两个操作数都是补码形式，运算结果的符号也是真正的符号。

2）初始化 A 寄存器为 0，C 为乘数的数值位的补码值，不带符号位。

3）判断 C 的最末一位，若为 0，那么下一次操作加 0；若为 1，下一次操作加 $[X]_补$。

4）然后 A 和 C 寄存器一起右移一位，继续判断 C 的最末一位的值。

5）判断移位次数是否达到 n 次（n 同乘数数值的位数），没有则继续执行第 3）步。

6）直到移位次数达到 n 次，运算结束。

7）如果 Y 的值小于 0，在运算结束时还需要 $+[-X]_补$ 进行校正。

8）A 寄存器里的是高位部分积，C 里面的是低位部分积。

【例 3.14】设 $X=-0.1101$，$Y=0.1011$，求 $X \times Y$。

解：$[X]_补 = 11.0011$　　　$[Y]_补 = 00.1011$

计算过程如下：

```
   A（高位部分积）                C（低位部分积/乘数）        说明
         0  0.  0  0  0  0        1  0  1  1       末位为1，+[X]补
  +[X]补  1  1.  0  0  1  1
         1  1.  0  0  1  1
 右移一位 1  1.  1  0  0  1        1  1  0  1       末位为1，+[X]补
  +[X]补  1  1.  0  0  1  1
         1  0.  1  1  0  0
```

右移一位	1	1.	0	1	1	0		*0*	*1*	1	0̲		末位为 0，+0
+0	0	0.	0	0	0	0							
	1	1.	0	1	1	0							
右移一位	1	1.	1	0	1	1		*0*	*0*	1	1̲		末位为 1，+$[X]_补$
+$[X]_补$	1	1.	0	0	1	1							
	1	0.	1	1	1	0							
右移一位	1	1.	0	1	1	1		*0*	*0*	*0*	*1*		Y 大于 0，不需要校正

所以，$[X \times Y]_补$=11.01110001，$X \times Y$=-0.10001111。

【例 3.15】设 X=-0.1101，Y=-0.1011，求 $X \times Y$。

解：$[X]_补$=11.0011　$[Y]_补$=11.0101　$[-X]_补$=00.1101

计算过程如下：

	A（高位部分积）						C（低位部分积/乘数）				说明
	0　0.	0	0　0	0			0　1　0　1̲				末位为 1，+$[X]_补$
+$[X]_补$	1　1.	0	0　1	1							
	1　1.	0	0　1	1							
右移一位	1　1.	1	0　0	1			*1*　0　1　0̲				末位为 0，+0
+0	0　0.	0	0　0	0							
	1　1.	1	0　0	1							
右移一位	1　1.	1	1　0	0	1		*1*　*1*　0　1̲				末位为 1，+$[X]_补$
+$[X]_补$	1　1.	0	0　1	1							
	1　0.	1	1　1	1							
右移一位	1　1.	0	1　1	1			*1*　*1*　*1*　0̲				末位为 0，+0
+0	0　0.	0	0　0	0							
	1　1.	0	1　1	1							
右移一位	1　1.	1	0　1	1			*1*　*1*　*1*　*1*				Y 小于 0，校正
+$[-X]_补$	0　0.	1	1　0	1							
	0　0.	1	0　0	0			*1*　*1*　*1*　*1*				

所以，$[X \times Y]_补$=00.10001111，$X \times Y$=0.10001111。

可见，在例 3.14 中，由于 $Y > 0$，计算结果不需要校正；而在例 3.15 中，由于 $Y < 0$，则需在计算结果中加上 $[-X]_补$ 进行校正。

3. 定点补码一位乘法（比较法——Booth 法）

还有一种较为快捷的运算方法是由布斯（Booth）提出的，又叫作比较法。

比较法运算规则如下：

1）参加运算的两个操作数都是补码形式，运算结果的符号也是真正的符号。

2）初始化 A 寄存器为 0。

3）C 为乘数带 1 个符号位的补码值。初始时在 C 的末位添加一个附加位，初始值为 0。

4）判断 C 的最末两位，若为 00 或者 11，那么下一次操作加 0；若为 01，下一次操作加 $[X]_补$；若为 10，下一次操作加 $[-X]_补$。

5）A 和 C 寄存器一起右移一位，继续判断 C 的最末两位的值。

6）判断移位次数是否达到 n 次（n 同乘数数值的位数），没有就继续执行第 4）步。

7）直到移位次数达到 n 次，并且加法次数达到 $n+1$ 次，运算结束。（注意：最后一次加法运算后不移位。）

8）A 寄存器里的是高位部分积，C 里面的是低位部分积，结果不需要校正。

这种方法不用区分乘数符号的正负性，而且让乘数符号位也同时参加运算，那么运算结果的符号可以直接由运算得出，不用再另外进行符号的运算，在一定程度上加快了运算的速度和准确度。对应的控制线路比较简明，在计算机中普遍采用此方法。

【例 3.16】设 $X=-0.1101$，$Y=0.1011$，求 $X \times Y$。

解：$[X]_补 =11.0011$　　　$[Y]_补 =0.1011$　　　$[-X]_补 =00.1101$

计算过程如下：

```
        A（高位部分积）            C（低位部分积/乘数）          说明
         0 0. 0 0 0 0          0 1 0 1 1 0        初始值，最后一位补0
   +[-X]补  0 0. 1 1 0 1                            末两位为10，+[-X]补
         ─────────────
         0 0. 1 1 0 1
   右移一位 0 0. 0 1 1 0          1 0 1 0 1 1        右移一位
     +0    0 0. 0 0 0 0                            末两位为11，+0
         ─────────────
         0 0. 0 1 1 0
   右移一位 0 0. 0 0 1 1          0 1 0 1 0 1        右移一位
   +[X]补   1 1. 0 0 1 1                            末两位为01，+[X]补
         ─────────────
         1 1. 0 1 1 0
   右移一位 1 1. 1 0 1 1          0 0 1 0 1 0        右移一位
   +[-X]补  0 0. 1 1 0 1                            末两位为10，+[-X]补
         ─────────────
         0 0. 1 0 0 0
   右移一位 0 0. 0 1 0 0          0 0 0 1 0 1        右移一位
   +[X]补   1 1. 0 0 1 1                            末两位为01，+[X]补
         ─────────────
         1 1. 0 1 1 1          0 0 0 1
```

所以，$[X \times Y]_补 =11.01110001$，$X \times Y=-0.10001111$。

这里要注意计算结果的补码与真值的关系。

3.4.2　定点数原码除法运算

计算机中的除法运算按数的表示方法不同，可分为无符号除法和带符号数除法。类似于乘法运算的实现方法，除法运算的常规算法也是将 n 位除转换为多次"加和移位"操作，通常是由硬件实现。

为了说明除法运算在计算机内的实现方法，首先来看一下人工进行除法运算的过程，

从而分析在计算机中除法实现的方法。

设被除数 X=0.1011，除数 Y=0.1101。除法的人工计算过程如下：

$$
\begin{array}{r}
0.\quad1\quad1\quad0\quad1 \\
0.1101\,\sqrt{\,0.\quad1\quad0\quad1\quad1\quad0} \\
1\quad1\quad0\quad1 \\
\hline
1\quad0\quad0\quad1\quad0 \\
1\quad1\quad0\quad1 \\
\hline
1\quad0\quad1\quad0\quad0 \\
1\quad1\quad0\quad1 \\
\hline
0\quad1\quad1\quad1
\end{array}
$$

所以，X/Y=0.1101，余数为 0.0111×2^{-4}。

可见，人工进行二进制除法的规则：判断被除数与除数的大小，若被除数小，则商上 0，并在余数最低位补 0，再用余数和右移一位的除数比，若够除，则商上 1，否则商上 0。然后，继续重复上述步骤，直到除尽（即余数为零）或已得到的商的位数满足精度要求为止。从运算过程可以看出，上述计算方法要求加法器的位数是除数位数的两倍。但分析一下会发现，右移除数可以通过左移被除数（余数）来替代，左移出界的被除数（余数）的高位都是无用的 0，对运算不会产生任何影响。

要在计算机中实现除法运算，就要解决如何判断被除数（或余数）的大小问题，可用以下两种方法：

1）设置一个比较电路，专门用来比较它们的大小，即用被除数（或余数）减去除数。如果够减就执行一次减法运算并商上 1，然后余数左移一位；如果不够减就商上 0，同时余数左移一位。这种方法的缺点是增加了硬件电路，代价较高。

2）直接做减法试探，不论是否够减，都让被除数（或余数）减去除数，若所得的余数符号位为 0（正数）表明够减，商上 1；若余数的符号位为 1（负数）表明不够减，则商上 0，由于已做了减法，因此还应把减掉的除数再加到余数上去，恢复余数为原来的正值之后，再将其左移一位，继续下一步。这就是所讨论的"恢复余数法"。

应当指出，对于无符号数除法来说，一旦所得的商超出了数的表示范围就会产生溢出，这时的运算结果是不正确的。

在本节中主要讨论原码一位除法，通常有恢复余数法和不恢复余数法。

1．恢复余数法

参加运算的两个数以原码表示，取两数的绝对值相除，商的符号由两数符号的异或值给出。

恢复余数的运算规则如下：

1）初始化时 A 寄存器的值为被除数原码的数值位，C 寄存器初始化为 0。

2）第一次加 $[-Y]_{\text{补}}$ 运算，如果结果符号不一致则发生溢出。

3）通过结果的符号来判别是否够减，如果余数为正，说明够减，商上 1；如果余数为负，应商上 0，由于已经做了相减运算，需要将除数加（$+|Y|_{\text{原}}$）以恢复余数。

4）寄存器 A 和 C 一起左移一位，寄存器 C 末位补 0。

5）当寄存器 C 中的商全部求出，并且移位次数和除数数值位一致，运算结束。

6）商的符号由被除数和除数符号的异或得出，余数的符号和被除数的符号一致。

7）因为每次求商余数都左移一位，所以最后所得的余数应右移 n 位（对 n 位数相除而言）即乘以 2^n。

8）若最后一次商上 0，要得到正确的余数，则在这最后一次仍需加（$+|Y|_原$）恢复余数。

【例 3.17】假设 $X=0.1011$，$Y=0.1101$，求 X/Y。

解：减去 Y 用加上$[-|Y|]_补$来实现，取双符号位，则 $[-|Y|]_补=11.0011$。

计算过程如下：

A 被除数（余数）	C 商	说明
0 0 1 0 1 1	0 0 0 0 0	初始状态
+)　1 1 0 0 1 1		$+[-|Y|]_补$
1 1 1 1 1 0	0 0 0 0 0	不够减，商上 0
+)　0 0 1 1 0 1		$+|Y|_原$，恢复余数
0 0 1 0 1 1		被除数与商左移一位
0 1 0 1 1 0	0 0 0 0 0	
+)　1 1 0 0 1 1		$+[-|Y|]_补$
0 0 1 0 0 1	0 0 0 0 1	够减，商上 1
0 1 0 0 1 0	0 0 0 1 0	余数与商左移一位
+)　1 1 0 0 1 1		$+[-|Y|]_补$
0 0 0 1 0 1	0 0 0 1 1	够减，商上 1
0 0 1 0 1 0	0 0 1 1 0	余数与商左移一位
+)　1 1 0 0 1 1		$+[-|Y|]_补$
1 1 1 1 0 1	0 0 1 1 0	不够减，商上 0
+)　0 0 1 1 0 1		$+|Y|_原$，恢复余数
0 0 1 0 1 0		余数与商左移一位
0 1 0 1 0 0	0 1 1 0 0	
+)　1 1 0 0 1 1		$+[-|Y|]_补$
0 0 0 1 1 1	0 1 1 0 1	够减，商上 1

所以，$X/Y=0.1101$，余数$=0.0111 \times 2^{-4}$。

从上述的运算过程可见，这种方法的缺点是：当某一次减除数的差值为负时，要多加一次$|Y|_原$恢复余数的操作，降低了执行速度，又使控制线路变得复杂，因此在计算机中很少采用。计算机中普遍采用的是不恢复余数法，又称为加减交替法。

2．加减交替法（不恢复余数法）

加减交替法是对恢复余数除法的一种修正。当某一次求得的差值(余数 R_i)为负时，不是恢复它，而是继续求下一位商，但用加上除数($+Y$)的办法来取代减去除数的操作，其他操作依然不变。

计算机组成原理

加减交替法的规则如下：

1）初始化时 A 寄存器的值为被除数原码的数值位，C 寄存器初始化为 0。

2）第一次加 $[-|Y|]_{补}$ 运算，如果结果符号不一致则发生溢出。

3）通过结果的符号来判别是否够减，如果余数为正，说明够减，商上 1，求下一位商的办法是 A、C 寄存器一起左移一位再减去除数（加 $[-|Y|]_{补}$）；如果余数为负，商上 0，求下一位商的办法是 A、C 寄存器一起左移一位再加上除数。

4）当 C 寄存器中的商全部求出，并且移位次数和除数数值位一致，运算结束。

5）商的符号由被乘数和乘数符号的异或得出，余数的符号和被除数的符号一致。

6）若最后一次商上 0，要得到正确的余数，则在这最后一次仍需加除数恢复余数。

7）因为每次求商余数都左移一位，所以最后所得的余数应右移 n 位（对 n 位数相除而言）即乘以 2^n。

【例 3.18】设被除数 X=0.1011，Y=0.1101，用加减交替法求 X/Y。

解：$[-|Y|]_{补}$=11.0011

计算过程如下：

A 被除数（余数）	C 商	说明
0 0 1 0 1 1	0 0 0 0 0	初始状态
+) 1 1 0 0 1 1		+$[-|Y|]_{补}$
1 1 1 1 1 0	0 0 0 0 0	不够减，商上 0
1 1 1 1 0 0	0 0 0 0 0	左移
+) 0 0 1 1 0 1		+Y
0 0 1 0 0 1	0 0 0 0 1	够减，商上 1
0 1 0 0 1 0	0 0 0 1 0	左移
+) 1 1 0 0 1 1		+$[-|Y|]_{补}$
0 0 0 1 0 1	0 0 0 1 1	够减，商上 1
0 0 1 0 1 0	0 0 1 1 0	左移
+) 1 1 0 0 1 1		+$[-|Y|]_{补}$
1 1 1 1 0 1	0 0 1 1 0	不够减，商上 0
1 1 1 0 1 0	0 1 1 0 0	左移
+) 0 0 1 1 0 1		+Y
0 0 0 1 1 1	0 1 1 0 1	够减，商上 1

所以，X/Y=0.1101，余数=0.0111×2^{-4}。

3.4.3 定点数补码除法运算

如果需要从 $[X]_{补}$ 与 $[Y]_{补}$ 直接求 $[X/Y]_{补}$，就要利用定点补码一位除法。由于方法比较复杂，这里只简单介绍"加减交替法"。

补码除法的规则比原码除法的规则复杂。当除数和被除数用补码表示时，判别是否够减，要比较它们的绝对值的大小。因此，若两数同符号，要用减法；若异号，则要用加法。对于判断是否够减，及确定本次商上 1 还是 0 的规则，还与结果的符号有关。当商为正时，商的每一位上的值与原码表示一致；而当商为负时，商的各位应是补码形式的值，一般先按各位的反码值上商，除完后，再用在最低位上加 1 的办法求出正确的补码值。

在被除数的绝对值小于除数的绝对值（即商不溢出）的情况下，补码一位除法的运算规则如下（证明略）：

1）如果被除数与除数同号，用被除数减去除数；若两数异号，用被除数加上除数。如果所得余数与除数同号，商上 1，若余数与除数异号，商上 0，该商即为结果的符号。

2）求商的数值部分。如果上一次商上 1，将余数左移一位后减去除数；如果上次商上 0，将余数左移一位后加上除数。然后，判断本次操作后的余数，如果余数与除数同号，商上 1；若余数与除数异号，商上 0。如此重复执行 $n-1$ 次（设数值部分有 n 位）。

3）商的最后一位一般采用恒置 1 的办法，并省略了最低位+1 的操作，此时最大误差为 $\pm 2^{-n}$。如果对商的精度要求较高，则可按规则第 2）步再进行一次操作，以求得商的第 n 位。当除不尽时，若商为负，要在商的最低一位加 1，使商从反码转变成补码；若商为正，最低位不需要加 1。

【例 3.19】已知 $X=0.1000$，$Y=-0.1010$，求 X/Y。

解：$[X]_{补}=0.1000\to$A，$[Y]_{补}=1.0110\to$B，$0\to$C，$[-Y]_{补}=0.1010$。

	A	C	说明
	0　0　1　0　0　0	0　0　0　0　0	
$+[Y]_{补}$	1　1　0　1　1　0		$[X]_{补}$、$[Y]_{补}$ 异号，$+[Y]_{补}$
	1　1　1　1　1　0	0　0　0　0　1	[余数]$_{补}$、$[Y]_{补}$ 同号，商 1
左移一位	1　1　1　1　0　0		
$+[-Y]_{补}$	0　0　1　0　1　0		$+[-Y]_{补}$
	0　0　0　1　1　0	0　0　0　1　0	[余数]$_{补}$、$[Y]_{补}$ 异号，商 0
左移一位	0　0　1　1　0　0		
$+[Y]_{补}$	1　1　0　1　1　0		$+[Y]_{补}$
	0　0　0　0　1　0	0　0　1　0　0	[余数]$_{补}$、$[Y]_{补}$ 异号，商 0
左移一位	0　0　0　1　0　0		
$+[Y]_{补}$	1　1　0　1　1　0		$+[Y]_{补}$
	1　1　1　1　1　0	0　1　0　0　1	[余数]$_{补}$、$[Y]_{补}$ 同号，商 1
左移一位	1　1　0　1　0　0		
$+[-Y]_{补}$	0　0　1　0　1　0		$+[-Y]_{补}$
	1　1.　1　1　1　0	1　0　0　1　1	末位　恒置 1

所以，$[商]_{补}=1.0011$，$[余数]_{补}=1.1110\times 2^{-4}$，商=$-0.1101$，余数=$-0.0010\times 2^{-4}$。

3.5　浮点数运算

浮点数真值的表示形式（以 2 为底）：$N=M\times 2^{E}$。

其中，M 为该浮点数的尾数，一般为绝对值小于 1 的规格化二进制小数，用原码或补码表示；E 是该浮点数的阶码，为二进制整数，用移码或补码表示。阶的底可以是 2、8 或 16。

回忆一下浮点数机器数的表示方式：

符号	阶码值	尾符	尾数值
E_f	E_m	S_f	S_m
	E		S

浮点数包括阶码 E 和尾数 S 两部分。阶码 E 由阶符 E_f 及阶码值 E_m 组成，尾数 S 由尾符 S_f 及尾数值 S_m 组成。

用尾数的正负表示浮点数的正负。

阶码的正负表示小数点位置移动的方向，而尾数的尾数值（S_m）包含浮点数的有效码位，阶码值（E_m）表示小数点移动的位数。

通常浮点数机器数用原码或者补码来表示尾数，用移码来表示阶码。

1. 浮点数的加法和减法运算

设有两个浮点数 X 和 Y，实现 $X+Y$ 运算，其中，

$$X=M_X\times 2_X^E ; \qquad Y=M_Y\times 2_Y^E$$

均为规格化数。

浮点数加减运算有以下 5 个步骤：

（1）"对阶"操作　比较两个浮点数阶码的大小，求出其差 ΔE，并保留较大的 E。当 $\Delta E\neq 0$ 时，将阶码值较小的数的尾数右移 ΔE 位，并将其阶码值加上 ΔE，使两数的阶码值相等，这一操作称为"对阶"。尾数右移时，对于原码表示的尾数，符号位不参加移位，尾数数值部分的高位补 0；对于补码表示的尾数，符号位参加右移，并保持原符号位不变。为减少误差（保持精度），可用附加线路保留右移过程中丢掉的一位或几位的高位，供以后舍入操作使用。

（2）尾数的加/减运算　执行对阶后，两尾数可以运用定点补码加减法来进行加/减运算，得到两数之和/差。

（3）规格化操作　规格化的目的是使尾数部分的绝对值尽可能以最大值的形式出现。设尾数 M 的数值部分有 n 位，规格化数的范围为 $1/2\leqslant|[M]_原|\leqslant 1-2^{-n}$，$1/2\leqslant[M]_补\leqslant 1-2^{-n}$（当 M 为正时），$1/2\leqslant|[M]_补|\leqslant 1$（当 M 为负时）。

当运算的结果（和/差）不是规格化数时，需将它转变成规格化数。

双符号位的原码规格化尾数，其数值的最高位为 1；双符号位的补码规格化尾数，应是 $00.1XX\cdots X$ 或 $11.0XX\cdots X(X$ 为 0 或 1)。

规格化操作的规则：

1）如果结果的两个符号位的值不同，表示加/减运算尾数结果溢出，此时将尾数结果右移 1 位，阶码 $E+1$，称为"向右规格化"，简称"右规"。

2）如果结果的两个符号位的值相同，表示加/减运算尾数结果不溢出。但若最高数值位与符号位相同，此时尾数连续左移，直到最高数值位与符号位的值不同为止，直到出现

00.1$XX\cdots X$ 或 11.0$XX\cdots X$（X 为 0 或 1）。同时，从 E 中减去移位的位数。这称为"向左规格化"，简称"左规"。

（4）舍入处理 在执行右规或对阶时，尾数低位上的数值会被移掉，使数值的精度受到影响，为保证精度常用"0 舍 1 入"法和恒置 1 法。

"0 舍 1 入"法：当移掉的最高位为 1 时，在尾数的末位加 1，如果加 1 后又使尾数溢出，则要再进行一次右规（有关舍入的进一步讨论在浮点数的乘法运算时进行）。

恒置 1 法：即右移时，丢掉原低位的值，把结果的最低位置成 1。

（5）判断是否溢出 浮点数的溢出与否用阶码是否溢出来表示。在规格化和舍入时都可能发生溢出，若阶码正常，加/减运算正常结束；若阶码下溢，则置运算结果为机器零；若上溢，则置溢出标志。

综上所述，图 3-12 为规格化浮点数加/减法运算流程。

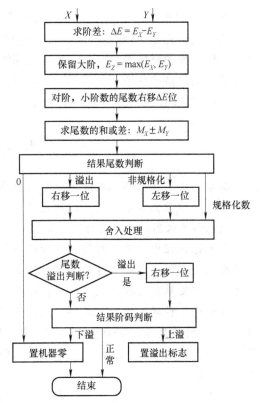

图 3-12 浮点数加/减法运算流程

【例 3.20】已知 $X=2^{010}\times0.11011011$，$Y=2^{100}\times(-0.10101100)$，求 $X+Y$。

解：X 和 Y 在机器中的浮点补码表示形式为（双符号位）

$[X]_{浮补}$=00 010　　00 11011011
$[Y]_{浮补}$=00 100　　11 01010100

计算过程如下：

（1）对阶操作

$$\Delta E=[E_x]_补+[-E_y]_补=00010+11100=11110，\Delta E=-2$$

X 阶码小，M_X 右移 2 位，保留阶码 E=00100。

$$[M_X]_补=00\ 00\ 110\ 110\ \underline{11}$$

下画线上的数是右移出去而保留的附加位。

（2）尾数相加

$$[M_X]_补+[M_Y]_补=0000110110\underline{11}+1101010100=111000101\underline{011}$$

（3）规格化操作 左规，移 1 位，结果为 110001010$\underline{10}$；阶码减 1，E=00011。

（4）舍入 附加位最高位为 1，在所得结果的最低位加 1，得新的结果：$[M]_补$=1100010110，M=−0.11101010。

（5）判断溢出 阶码的符号位为 00，故不溢出。最后结果：$X+Y=2^{011}\times(0.11101010)$。

2. 浮点数的乘/除法运算

浮点数的乘/除法运算比较复杂。下面简单讲解运算过程。

两浮点数相乘，其乘积的阶码为相乘两数阶码之和，其尾数应为相乘两数的尾数之积。两浮点数相除，商的阶码为被除数的阶码减去除数的阶码得到的差，尾数为被除数的尾数除以除数的尾数所得的商。参加运算的两个数都为规格化浮点数。乘/除运算都可能出现结果不满足规格化要求的问题，因此也必须进行规格化、舍入和判断溢出等操作。规格化时要修改阶码，这里就不详细说明了。

本 章 小 结

本章讨论了在计算机内部完成各种基本逻辑运算和算术运算的方法。主要是基于定点数和浮点数的运算方法，较详细地论证了各种运算方法的依据。在论证过程中，又主要针对补码表示的机器数运算进行了讨论。

在讨论过程中发现，对带符号数的运算采用补码表示最为有利。其原因是：一方面可以将减法运算转换成加法运算；另一方面是在运算过程中，符号位可以同数值位一样参与运算，不需要单独处理；此外，用补码表示的带符号数，0 只有一种表示方法。因此，本章重点讨论了补码的加法、减法、乘法运算以及原码除法运算的方法，基本逻辑运算的方法，BCD 数的运算方法和各种移位操作。在掌握运算方法的基础上，还介绍了运算部件及其工作原理，尤其是进位系统。为了配合实验教学，重点说明了 SN74181 的结构和所完成的运算功能。

事实上，在微型计算机中，有些运算是通过软件来完成的。针对某一算法，设计一个子程序，执行这种运算时，直接调用相应的子程序即可。

习 题 3

1. 已知 X、Y 的二进制值，求 $X+Y$ 和 $X-Y$ 的值，并判断是否发生了溢出。
   - （1）X=0.10111　　Y=0.11011
   - （2）X=0.11011　　Y=−0.01011
   - （3）X=−0.11011　　Y=−0.10101
   - （4）X=−0.11001　　Y=0.10111
   - （5）X=110101　　Y=011011
2. 分别用校正法和比较法求 $X×Y$ 的值。
   - （1）X=0.1011　　Y=0.0101
   - （2）X=−0.1101　　Y=−0.1101
   - （3）X=−0.1101　　Y=0.1011
   - （4）X=0011　　Y=0101
   - （5）X=011011　　Y=001101
3. 用原码恢复余数法，计算 X/Y 的值。
   - （1）X=0.1011　　Y=0.1101
   - （2）X=−0.1001　　Y=−0.1011

4．利用原码加减交替法，计算 X/Y 的值。

　　（1）$X=0.1001$　　　$Y=-0.1011$

　　（2）$X=-0.101011$　$Y=0.1101$

5．已知各组浮点数，求：$X+Y$，$X-Y$，$X\times Y$ 和 X/Y。

　　（1）$X=2^{010}\times0.10110\ 0$　　　$Y=2^{001}\times0.110110$

　　（2）$X=2^{-011}\times0.100101$　　　$Y=2^{-010}\times(-0.011110)$

　　（3）$X=2^{-101}\times(-0.010110)$　　$Y=2^{-100}\times0.010110$

　　（4）$X=2^{001}\times(-0.001101)$　　$Y=2^{-011}\times0.010101$

6．什么是规格化？什么是左规？什么是右规？原码规格化数的表示与补码规格化数的表示有什么不同？

7．什么叫浮点数溢出？如何判断浮点数的溢出？

8．什么叫定点数溢出？说明判断定点数溢出的方法。

9．什么叫先行进位？说明先行进位加法器的基本原理。

10．什么是舍入处理？说明舍入处理的一般方法。

第 4 章
存储系统

与早期的以运算器为中心的计算机不同，现代计算机已形成了以存储器为中心的系统结构，存储器和存储系统已成为影响整个计算机系统最大吞吐量的决定性因素。现代计算机也是依据存储程序的原理而设计的，计算机的工作步骤和处理对象都存放在存储器中。存储器采用什么样的存储介质，怎样组织存储系统，以及怎样控制存储器的存取操作都是至关重要的。

存储系统和存储器是两个不同的概念。存储系统通常是由几个容量、速度和价格各不相同的存储器，按一定的体系结构组织起来而构成的系统。现代计算机都采用多层次的存储器而构成一个分级的存储系统。

在物理构成上，存储系统常分为三级：高速缓存、主存和辅存。高速缓存与主存由半导体存储器构成。辅存常由磁盘、光盘等构成，可视为 I/O 设备。

怎样用较低的成本研制高速度、大容量的存储器，以满足各种应用的需要，成为存储系统设计中的核心问题。系统的物理组成中实际存在的主存，即物理存储器，简称实存。访问主存的地址为实地址，同时主存容量决定了实存空间的大小。

在本章中主要介绍存储器的基本工作原理、组成以及提高存储器性能的重要途径——高速缓冲存储器和虚拟存储器。

4.1 存储系统的组织

1. 存储系统的层次结构

在最初计算机系统发展过程中，主-辅存层次结构满足了存储器的大容量和低成本需求。当 CPU 用虚地址访问主存时，计算机自动地把它经过软/硬件变换成主存实地址。查看这个地址所对应的单元内容是否已经装入主存，如果在主存内就进行访问，如果不在主存内就经过软/硬件把那块程序和数据由辅存调入主存，而后进行访问。这些操作都不必由程序员来安排，也就是说，对程序员来说是透明的。

在速度方面，计算机的主存和 CPU 一直保持了大约一个数量级的差距。在 CPU 和主存中间设置高速缓冲存储器（Cache），构成高速缓存-主存层次，要求 Cache 在速度上能跟上 CPU 的要求。Cache-主存间的地址映像和调度采用了比它较早出现的主-辅存存储层次的技术，不同的是因其速度要求高，不是由软、硬件结合实现而是完全由硬件来实现。

从 CPU 的角度看，Cache-主存层次的速度接近于 Cache，容量和价格则接近于主存。因此，解决了速度与成本之间的矛盾。

图 4-1　三级存储系统

以上叙述了主-辅存和 Cache-主存这两种存储层次。现代大多数计算机同时采用这两种存储层次，构成 Cache-主存-辅存三级存储系统，如图 4-1 所示。其中，Cache 容量最小，辅存容量最大，各层次中存放的内容都可以在下一层次中找到。这种多层次结构已成为现代计算机的典型存储结构。

2．存储器的分类

存储器是计算机系统中的记忆设备，用来存放程序和数据。

目前构成存储器的存储介质主要采用半导体器件和磁性材料。一个双稳态半导体电路或一个 CMOS 晶体管或磁性材料的存储元，均可以存储一位二进制代码。这个二进制代码位是存储器中最小的存储单元，称为一个存储位或存储元。由若干个存储元组成一个存储单元，然后再由许多存储单元组成一个存储器。

根据存储材料的性能及使用方法的不同，存储器件有各种不同的分类方法。

1）按存储介质分。作为存储介质的基本要求，必须有两个明显区别的物理状态，分别用来表示二进制的代码 0 和 1。另外，存储器的存取速度又取决于这种物理状态的改变速度。目前使用的存储介质主要是半导体器件和磁性材料。用半导体器件组成的存储器称为半导体存储器。用磁性材料做成的存储器称为磁表面存储器，如硬盘。

2）按存取方式分。如果存储器中任何存储单元的内容都能被随机存取，而且存取时间和存储单元的物理位置无关，这种存储器称为随机存储器。半导体存储器是随机存储器。如果存储器只能按某种顺序来存取，也就是说存取时间和存储单元的物理位置有关，这种存储器称为顺序存储器。例如，磁带存储器就是顺序存储器，它的存取周期较长；磁盘存储器是半顺序存储器。

3）按存储器的读/写功能分。有些半导体存储器存储的内容是固定不变的，即只能读出而不能写入，因此这种半导体存储器称为只读存储器（ROM）。既能读出又能写入的半导体存储器称为随机读/写存储器（RAM）。

4）按信息的可保存性分。断电后信息立即消失的存储器称为非永久记忆的存储器。断电后仍能保存信息的存储器称为永久性记忆的存储器。磁性材料做成的存储器是永久性存储器，随机读/写存储器（RAM）是非永久性存储器。

5）按在计算机系统中的作用分。根据存储器在计算机系统中所起的作用，可分为主存储器、辅助存储器、高速缓冲存储器、控制存储器等。

4.2　随机读/写存储器

随机读/写存储器按存储器件在运行中能否长时间保存信息来分，有静态存储器（SRAM）和动态存储器（DRAM）两种。前者利用双稳态触发器来保存信息，只要不断电，信息是不会丢失的；动态存储器利用 MOS（金属-氧化物-半导体）电容存储电荷来保存信息，使用时需不断给电容充电才能使信息保持。静态存储器的集成度低，但功耗较大；动态存储器的集成度高，功耗小，主要用于大容量存储器。

4.2.1　静态存储器

1. 基本存储单元

存储一位二进制信息（0 或 1）的电路单元，称为一个物理存储单元（与编址单元有别），本书简称为存储元。如图 4-2 所示，是一种 N 沟道增强型 MOS（NMOS）静态存储器的存储单元的线路。它由六管组成。T_1 与 T_3 是一个反相器，其中 T_3 是负载管。T_2 和 T_4 是另一个反相器，其中 T_4 是负载管。两反相器是交叉耦合连接的，它们组成一个双稳态触发器。T_5 和 T_6 是两个控制门管，由字线 Z 控制它们的通断。当字线加高电平时，T_5 和 T_6 导通，通过一对位线 W 和 $\overline{W}$，使双稳态电路与读/写电路连接，可对其进行写入或读出。当字线 Z 为低电平时，T_5 和 T_6 都断开，双稳态电路与位线 W、$\overline{W}$ 脱离，依靠自身的交叉反馈保持原状态（所存信息）不变。

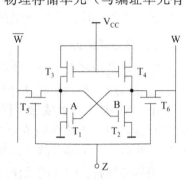

图 4-2　NMOS 六管静态存储单元

定义：若 T_1 导通而 T_2 截止，存入信息为 0。若 T_1 截止而 T_2 导通，存入信息为 1。在进行写入和读出信息的时候，Z 为高电平。

（1）写入　字线加高电平，使控制门管 T_5 与 T_6 导通，位线与双稳态触发器导通。

若需写入 0，则 $\overline{W}$ 加低电平，W 加高电平。W 通过 T_6 对 B 点结电容充电至高电平，使 T_1 导通；而 $\overline{W}$ 通过 T_5 使 A 点结电容放电，A 点变为低电平。交叉反馈将加快这一状态变化。

若需写入 1，则 $\overline{W}$ 加高电平，W 加低电平。$\overline{W}$ 通过 T_5 对 A 点结电容充电至高电平，使 T_2 导通；而 W 通过 T_6 使 B 点结电容放电，B 点变为低电平。交叉反馈将加快这一状态变化。

（2）读出　先对位线 $\overline{W}$ 和 W 充电至高电平，充电所形成的电平是可以浮动的，可随充、放电而变。然后对字线加正脉冲，使其为高电平，于是门管 T_5 和 T_6 导通。

假设原存信息为 0，即 T_1 导通而 T_2 截止。则字线为高电平后，$\overline{W}$ 将通过 T_5 与 T_1 到地形成放电回路，有电流经 $\overline{W}$ 流入 T_1，经放大为 "0" 信号，表明原来存入的信息为 0。此时因 T_2 截止，所以 W 上无电流。

假设原存信息为 1，即 T_2 导通而 T_1 截止。则字线为高电平后，W 将通过 T_6 与 T_2 对地放电，W 线上有电流，经放大为 "1" 信号，表明原存信息为 1。此时因 T_1 截止，所以 $\overline{W}$ 上无电流。

总之，读出时根据位线上有无电流判明原存信息。$\overline{W}$ 上有电流为 0，W 上有电流为 1。上述读出过程并不改变双稳态电路原来的状态，称为非破坏性读出。

（3）保持　字线加低电平，门管 T_5 与 T_6 都不导通，一对位线与双稳态电路相分离。

双稳态电路依靠自身的交叉反馈，保持原有状态不变。

如果将图 4-2 中的负载管 T_3 与 T_4，改用多晶硅电阻代替，则简化为四管静态存储单元电路。四管单元的面积与功耗均只有六管单元的一半，集成度得到提高。

2．SRAM 的组成

一个 SRAM 由存储体、I/O 电路、地址译码电路和控制电路等组成，如图 4-3 所示。

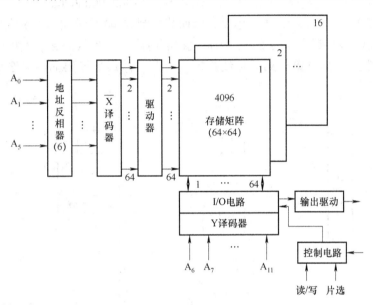

图 4-3　SRAM 结构框图

1）存储体。存储体是存储单元的集合。在较大容量的存储器中，往往把各个字的同一位组织在一个集成片中。例如图 4-3 中的 4096×1 位是指 4096 个字的同一位。由这样的 16 个片子则可组成 4096×16 的存储器。同一位的这些字通常排成矩阵的形式，如 64×64=4096。由 X 选择线和 Y 选择线的交叉来选择所需要的单元。

2）地址译码器。地址译码器的输入信息来自 CPU 的地址寄存器。地址寄存器用来存放所要访问（写入或读出）的存储单元的地址。CPU 要选择某一存储单元，就在地址总线 $A_0 \sim A_{11}$ 上输出此单元的地址信号给地址译码器。地址译码器把用二进制代码表示的地址转换成输出端的高电位，用来驱动相应的 I/O 电路，以便选择所要访问的存储单元。

地址译码器有两种方式：一种是单译码方式，适用于小容量存储器；另一种是双译码方式，适用于大容量存储器。

单译码结构也称字结构。在这种方式中，地址译码器只有一个，译码器的输出叫作字选线，而字选线选择某个字（某存储单元）的所有位。例如，地址输入线 $n=4$，经地址译码器译码，可译出 $2^4=16$ 个状态，分别对应 16 个字地址。

为了节省驱动电路，存储器中通常采用双译码结构。采用双译码结构可以减少选择线的数目。在这种译码方式中，地址译码器分成 X 向和 Y 向两个译码器。若每一个有 $n/2$ 个输入端，它可以译出 $2^{n/2}$ 个输出状态，那么两个译码器交叉译码的结果，共可译出 $2^{n/2} \times 2^{n/2} = 2^n$ 个输出状态，其中 n 为地址输入量的二进制位数。但此时译码输出线却只有 $2 \times 2^{n/2}$

根。例如 $n=12$，双译码输出状态为 $2^{12}=4096$ 个，而译码输出线只有 $2\times2^6=128$ 根。可以思考一下，如果采用单译码结构呢？译码输出线是几根？

采用双译码结构的 4096×1 的存储单元矩阵如图 4-4 所示。4096 个字排成 64×64 的矩阵，它需要 12 根地址线 $A_0\sim A_{11}$，其中 $A_0\sim A_5$ 输入至 X 地址译码器，它输出 64 条选择线，分别选择 1～64 行；$A_6\sim A_{11}$ 输入至 Y 地址译码器，它也输出 64 条选择线，分别选择 1～64 列，控制各列的位线控制门。例如，输入地址为 000000000000，X 方向由 $A_0\sim A_5$ 输入，译码选中了第一行，则 X_1 为高电平，因而其控制的 64 个存储元分别与各自的位线相连，但能否与 I/O 线接通，还要受各列的位线控制门控制。在 $A_6\sim A_{11}$ 全为 0 时，Y_1 为高电平，从而选中第一列，第一列的位线控制门打开。故最后译码的结果选中了左上角的 (1,1) 这个存储单元。

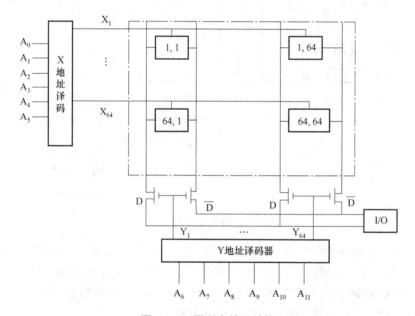

图 4-4 双译码存储器结构

3）驱动器。由于在双译码结构中，一条 X 方向选择线要控制挂在其上的所有存储元电路，如 4096×1 中要控制 64 个电路，故其所带的电容负载很大。为此，需要在译码器输出后加驱动器，由驱动器驱动挂在各条 X 方向选择线上的所有存储元电路。

4）I/O 电路。它处于数据总线和被选用的单元之间，用以控制被选中的单元的读出或写入，并具有放大信息的作用。

5）片选与读/写控制电路。目前每一个集成片的存储容量终究还是有限的，所以需要一定数量的芯片按一定的方式进行连接后才能组成一个完整的存储器。在地址选择时，首先要选片。通常用地址译码器的输出和一些控制信号（如读/写命令）来形成片选信号。只有当片选信号有效时，才能选中某一片，此片所连的地址线才有效，这样才能对这一片上的存储元进行读操作和写操作。至于是读还是写，取决于 CPU 所给的命令是读命令还是写命令。

6）输出驱动电路。为了扩展存储器的容量，常需要将几个芯片的数据线并联使用；

另外，存储器的读出数据或写入数据都放在双向的数据总线上。这就需要用到三态输出缓冲器。

3．SRAM 芯片实例

（1）内部结构 图 4-5 所示为 Intel 2114 存储芯片的逻辑结构框图。2114 是一个 1K×4 位的 SRAM，芯片共有 1024 个六管存储元电路，排成 64×16 的矩阵。因为是 1K 字，故地址线 6 根（$A_3 \sim A_8$）用于行译码，产生 64 根行选择线；4 根（A_0、A_1、A_2、A_9）用于列译码，产生 64/16 条选择线（即 16 条列选择线，每条线同时接至 4 位）。此处只是为了说明结构原理才举例 2114，更大容量的 SRAM 芯片可以举一反三。

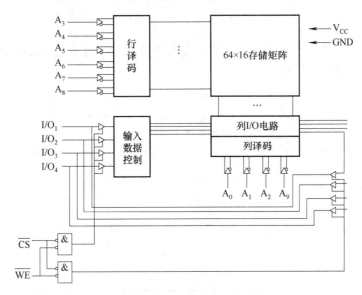

图 4-5 Intel 2114 逻辑结构框图

图中 6 位地址 $A_3 \sim A_8$ 经行译码，选择 64 根行线之一，该行线经过 4 个位平面，同时选中 4 个位平面的一行。4 位地址 $A_0 \sim A_2$、A_9 经列译码，使 16 列选择线之一有效，每根列选择线同时控制 4 个位平面的各一对位线 $\overline{W}$ 和 W，对应于并行对的 4 位。例如地址码 $(000)_{16}$，则 4 个位平面都是 X_0 与 Y_0 有效，各有一位物理存储单元被选中，组成一个编址单元内并行的 4 位。

当片选 $\overline{CS}$＝0 且 $\overline{WE}$＝0 时，数据输入门打开，列 I/O 电路对被选中的 1 列×4 位进行写入，4 位数据输入分别控制 4 个位平面上该列位线的状态。

当片选 $\overline{CS}$＝0 且 $\overline{WE}$＝1 时，数据输入门关闭，而数据输出三态门打开，列 I/O 电路将被选中的 1 列×4 位读出信号送往数据线。

（2）引脚 Intel 2114 采用 18 脚封装，如图 4-6 所示。

片选 $\overline{CS}$：为低电平时选中本芯片。

写使能 $\overline{WE}$：低电平时写入，高电平时读出。

地址线 10 位：$A_0 \sim A_9$，选择芯片内 1K 编址单元中的某一个。可由地址总线引入。

双向数据线 4 位：$I/O_1 \sim I/O_4$，对应于各编址单元并行读/写的 4 位。可直接与数据总线连接,当读出时,输出数据可维持一定时间供同步输入某寄存器。当$\overline{CS}$=1 时,则数据输出端呈高阻抗,与数据总线隔离。

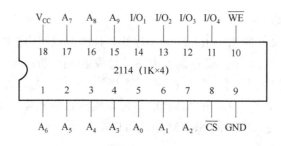

图 4-6　Intel 2114 芯片引脚及功能

(3)读/写时序　为了让芯片正常工作,必须按所要求的时序关系提供地址、数据信息和有关控制信号,如图 4-7 所示。

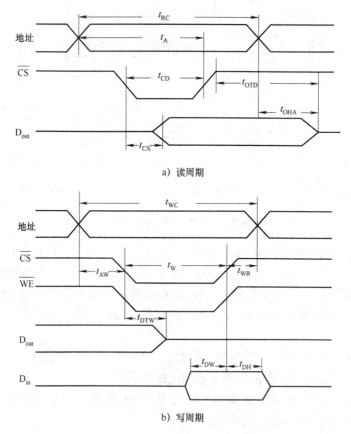

a)读周期

b)写周期

图 4-7　Intel 2114 的读/写时序波形图

加到芯片上的地址共 10 位,根据输入的地址码,有些位为高电平,有些位为低电平,所以图中采取整体示意画法。当$\overline{CS}$=1,即片选无效时,数据输出端是高阻抗,图中让 D_{out} 位于半高半低的中间位置,以示为浮空状态。当数据输入有效或数据输出有效时,则采取整体示意画法。

1）读周期。

在准备好有效地址之后，向存储芯片发出片选信号（$\overline{CS}=0$）与读命令（$\overline{WE}=1$），经过一段读出时间后数据输出有效。当读出数据送达目的地后，可撤销片选信号与读命令，然后允许更换地址以准备下一次读/写。有关时间参数如下：

t_{RC} 为读周期，即两次读出的最小间隔。在整个读周期中，有效地址应当维持不变。

t_A 为读出时间，从地址有效到输出数据稳定所需的时间。经过 t_A 之后，即可使用读出数据，但读周期尚未结束，读周期应大于读出时间。在数据输出稳定后，允许撤销片选信号与读命令，但不一定立刻撤销。

t_{CD} 为从片选有效到输出数据稳定所需时间。

t_{OTD} 为片选无效后输出数据还能维持的时间，此后数据输出端将变为高阻抗。

t_{CX} 为从片选有效到输出数据有效所需时间，但此时输出数据开始出现，尚未稳定。

t_{OHA} 为地址改变后输出数据的维持时间。

2）写周期。

在准备好有效地址与输入数据后，向存储芯片发出片选信号（$\overline{CS}=0$）和写命令（$\overline{WE}=0$），经过一段时间，有效输入数据写入存储芯片。然后，可撤销片选信号与写命令，再经过一段时间可更换输入数据与地址，开始新的读/写周期。有关时间参数如下：

t_{WC} 为写周期，即两次写入的最小间隔。在整个写周期中，有效地址应当维持不变。

t_{AW} 为在地址有效后，须经过一段时间（t_{AW}），才能向芯片发写命令。如果芯片内地址尚未稳定就发写命令，有可能产生误写。

t_W 为写时间，即片选与写命令同时有效的时间。t_W 是写周期的主要部分，但小于整个写周期时间。

t_{WR} 为写恢复时间。在片选与写命令都撤销后，还需等待 t_{WR} 才允许改变地址码以进入下一个读/写周期。

显然，为了保证数据的可靠写入，地址有效时间（写周期）至少应满足下式：

$$t_{WC}=t_{AW}+t_W+t_{WR}$$

t_{DTW} 为从写信号有效到数据输出为高阻态的时间。当 WE 为 0 后，数据输出门将被封锁，输出端呈高阻态，然后才能从双向数据线上输入写数据，t_{DTW} 就是这一转换过程所需的时间。

t_{DW} 为数据有效时间。从输入数据稳定到允许撤销写命令和片选信号，其间输入数据至少应维持 t_{DW}，才能保证可靠写入。

t_{DH} 为写信号撤销后数据保持时间。

以上给出了 SRAM 芯片的读/写周期波形，有关的时间参数应满足一定的指标要求，可从芯片使用手册中查到。

4.2.2　动态存储器

动态存储器的存储原理：利用芯片中电容上存储电荷状态的不同来记录信息。

采用电容存储电荷方式来存储信息，不需要双稳态电路，因而可以简化结构。完成充电之后可将 MOS 管断开，即可使电容上电荷的泄放电流极少，而且降低了芯片的功耗。这两点都使芯片的集成度得到提高。

虽然在完成充电（写入 1）后将充电回路的 MOS 管断开，但工艺上仍不能使泄漏电阻达到无穷大。换句话说，电容上的电荷总还是存在泄漏通路。时间长了，会由于电荷的泄漏，使存储的信息丢失。因此，使用 DRAM 芯片的存储器，每隔一定时间就需要对存储内容重写一遍，也就是对电容重新充电，称之为动态刷新。由于这种存储器在工作中需定期刷新才能保持信息，所以称为动态存储器，对应的随机读/写存储器就简称为 DRAM。

早期的动态存储单元是从静态六管单元简化而来，现在广泛采用单管动态存储单元。

1. 单管动态存储单元电路

图 4-8 所示是一种结构简化的单管存储单元，只有一个电容和一个 MOS 管。电容 C 可用来存储电荷，控制管 V 用来控制充放电回路的通断。读写时，字线加高电平，V 导通。暂存信息时，字线加低电平，V 断开，电容 C 基本上没有放电回路而仅有一定泄漏。

定义：当电容 C 上充电到高电平，存入信息为 1，当电容 C 放电到低电平，存入信息为 0。

（1）写入　字线加高电平，V 导通。

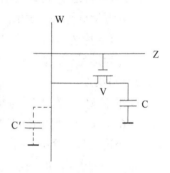

图 4-8　单管动态存储单元

若要写入 0，则位线 W 加低电平，电容 C 通过门管 T 对 W 放电，呈低电平 V_0。

若要写入 1，则位线 W 加高电平，W 通过门管 V 对 C 充电，电容充有电荷呈高电平 V_1。

（2）暂存信息　字线加低电平，V 断开，使电容 C 基本上没有放电回路，电容上的电荷可暂时保持数毫秒，或者维持无电荷的 0 状态。只要定时刷新（即读出重写，以对存 1 的单元补充电荷）就可保持写入的信息。

（3）读出　先对位线（既是写入线，也是读出线）W 预充电，使其分布电容 C′ 充电至 V_m，然后断开充电回路。让 C′ 的电平浮动值等于：

$$V_m = \frac{V_1 + V_0}{2}$$

然后，对字线加高电平，使 V 导通。

若原存信息为 0，则位线 W 将通过门管 V 向电容 C 充电，W 本身的电平将下降，按 C 与 C′ 的电容值决定新的电平值。

若原存信息为 1，则电容 C 将通过门管 V 向位线 W 放电，使 W 电平上升。

根据 W 线电平变化的方向及幅度，可鉴别原存信息是 0 还是 1。显然，读操作后电容 C 上的电荷数量将发生变化，因而属于破坏性读出，需要读后重写（称为再生）。但这一过程可由芯片内的外围电路自动实现，不需要使用者关心。

2. DRAM 存储芯片实例

以 Intel 2164 为例，说明 DRAM 芯片的内部结构、引脚功能以及读写时序。在早期的 IBM PC 中，曾用这种芯片构成主存储器。其内部结构如图 4-9 所示。

（1）内部结构　2164 芯片容量是 64K×1 位，本应构成一个 256×256 的矩阵，但为了提高工作速度，需要减少行线与列线的分布电容。因此，在 2164 芯片内部分为 4 个 128×128 矩阵，每个译码矩阵配有 128 个读出放大器，以及一套 I/O 控制（读/写控制）电路。

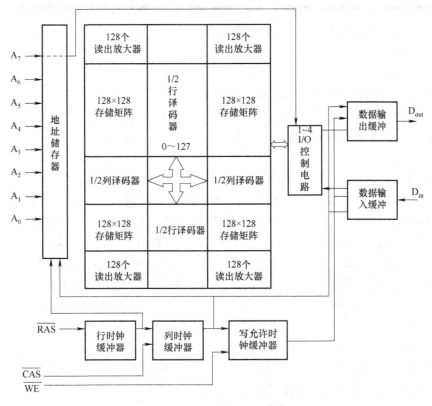

图 4-9　Intel 2164 芯片内部结构

64K 编址单元本来需要 16 位地址，但芯片只有 8 根地址线引脚 $A_0 \sim A_7$，需分时复用。先送入 8 位行地址，在行选信号 $\overline{RAS}$ 控制下送入行地址锁存器，锁存器提供 8 位行地址 $RA_0 \sim RA_7$，译码后产生 2 组行线，每组 128 根行线。然后送入 8 位列地址，在列选信号 $\overline{CAS}$ 控制下送入列地址锁存器，锁存器提供 8 位列地址 $CA_0 \sim CA_7$，译码后产生 2 组列选择线，每组 128 根。因此，16 位地址是分成两次送入。

行地址 RA_7 与列地址 CA_7 选择 4 套 I/O 控制电路之一，及 4 个译码矩阵之一。对于某一地址码，只有一个 128×128 矩阵及其 I/O 控制电路被选中。

（2）引脚及功能　Intel 2164 是 16 脚封装，如图 4-10 所示。

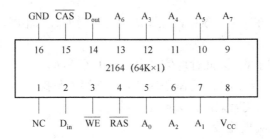

图 4-10　Intel 2164 芯片引脚及功能

地址 8 位：$A_0 \sim A_7$，兼作行地址与列地址，分时复用。

行选信号 $\overline{RAS}$：为低电平时将 $A_0 \sim A_7$ 作为行地址，送入芯片内的行地址锁存器。

列选信号 $\overline{CAS}$：为低电平时将 $A_0 \sim A_7$ 作为列地址，送入芯片内的列地址锁存器。

可见，片选信号已分解为行选与列选两部分。

D_{in}：数据输入。

D_{out}：数据输出。

写使能 $\overline{WE}$：低电平时写入，高电平时读出。

引脚 1 空闲未用。在该系列的新产品中，将引脚 1 作为自动刷新端，将行选信号连到该引脚，可在芯片内自动实现刷新。

（3）读/写时序

1）读周期。

先准备好行地址，然后发行选信号（$\overline{RAS}=0$），将行地址输入芯片内的行地址锁存器。为使行地址可靠输入，发出行选信号后行地址还需维持一段时间才能切换。

如果在发列选信号之前先发读命令，即 $\overline{WE}=1$，将有助于提高读出速度。

将地址切换为列地址，然后发列选信号（$\overline{CAS}=0$），将列地址输入芯片内的列地址锁存器。此时行选信号不撤销。在发出列选信号后，列地址应维持一段时间。此后允许更换地址，为下一个读/写周期做准备。

主要时间参数如下：

t_{RC} 为读周期时间，即两次发行选信号之间的时间间隔。

t_{RP} 为行选信号恢复时间。

t_{RAC} 为从发出行选信号到数据输出有效的时间。

t_{CAC} 为从发出列选信号到数据输出有效的时间。

2）写周期。

先准备好行地址，然后发行选信号（$\overline{RAS}=0$）。此后行地址需维持一段时间，才能切换为列地址。

如图 4-11b 所示，虽然发出了写命令（$\overline{WE}=0$），但在发列选信号之前没有列被选中，因而还未真正写入，只是开始写的准备工作。

在准备好列地址与输入数据后，才能发列选信号（$\overline{CAS}=0$），此后列地址与输入数据均需维持一段时间。等到列地址输入到地址锁存器后，才可撤换列地址输入。等到可靠写入之后，才能撤销输入数据。

主要时间参数如下：

t_{WC} 为写周期时间。在实际系统中，让读周期与写周期时间相同，所以 t_{WC} 又可称为存取周期或读/写周期。

t_{RP} 为行选信号恢复时间。因此行选信号宽度等于 $t_{RC} - t_{RP}$。

t_{DS} 为从数据输入有效到列选与写命令均有效，即写入数据建立时间。

t_{DH} 为当写命令与列选均有效后，数据保持时间。

（4）DRAM 与 SRAM 的比较

1）由于 DRAM 使用简单的单管单元作为存储单元，因此，每片存储容量较大，约是

SRAM 的 4 倍；由于 DRAM 的地址是分批进入的，所以引脚数比 SRAM 要少很多，封装尺寸也可以比较小。这些特点使得在同一块电路板上，使用 DRAM 的存储容量要比用 SRAM 的大 4 倍以上。

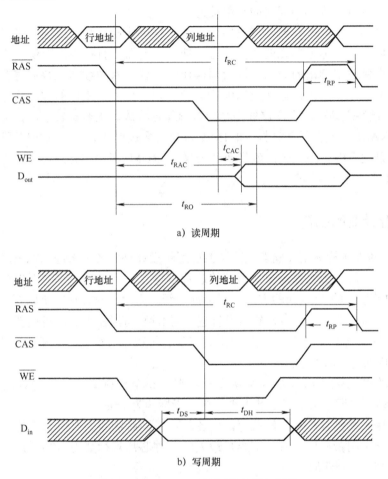

图 4-11　Intel 2164 的读/写时序波形图

2）DRAM 的价格比较便宜，大约只有 SRAM 的 1/4。

3）由于使用动态元器件，DRAM 所需功率大约只有 SRAM 的 1/6。

由于有上述优点，DRAM 作为计算机主存储器的主要元器件得到了广泛的应用。DRAM 的存取速度以及存储容量还在不断改进提高。

DRAM 也存在不少缺点。首先，由于使用动态元器件，它的速度比 SRAM 要低。其次，DRAM 需要再生，这不仅浪费了宝贵的时间，还需要有配套的再生电路，且要用去一部分功率。SRAM 一般用作容量不大的高速存储器。

4.3　主存储器的组织

主存储器可以写入数据、保存数据，需要时还可以读出数据。主存储器直接和 CPU 交互，对其首要的要求是速度得快，第二个要求就是容量得大。它由大量存储单元组成，每个存储单元存放一个数据字，每个字单元有一个地址编号，CPU 按地址存取数据，每次读/写一个字。这些存储单元的总体称为存储体。CPU 要求能够个别地、独立地、平等地、随机地读/写每个字单元，存储访问时间与地址无关。

主存储器包括：地址寄存器，指出要访问的主存单元地址编号；地址译码器，把地址编号翻译成具体某一个地址单元的选择信号；地址驱动器，直接驱动存储体工作；数据寄存器，存放由存储体中读出的数据，以及写操作时将要写入的数据，数据寄存器的位数应与一次读/写的数据位数一致；读/写控制电路，产生具体的内部工作的控制信号。

CPU 可直接编程访问的主存储器由半导体存储器构成。当容量较小时，如几万字节以内，多选用 SRAM。当容量较大时，如 1MB 以上，多选用 DRAM，这时就要考虑动态刷新的问题。如果主存中有固化区，就需要部分采用 ROM 芯片。此外还需要考虑所构成的主存如何与 CPU 相连接与匹配。

4.3.1 动态存储器的刷新

如果采用 DRAM 构成主存储器，除了前述逻辑设计外，还需考虑动态刷新的问题。若是单管存储单元，属于破坏性读出，但存储芯片本身具有读出后重写的再生功能。因此，对所有 DRAM 都采用按行刷新的方法，即逐行刷新。为此，应设置一个刷新地址计数器，提供刷新地址，即刷新行的行号，然后发行选信号 $\overline{\text{RAS}}$ 与读命令，即可刷新一行。此时，列选信号 $\overline{\text{CAS}}$ 为高电平（无效），数据输出为高阻。每刷新一行后，刷新地址计数器加 1，每个计数循环内对芯片各行刷新一遍。

那么，在多长时间内必须全部刷新完一遍呢？将全部刷新一遍所允许的最大时间间隔，称为最大刷新周期。按一般工艺水平，这一指标约为 2ms。

如果一个存储器包含若干存储芯片，则各片可以同时刷新。对每块芯片，每次刷新一行所需时间为一个刷新周期。若其中容量最大的一种芯片其行数为 128，则每刷新一遍存储器需要安排 128 个刷新周期。

于是，主存储器需要两种工作状态：一种是读/写/保持状态，由 CPU（或其他控制器）提供地址进行读/写，或是不访问主存（保持信息）。其访存地址是根据程序的需要而随机产生的，有些行可能长期不被访问了。另一种是刷新状态，由刷新地址计数器逐行地提供行地址，在 2ms 周期中不能遗漏任何一行。

因此，实现动态刷新的一个重要问题是，如何合理安排刷新周期？一般可归纳为下述三种典型的刷新方式。

1. 集中刷新方式

如图 4-12a 所示，在 2ms 的最大刷新周期内，集中安排若干个刷新周期，刷新周期数等于最大容量芯片的行数，使全部芯片刷新一遍；其余时间可用于正常工作，即读/写/保持状态。在逻辑实现上，可由一个定时器每 2ms 请求一次，进入集中刷新状态，然后由刷新计数器控制一个计数循环，逐行刷新一遍。

集中刷新方式的优点：主存利用率高，控制简单。其缺点：在集中刷新状态不能使用存储器，因而形成一段死区。如果系统工作方式不允许有死区，则不能采用集中刷新方式。

2．分散刷新方式

如图 4-12b 所示，将每个存取周期分为两部分，前半期可用于正常读/写或保持，后半期用于刷新。换句话说，将各个刷新周期分散地安排于各读/写周期之后。

分散刷新的优点：控制简单，主存工作没有长的死区。其缺点：主存利用率低，工作速度约降低一半。这是因为每个存取周期中都包含一个刷新周期，所需时间约增加一倍。如果主存所用存储芯片的读/写周期 t_{RC} 为 100ns，若采用分散刷新方式，存取周期将增至 200ns。在 2ms 内将刷新 10^4 次，远超过芯片行数，浪费很多。因此，分散刷新方式只适用于低速系统。

3．异步刷新方式

如图 4-12c 所示，按芯片行数决定所需的刷新周期数，并分散安排在 2ms 的最大刷新周期之中。例如，芯片最大行数为 128，可每隔 15.6μs 提出一次刷新请求，响应后就安排一个刷新周期。提出刷新请求时有可能 CPU 访存尚未结束，则等待至主存有空时，再安排刷新周期进行刷新，所以称为异步刷新方式。由于大多数计算机系统都有一种 DMA 方式（直接存储器访问），可将动态刷新请求作为一种 DMA 请求，CPU 响应后放弃系统总线控制权，暂停访存，由 DMA 控制器接管系统总线，送出刷新地址进行一次动态刷新。这已成为一种典型的动态刷新方式。

异步刷新方式兼有前两种方式的优点，对主存利用率和工作速度影响最小，而且没有死区。虽然控制上复杂一些，但可利用系统已有的 DMA 功能去实现。因此，大多数计算机系统采用的都是异步刷新方式。

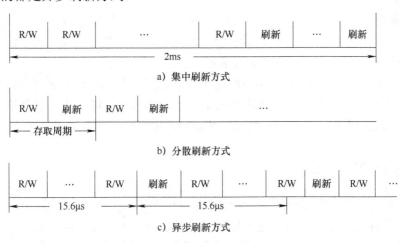

图 4-12　动态刷新方式示意图

【例 4.1】有 1024 个存储单元，排成 32×32 矩阵，存取周期为 500ns，刷新按行进行。试问：运用三种刷新方式，每种刷新周期是如何安排的？

解：每刷新一行用一个存取周期 500ns，共刷新 32 行即 32 个存取周期。

1）集中式：2ms/500ns=4000 个周期，其中 32 个周期用来刷新，剩余的 4000−32=3968 个周期用来做读/写操作，如图 4-13 所示。

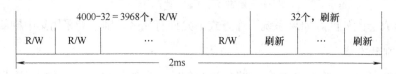

图 4-13　集中式刷新周期安排

2）分散式：存取周期为 500ns，所以刷新一行为 500ns，系统周期为 1μs。每隔 1μs 刷新一次，在 2ms 的时间内存储器不止刷新一遍，如图 4-14 所示。

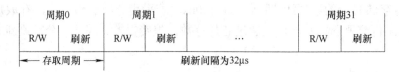

图 4-14　分散式刷新周期安排

3）异步式：在 2ms 的时间内，把存储单元分散地刷新一遍。2ms/32=62.5μs（每行刷新的平均间隔），如图 4-15 所示。

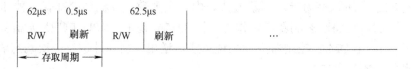

图 4-15　异步式刷新周期安排

在说明了三种刷新方式之后，再归纳一下硬件实现的几种可能方案。

1）利用 DMA 功能。

2）利用通用芯片构成动态刷新计数器、地址切换等刷新控制逻辑。

3）利用专用动态 RAM 系统控制器芯片，如 Intel 8203，其中包含地址多路转换、地址选通、刷新逻辑、刷新/访存裁决器等功能部件。

4）利用准静态 RAM 芯片，如 iRAM 芯片等。这种存储芯片内部采用单管动态存储单元，本质上属于动态存储器，但芯片内部还集成了动态刷新逻辑。从使用者角度，不再需要另外设置外部刷新电路，其使用特性如同 SRAM，因而称为准静态 RAM。

4.3.2　主存储器逻辑设计

设计存储器时，首先需要确定所要求的总容量这一技术指标，即字数×位数。字数为可编址单元数，简称为单元数。为了便于处理字符型数据，大多数主存都允许按字节编址，即每个编址单元 8 位（一个字节）。在微型计算机中，一般都采取按字节编址。在大、中、小型计算机中，往往允许主存选取两种编址单位之一，即按字节编址或按字编址。为了提高存取速度，可以选用按字编址，即每个编址单元存放一个字，字长多为字节位数的整数倍，如 16 位、32 位、64 位。

然后，需要确定可供选用的存储芯片是什么类型、什么型号、每片容量多大等。每片容量常低于整个存储器的总容量，这就需要用若干块芯片来组成，相应地就存在位数与字数的扩展问题。

1．位扩展

如果各存储芯片的位数小于存储器所要求的位数，就需要进行位扩展。一个典型的例子是 PC/XT 型微机，其主存容量为 1M×8 位，即采用 8 片 1M×1 的存储芯片拼接而成（不考虑奇偶校验时）。为了实现位扩展，各芯片的数据线（输入/输出）相拼接为 8 位。对于编址空间相同的这一组拼接芯片，地址线相同，共用一个片选信号。例如，向存储器送出某一地址码时，则 8 块存储芯片的某个对应单元同时被选中，各写入 1 位或各读出 1 位，共 8 位。

【例 4.2】使用 16K×1 位 RAM 芯片组成 16K×8 位的存储器，画出逻辑框图。

解：因为每个芯片有 16K 个单元，但每个单元只能存放 1 位二进制信息，选取 8 个芯片并联可组成 1 个 8 位的存储器，且其容量正好满足要求。8 个芯片的关系是平等的，每片存放同一地址单元中的 1 位数据。8 个芯片同时工作，同时读出或写入数据。8 个芯片是并联的，对应的地址一一相连，片选和读写控制也是并联的，要读出，各片均读出，要写入，各片均写入。其逻辑框图如图 4-16 所示。

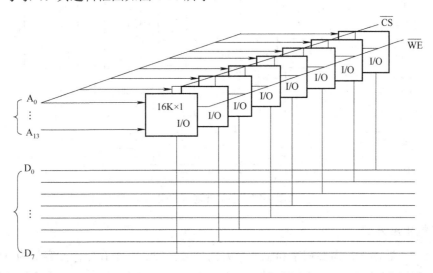

图 4-16　位扩展连接方式

2．字数（编址空间）扩展

如果每片的字数不够，需用若干芯片组成总容量更大的存储器，称为字数扩展。为此将高位地址译码产生若干不同的片选信号，按各芯片在存储空间分配中所占的编址范围，分送各芯片。低位地址线直接送往各芯片，以选择片内的某个单元。而各芯片的数据线，则按位并联于数据总线。向存储器送出某个地址码，则只有一个片选信号有效，选中某个芯片；而低位地址在芯片内译码选中某个单元。

【例 4.3】使用 16K×8 位的 RAM 芯片组成一个 64K×8 位的存储器。

解：显然该存储器用一个芯片满足不了存储容量的要求，必须要用多个芯片才行。这是属于扩充存储器容量的问题。共需芯片的数目是 64K/16K=4。将 4 片 RAM 的地址线、数据线、读/写线一一对应并联。但有一个问题：64KB 的存储器共有地址线 16 位，而每个

RAM 芯片容量是 16KB，其地址线为 14 位，还有 2 位地址线如何连接？如果少掉 2 根地址线，则能访问的地址空间是 $2^{14}B=16KB$。要访问的是 64KB，如何解决地址线连线问题？

有 4 个 RAM 芯片，每个芯片存储 16K×8 位，可以把 64K×8 的存储器等分成 4 部分，每个芯片承担 1/4 的存储容量。用高 2 位地址，分别控制 4 个芯片工作：例如，当高 2 位地址是 00 时，让第 1 个 RAM 芯片工作，其他 3 个芯片不工作；高 2 位地址是 01 时，让第 2 个芯片工作，其他 3 个芯片不工作；依此类推。具体实施办法：让地址码高 2 位经过译码器译出 4 个输出端，令每个输出端控制 1 个 RAM 芯片的片选端；而低 14 位地址，各片一一对应并联，作为片内地址。这样即可满足扩充容量的要求。连接方式如图 4-17 所示。

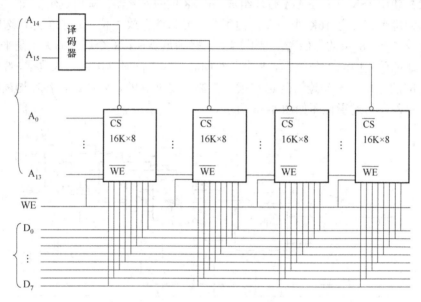

图 4-17 字扩展连接方式

3. 字位扩展方式

实际上，存储器往往需要在字和位两个方向同时扩展。一个存储器的容量为 $M×N$ 位，若使用 $G×H$ 位的存储芯片，则该存储器共需（M/G）×（N/H）个芯片。可将上述字扩展和位扩展结合起来实现。存储器逻辑结构的核心是寻址逻辑，即如何根据地址码选择存储芯片，并进一步选择芯片内某单元。以此为线索进行下面的设计。

【例 4.4】某半导体存储器总容量 4K×8 位，选用 SRAM 芯片 2114（1K×4 位/片）。地址总线为 A_{15}～A_0（低），双向数据总线为 D_7～D_0（低）。

（1）芯片选取与存储空间分配 先确定所需芯片数，并进行存储空间分配，作为片选逻辑的依据。在本例中既有位扩展，也有字扩展，8 块 2114，其中 2 块 2114 拼接为同地址的一组。整个存储空间可分为 4 段，它们所占的

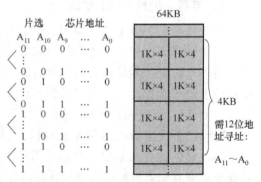

图 4-18 地址范围及片选逻辑选择

地址空间如图 4-18 所示。可以看出，$A_{11}A_{10}$ 地址位是区别这三段的依据，即产生片选的依据，称为片选逻辑；$A_0 \sim A_9$ 地址位是选择该段内某一单元的依据，称为片内地址。

（2）地址分配与片选逻辑

芯片容量	芯片地址	片选信号	片选逻辑
1K	$A_9 \sim A_0$	CS_0	$\overline{A_{11}} \, \overline{A_{10}}$
1K	$A_9 \sim A_0$	CS_1	$\overline{A_{11}} A_{10}$
1K	$A_9 \sim A_0$	CS_2	$A_{11} \overline{A_{10}}$
1K	$A_9 \sim A_0$	CS_3	$A_{11} A_{10}$

总容量是 4KB，共需 12 位地址，即低 12 位 $A_{11} \sim A_0$，高 4 位 $A_{15} \sim A_{12}$ 恒为 0，可以舍去不用。对于 4 组 2114，每组（2 块拼接）容量 1KB，需 2 位高地址 A_{11}、A_{10}，应将低 10 位 $A_9 \sim A_0$ 连接到芯片。

现在根据存储空间分配关系来确定片选逻辑。产生片选的地址输入中，最高位为 A_{11}，即本存储器的最高位地址；最低位则应与该芯片地址的最高位相衔接。对于 2114 的片选信号，输入为 A_{11} 与 A_{10}（芯片地址最高位为 A_9）。然后根据所拟定的存储空间分配方案，确定片选信号的逻辑式。

（3）逻辑图　根据寻址逻辑的设计，可画出存储器的逻辑图，如图 4-19 所示。

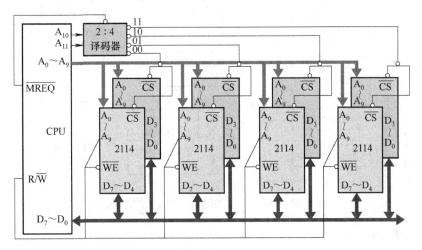

图 4-19　存储器逻辑图

需要注意的是，在解决存储器逻辑设计时，存储器逻辑图应表示出以下一些信息。

1）所用存储芯片的型号，或者具体的容量信息。

2）各芯片的地址线，应分别标注其芯片片内地址是哪些位。注意，地址线均为单向，方向指向存储器。请思考为什么？

3）片选逻辑。如果需要字扩展，就需要几个逻辑式不同的片选信号。如果片选逻辑规整，则可用标准的译码器芯片产生片选信号。注意，芯片要求的片选信号一般是 $\overline{CS}$，即低电平有效，而设计时往往先从逻辑命题真写出逻辑式，如本例，先写出 CS0 等，再产生 $\overline{CS_0}$ 等。

4）数据线。在本例中，数据总线本身是双向总线，数据通路宽度为 8 位。RAM 芯片可读可写，双向连接。选用 2114，每片 4 位，分别并联到数据线 $D_7 \sim D_0$，4 组拼接为 8 位。

5）读/写控制。在本例中，$R/\overline{W}$ 信号送至 RAM 芯片 2114。高电平为读信号有效，低电平为写信号有效。

4.3.3 高性能主存储器

1. EDRAM 芯片

EDRAM 芯片又称增强型 DRAM 芯片，它是在 DRAM 芯片上集成了一个 SRAM 实现的小容量高速缓冲存储器，从而使 DRAM 芯片的性能得到显著提升。图 4-20 所示为 1M×4 位 EDRAM 芯片的结构框图，其中 SRAM 芯片为 512×4 位。

EDRAM 的这种结构还带来另外两个优点：一是在 SRAM 读出期间可同时对 DRAM 阵列进行刷新，二是芯片内的数据输出路径（由 SRAM 到 I/O）与数据输入路径（由 I/O 到列写选择和读出放大器）是分开的，允许在写操作完成的同时启动同一行的读操作。

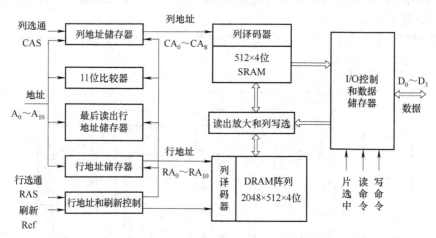

图 4-20 1M×4 位 EDRAM 芯片的结构框图

2. EDRAM 内存条

一片 EDRAM 的容量为 1M×4 位，8 片这样的芯片可组成 1M×32 位（4MB）的存储模块，其组成如图 4-21 所示。

8 个芯片共用片选信号 Sel、行选通信号 RAS、刷新信号 Ref 和地址输入信号 $A_0 \sim A_{10}$。两片 EDRAM 芯片的列选通信号 CAS 连在一起，形成一个 1M×8 位（1MB）的片组。再由 4 个片组组成一个 1M×32（4MB）的存储模块。4 个片组的列选通信号 $CAS_3 \sim CAS_0$ 分别与 CPU 送出的 4B 允许信号 $BE_3 \sim BE_0$ 相对应，以允许存取 8 位的字节或 16 位的字。当进行 32 位存取时，$BE_3 \sim BE_0$ 全有效，此时认为存储地址的 A_1A_0 位为 00（CPU 没有 A_1、A_0 输出引脚），即存储地址 $A_{23} \sim A_2$ 为 4 的整数倍。其中最高 2 位 A_{23}、A_{22} 用作模块选择，它们的译码输出分别驱动 4 个模块的片选信号 Sel。若配置 4 个这样的 4MB 模块，存储器容量可达 16MB。

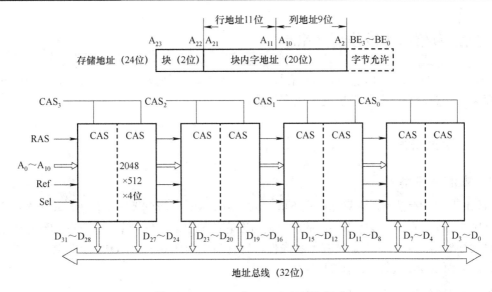

图 4-21 1M×32 位 EDRAM 模块组成

这种模块内存储字完全顺序排放，以猝发式存取来完成高速成块存取的方式，在当代微型机中获得了广泛应用。例如，奔腾 PC 将这种由若干个 DRAM 芯片组成的模块做成小电路插件板形式，称为内存条，而在主板上有相应的插座，以便扩充存储容量和更换模块。

3. 主存物理地址的存储空间分布

下面以奔腾 PC 主存为例，说明主存物理地址的存储空间概念。

最大可配置的主存空间要受到存储控制器芯片最大支持能力的限制。而实际主存容量的配置完全依照用户的需求来决定。图 4-22 所示为奔腾 PC 主存物理地址存储空间分布情况。最大可访问主存空间为 256MB（地址使用 28 位），实际只安装了 16MB 的 DRAM。出于系统软件继承性的考虑，存储空间分成基本内存、保留内存、扩展内存几部分。

图 4-22 奔腾 PC 主存物理地址存储空间分布

4.4　只读存储器和闪速存储器

SRAM 和 DRAM 都是随机读/写存储器，它们的特点是数据可读、可写。本节先介绍只读存储器，然后介绍蓬勃发展的闪速存储器。

4.4.1　只读存储器

1. ROM 的分类

ROM 即只读存储器，它只能读出不能写入，故称为只读存储器。工作时，将一个给定的地址码加到 ROM 的地址码输入端，此时，便可在它的输出端得到一个事先存入的确定数据。

只读存储器的最大优点是具有不易失性，即使供电电源切断，ROM 中存储的信息也不会丢失。因而 ROM 获得了广泛的应用。

2. 光擦可编程只读存储器（EPROM）

为了能多次改变 ROM 中所存的内容，又出现了光擦可编程只读存储器，英文缩写为 EPROM。

EPROM 封装上方有一个石英玻璃窗口，当用紫外线照射这个窗口时，所有电路中的浮空晶栅上的电荷会形成光电流泄漏掉，使电路恢复起始状态，从而把原先写入的信息擦去。经过照射后的 EPROM，还可以进行再写，写入后仍作为只读存储器使用。

4.4.2　闪速存储器

20 世纪 90 年代，Intel 发明的闪速存储器是一种高密度、非易失性的读/写半导体存储器。它突破了传统的存储器体系，改善了现有存储器的特性，是一种全新的存储器技术。

闪速存储器的存储元电路是在 CMOS 单晶体管 EPROM 存储元基础上制造的，因此它具有非易失性。不同的是，EPROM 通过紫外线照射进行擦除，而闪速存储器则是在 EPROM 沟道氧化物处理工艺中特别实施了电擦除和编程次数能力的设计。通过先进的设计和工艺，闪速存储器实现了优于传统 EPROM 的性能。

表 4-1 列出了各类存储器读出操作的性能比较，以 33MHz 速率下传输 8 个字为比较条件。表中 28F016XS 是 4M 位闪速存储器，中间一列是绝对数据，右边一列是相对数据，X 表示倍数。由表可以看出，闪速存储器的读出数据传输率比其他任何存储器都高。

表 4-1　各类存储器读出操作的性能比较

存 储 技 术	V_{cc}=5V 读出数据传输率（B/s）	与 28F016XS 相比的读出数据传输率
28F016XS 闪速存储器（×16）	66.1×10^6	$1.0X$
16M 位 DRAM（×16）	33.3×10^6	$0.5X$
4M 位 SRAM（2×8）	33.3×10^6	$0.5X$
4M 位 EPROM（×16）	13.3×10^6	$0.20X$
1.8″ 硬磁盘	16.8×10^6	≪

4.4.3　内存条

"内存条"这个词是随着微型计算机的出现而出现的。它是由安装在印制电路板上的内存芯片、SPD（系列参数预置检测）芯片及少量电阻等辅助元器件组成的。

1．内存条的接口模式

为了便于与主板连接，内存条需要遵循一定的引线标准。早期的 8086、8088 处理器使用的是 DIP（Dual In-line Package，双列直插式封装）内存条，80286、80386、80486 时代采用的是 SIMM（Single In-line Memory Module，单列存储器模块）内存条，奔腾开始采用 DIMM（Dual In-line Memory Module，双列存储器模块）内存条，在笔记本计算机中采用的是 SODIMM（Small Outline Dual In-line Memory Module，小型双列存储器模块）内存条，为新型的 RDRAM 制定了 RIMM（Rambus In-line Memory Module，Rambus 双列存储器模块）。目前，DIP 接口模块已被淘汰，下面简要介绍其他四种接口模式。

（1）SIMM　SIMM 接口模式有 30 线（引线又称金手指）、72 线和专用内存条三种。其中，72 线是主流产品。数据宽度视是否采用奇偶校验而不同，无奇偶校验的为 32 位，有奇偶校验的为 36 位。存储容量有 4MB、8MB、16MB 等，最大可支持 64MB/条。主要使用 FPM（Fast Page Mode，快速页存储器模式）和 EDO（Extended Data Output，扩展数据输出）芯片。图 4-23 是 72 线 SIMM 的内存条示意图。

（2）DIMM　DIMM 内存条采用 168 根引线，时钟频率为 60MHz、67 MHz、75 MHz、83 MHz。数据宽度视是否采用奇偶校验而不同，无奇偶校验的为 64 位，采用 ECC（Error Correcting Code，错误校正码）的为 72 位。存储容量有 4MB、8MB、16MB、32MB 等，主要使用动态 SDRAM 芯片，常用于 PC 中。图 4-24 是 DIMM 内存条示意图。

DIMM 的另一型产品是采用 200 线的双面内存条，时钟频率为 77MHz、83MHz、100MHz。数据宽度为 72 或 80 位，主要用于工作站和大型计算机。

图 4-23　SIMM（72 线）的内存条示意图　　　　图 4-24　DIMM 内存条示意图

（3）SODIMM　SODIMM 是一种小型的 32 位模块，尺寸仅为 72 线 SIMM 的一半，是笔记本计算机用的内存条标准模式。

（4）RIMM　RIMM 是一种单列存储器模块接口，适合于新型的 RDRAM 内存条。目前有两种版本：16 位的常规版本，采用 184 根引线，必须两根配对使用。另一种是 32 位版本，它必须在设计有 32 位的 RIMM 插槽上用，采用 232 根引线 232P，只要插一根就能工作。

2．内存条的工作模式

（1）同步 RAM（Synchronous RAM，SDRAM）　SDRAM 是一种与系统总线同步运行的 DRAM。SDRAM 在同步脉冲的控制下工作，取消了主存等待时间，加快了系统速度。

SDRAM 的基本原理是将 CPU 与 RAM 通过一个相同的时钟锁在一起，使得 RAM 和 CPU 能够共享一个时钟周期，以相同的速度同步工作。也就是说，SDRAM 在开始时要多花一些时间，但在以后，每一个时钟就可以读/写一个数据，做到了所有的输入/输出信号与系统时钟同步。

（2）双倍数据传输率的同步 RAM（Double Data Rate SDRAM，DDR SDRAM）　DDR SDRAM 是 SDRAM 的升级版本，它与 SDRAM 的主要区别是：DDR SDRAM 不仅能在时钟脉冲的上升沿读出数据而且还能在下降沿读出数据，即不需要提高时钟频率就能加倍提高 SDRAM 的速度。

DDR SDRAM 基本上可完全沿用 SDRAM 现有的生产体系，其生产成本与 SDRAM 相差不大。DDR SDRAM 内存条的物理尺寸和标准的 DIMM 一样，区别仅在于内存条的引线数。标准的 SDRAM 有 168 根引线（有两个非对称的小缺口），而 DDR SDRAM 有 184 根引线（只有一个缺口）。DDR SDRAM 目前的标准为 PC-266（133MHz×2），带宽为 2.1GB/s，可以工作在 2.5V 的低电压环境下。

（3）DDR Ⅱ RAM　DDR Ⅱ RAM 是在 DDR SDRAM 的基础上进一步改进的内存技术。改进技术主要体现在：

1）采用先进的 0.09μm 制板技术（现在有更先进的 0.065μm 制板技术），并把工作电压由 2.5V 降到 1.8V。

2）采用先进的 4 位预读取架构。此技术能在每个时钟周期进行两次数据传输，每次传输都采用双倍传输率的 DDR 技术，从而实现了在芯片核心频率较低的情况下获得较高的数据传输率。例如 DDR Ⅱ 533 的核心频率为 133 MHz，时钟频率为 266 MHz，而数据传输率高达 533 MT/s。

（4）RDRAM（Rambus DRAM）　Rambus 技术是 Rambus 公司开发的，运用 Rambus 技术的内存就称为 Rambus DRAM，简称 RDRAM。RDRAM 采用比系统总线更高的工作频率，它与 CPU 之间的数据传输是通过专用的 Rambus 进行的，且在一个时钟的上升沿和下降沿都能传输数据，再加上采用了多通道技术，因此可达到更高的数据传输速率。RDRAM 打破了单片内存颗粒中数据存储字长为 8 位的惯例，采用了 16 位字长，由此倍增了内存数据总线的带宽。对于目前 64 位的计算机系统来说，可以很轻松地通过使用 4 个 RDRAM 通道得到 6.4GB 的峰值。

（5）DDR3 SDRAM　它是针对 Intel 的一代内存技术，频率在 800MHz 以上。DDR3 是在 DDR2 基础上采用的新型设计，与 DDR2 SDRAM 相比，DDR3 SDRAM 具有功耗和发热量较小、工作频率更高、降低显卡整体成本、通用性好的优势。DDR3 SDRAM 采用 8bit 预取设计，而 DDR2 为 4bit 预取，这样 DRAM 内核的频率只有接口频率的 1/8，DDR3-800 的核心工作频率只有 100MHz；采用点对点的拓扑架构，以减轻地址/命令与控制总线的负担；采用 100nm 以下的生产工艺，将工作电压从 1.8V 降至 1.5V，增加异步重置（Reset）与 ZQ 校准功能。

（6）DDR4 SDRAM　DDR4 内存是一种内存规格。2011 年 1 月 4 日，三星电子生产出史上第一条 DDR4 内存。DDR4 相比 DDR3 最大的区别有三点：16bit 预取机制（DDR3 为 8bit），同样内核频率下理论速度是 DDR3 的两倍；更可靠的传输规范，数据可靠性进一步提升；工作电压降为 1.2V，更节能。

（7）DDR5 SDRAM 2018 年 10 月，Cadence 和镁光公布了自己的 DDR5 内存研发进度，两家厂商已经开始研发 16GB DDR5 产品。

与 DDR4 相比，改进的 DDR5 将使实际带宽提高 36%，即使在 3200 MT/s（此声明必须进行测试）和 4800 MT/s 速度开始，与 DDR4-3200 相比，实际带宽将高出 87%。与此同时，DDR5 最重要的特性之一将是超过 16GB 的单片芯片密度。

DDR5 SDRAM 的主要特性是芯片容量，而不仅仅是更高的性能和更低的功耗。DDR5 预计将带来 4266～6400 MT/s 的 I/O 速度，电源电压降至 1.1V，允许的波动范围为 3%（即 ±0.033V）。每个模块使用两个独立的 32/40 位通道（不使用/使用 ECC）。此外，DDR5 将具有改进的命令总线效率（因为通道将具有其自己的 7 位地址（添加）/命令（CMD）总线）、更好的刷新方案以及增加的存储体组以获得额外的性能。

内存不足的原因

1）剪贴板占用了太多的内存。

2）打开的程序太多。

3）自动运行的程序太多。

4）如果没有设置让 Windows 管理虚拟内存或者禁用虚拟内存，那么计算机可能无法正常工作，也可能收到"内存不足"的消息。

5）回收站占有大量空间。

6）临时文件太多。

7）程序文件被毁坏。

8）系统感染计算机病毒。

4.5 高速缓冲存储器

随着计算机应用范围的扩大，对于主存容量的要求也越来越大，目前计算机中主存一般已达到几 GB，通常都是采用 DRAM 芯片来构成。而由于主存自身制作工艺的限制，相对于 CPU 来说，存取速度较低。例如 2GHz 的 CPU，时钟周期为 0.5ns，而对应的 DDR-SDRAM 的存取时间在 6ns 左右，远低于 CPU 的速度，这样就造成了 CPU 性能的降低。

为了使 CPU 不至因为等待存储器读/写操作的完成而闲置，可以采取一些加速 CPU 和存储器之间有效传输的特殊措施，主要有下列几种途径来实现。

1）主存储器采用更高速的技术来缩短存储器的读出时间，或加长存储器的字长。

2）采用并行操作的双端口存储器。

3）在 CPU 和主存储器之间插入一个高速缓冲存储器，以缩短读出时间。

4）在每个存储器周期中存取几个字。

通常在不大幅度增加成本的前提下，最有效的方式是在主存和 CPU 之间插入一个速度快、容量较小的 SRAM，起到一定程度的缓冲作用。这样一个由高速的 SRAM 芯片组成的小容量临时存储器称为高速缓冲存储器。

4.5.1　Cache 存储器的基本原理

1．Cache 的功能

Cache 是一种高速缓冲存储器，是为了解决 CPU 和主存之间速度不匹配的问题。

如图 4-25 所示，Cache 是介于 CPU 和主存之间的小容量存储器，但存取速度比主存快。目前主存容量配置在 2～8GB 的情况下，Cache 的典型值是 1～3MB。Cache 能高速地向 CPU 提供指令和数据，从而加快程序的执行速度。从功能上看，它是主存的缓冲存储器，由高速的 SRAM 组成。为追求高速，包括管理在内的全部功能由硬件实现，因而对程序员来说是透明的。

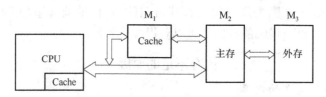

图 4-25　CPU 存储器系统的关系

当前随着半导体器件集成度的进一步提高，Cache 已放入 CPU 中，其工作速度接近于 CPU 的速度，从而能组成两级以上的 Cache 系统。例如，在奔腾Ⅳ处理器芯片中就集成了 20KB 的 L1 Cache（一级 Cache）和 256KB 的 L2 Cache（二级 Cache）；在 Intel 64 位奔腾处理器芯片中还集成了 4MB 的全速 L3 Cache（三级 Cache）。

2．Cache 的工作原理

Cache 除包含 SRAM 外，还要有控制逻辑。若 Cache 在 CPU 芯片外，它的控制逻辑一般与主存控制逻辑合成在一起，称为主存/Cache 控制器；若 Cache 在 CPU 芯片内，则由 CPU 提供它的控制逻辑。

Cache 为什么可以缓解 CPU 和主存之间的速度差距呢？原因就在于 CPU 与 Cache 之间的数据交换的单位不一样：CPU 与 Cache 之间的数据交换是以字为单位，而 Cache 与主存之间的数据交换是以块为单位。一个块由若干字组成，是定长的。当 CPU 读取主存中一个字时，便发出此字的内存地址到 Cache 和主存。此时，Cache 控制逻辑依据地址判断此字当前是否在 Cache 中，若是（命中），此字立即传送给 CPU；若非（不命中），则用主存读周期把此字从主存读出送到 CPU，同时把含有这个字的整个数据块从主存读出送到 Cache 中。

图 4-26 所示为 Cache 读数据原理图。假设 Cache 读出时间为 50ns，主存读出时间为 250ns。存储系统是模块化的，主存中每个 8K 模

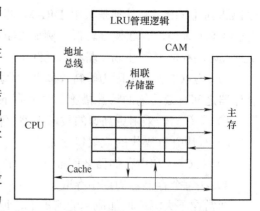

图 4-26　Cache 读数据原理图

块和容量 16 字的 Cache 相联系。Cache 分为 4 行，每行 4 个字。分配给 Cache 的地址存放

在一个相联存储器 CAM 中，它是按内容寻址的存储器。当 CPU 执行访存指令时，就把所要访问的字地址送到 CAM；如果 W 不在 Cache 中，则 W 从主存传送到 CPU。与此同时，把包含 W 的由前后相继的 4 个字所组成的一行数据送入 Cache，它替换了原来 Cache 中最近最少使用（LRU）的一行数据。在这里，由始终管理 Cache 使用情况的硬件逻辑电路来实现 LRU 替换算法。

3．Cache 的命中率

从 CPU 来看，增加一个 Cache 的目的就是在性能上使主存的平均读出时间尽可能地接近 Cache 的读出时间。为了达到这个目的，在所有的存储器访问中由 Cache 满足 CPU 需要的部分应占很高的比例，即 Cache 的命中率应接近于 1。由于程序访问的局部性，实现这个目标是可能的。

在一个程序执行期间，设 N_c 表示 Cache 完成存取的总次数，N_m 表示主存完成存取的总次数，h 定义为命中率，则有

$$h = \frac{N_c}{N_c + N_m}$$

若 t_c 表示命中时的 Cache 访问时间，t_m 表示未命中时的主存访问时间，$1-h$ 表示未命中率，则 Cache/主存系统的平均访问时间 t_a 为

$$t_a = ht_c + (1-h)t_m$$

追求的目标是以较小的硬件代价使 Cache/主存系统的平均访问时间 t_a 越接近 t_c 越好。设 $r = t_m/t_c$ 表示主存慢于 Cache 的倍率，e 表示访问效率，则有

$$e = \frac{t_c}{t_a} = \frac{t_c}{ht_c + (1-h)t_m} = \frac{1}{h + (1-h)r}$$

由上式可以看出，为提高访问效率，命中率 h 越接近 1 越好，r 值以 5～10 为宜，不宜太大。

命中率 h 与程序的行为、Cache 的容量、组织方式、块的大小有关。

【例 4.5】CPU 执行一段程序时，Cache 完成存取的次数为 1900 次，主存完成存取的次数为 100 次，已知 Cache 的存取周期为 50ns，主存的存取周期为 250ns，求 Cache/主存系统的效率和平均访问时间。

解：$h = N_c/(N_c + N_m) = 1900/(1900+100) = 0.95$

$r = t_m/t_c = 250\text{ns}/50\text{ns} = 5$

$e = 1/[r+(1-r)\times h] = 1/[5+(1-5)\times0.95] \approx 83.3\%$

$t_a = t_c/e = 50\text{ns}/0.833 = 60\text{ns}$

或　$t_a = h\times t_c + (1-h)(t_c+t_m)$

$\quad = 0.95\times50\text{ns} + (1-0.95)\times(50\text{ns}+250\text{ns})$

$\quad = 47.5\text{ns} + 15\text{ns} = 62.5\text{ns}$

4.5.2　主存与 Cache 的地址映射

与主存容量相比，Cache 的容量很小，它保存的内容只是主存内容的一个子集，且 Cache 与主存的数据交换是以块为单位。为了把主存块放到 Cache 中，必须应用某种方法

把主存地址定位到 Cache 中，称为地址映射。"映射"一词的物理含义是确定位置的对应关系，并用硬件来实现。在 Cache 和主存的地址变换过程中需要注意以下几个问题。

1）当 CPU 访问存储器时，给出的一个字的内存地址会自动变换成 Cache 的地址。由于采用硬件，这个地址变换过程很快，程序员丝毫感觉不到 Cache 的存在。这种特性称为 Cache 的透明性。

2）由于 Cache 的存储容量是远远小于主存的，那么 Cache 中的一个存储块就可以和主存中的若干个存储块相对应，也就是说，若干个主存地址可以映射到同一个 Cache 地址上。

3）在进行地址变换之前把主存和 Cache 按照相同大小的数据块来划分，主存用块表示，Cache 用行表示，那么主存中某个数据块的大小和 Cache 中任意一行的大小是相等的。

4）在工作过程中，把主存中的数据块复制到 Cache 之中。

5）数据字地址被划分为块号/行标记和块/行内部地址两部分。

地址映射方式有全相联映射方式、直接映射方式和组相联映射方式三种。

1. 全相联映射方式

Cache 的数据块大小称为行，用 C_b 表示，其中 $b=0,1,2,\cdots,C_b-1$，共有 C_b 行。主存的数据块大小称为块，用 M_b 表示，其中 $b=0,1,2,\cdots,M_{b-1}$，共有 M_b 块。行与块是等长的，设每个块（行）由 $k=2^n$ 个连续的字组成（k 和 n 的取值根据块的大小确定），字是 CPU 每次访问存储器时可存取的最小单位。

在图 4-27a 全相联映射示意图中，将主存中一个块的地址（块号）与块的内容（字）一起存于 Cache 的行中，其中块地址存于 Cache 行的标记部分中。这种带全部块地址一起保存的方法，可使主存的一个块直接拷贝到 Cache 中的任意一行上，非常灵活。

图 4-27 表示全相联映射方式的检索过程。其中图 4-27b 表示了检索过程，CPU 访存指令指定了一个内存地址（包括主存和 Cache），为了快速检索，指令中的块号与 Cache 中所有行的标记同时在比较器中进行比较。如果块号命中，则按字地址从 Cache 中读取一个字；如果块号未命中，则按内存地址从主存中读取这个字。

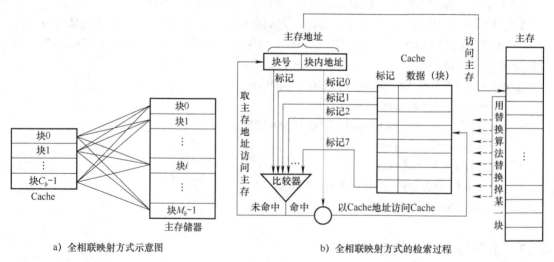

a）全相联映射方式示意图   b）全相联映射方式的检索过程

图 4-27 全相联映射的 Cache 组织

全相联映射方式的优缺点如下。

优点：存放位置灵活，命中率高。

缺点：当 Cache 或主存规模很大时，块地址比较过程非常复杂，硬件实现复杂度高。

结论：全相联映射方式仅适用于小容量的 Cache 设计。

【例 4.6】主存为 1MB，划分 2048 块；Cache 容量为 8KB。采用全相联映射方式 Cache 如何设计？读过程是如何进行的？

解：主存容量为 1MB，块内容量 512B。主存地址为 20 位，其中块地址 11 位，块内地址 9 位。

Cache 容量为 8KB，行容量为 512B，共 16 行。行内地址 9 位。

Cache 中各行标记为 11 位，对应主存中的数据块编号（地址）。

读过程：CPU 给出 20 位地址，Cache 将高 11 位的块地址与所有各行的标记进行比较。命中则将低 9 位的块（行）内地址送入 Cache 完成访问；否则，从主存读出数据并复制数据块到 Cache。

2. 直接映射方式

直接映射方式也是一种多对一的映射关系，但一个主存块只能复制到 Cache 的一个特定行位置上去。利用模运算克服 Cache 与主存的容量差距，模即为 Cache 中的行数。Cache 的行号 i 和主存的块号 j 有如下函数关系：

$$i = j \bmod M$$

显然，在图 4-28a 所示的直接映射方式的示意图中，假如对于 4 行 Cache 而言，主存中的第 0、4、8、16……块均只能缓存于第 0 块（行）。

图 4-28b 所示为直接映射的检索过程。

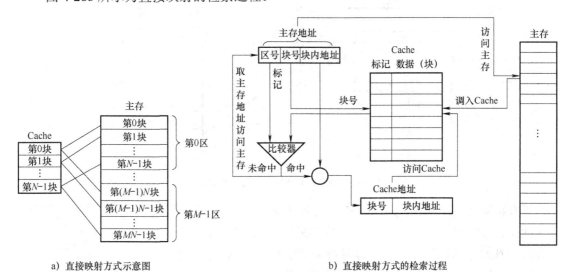

a）直接映射方式示意图　　　　　　b）直接映射方式的检索过程

图 4-28　直接映射的 Cache 组织

【例 4.7】主存为 1MB，划分 2048 块；Cache 容量为 8KB。采用直接映射方式 Cache 如何设计？读过程是如何进行的？

解：主存容量为 1MB，块内容量 512B。Cache 容量为 8KB，行容量为 512B，共 16 行。

主存可以划分为 2048/16=128 个区，每区含 16 块。总地址为 20 位，其中，块内地址 9 位，4 位地址作为区内编号（地址），高 7 位作为区编号。区编号作为行标记存储。

读过程：CPU 给出 20 位地址，Cache 利用中间 4 位的区内编号确定目标行。Cache 将高 7 位的区编号与该行的标记进行比较。命中则利用低 9 位的块（行）内地址完成访问；否则，从主存读出数据并复制数据块到 Cache。

直接映射方式的优点是地址变换速度快，硬件简单，不涉及替换策略，成本低。缺点是每个主存块只有一个固定的行位置可存放。如果块号相距 m 整数倍的两个块存于同一 Cache 行时，就要发生冲突。发生冲突时就要将原先存入的行换出去，但很可能过一段时间又要换入。频繁的置换会使 Cache 效率下降。因此，直接映射方式适合于需要大容量 Cache 的场合，更多的行数可以减小冲突发生的概率。

3. 组相联映射方式

全相联映射和直接映射两种方式的优缺点正好相反。从存放位置的灵活性和命中率来看，前者为优；从比较器电路难易及硬件成本来说，后者为佳。而组相联映射方式是前两种方式的折中方案，它适度地兼顾了两者的优点又尽量避免了两者的缺点，因此被普遍采用。

在组相联地址变换中 Cache 被划分为 u 组，每组包含 v 行（称为 v 路），以 u 为模确定数据块缓存的目标组。数据块可以存储于目标组的任意一行，如图 4-29 所示。

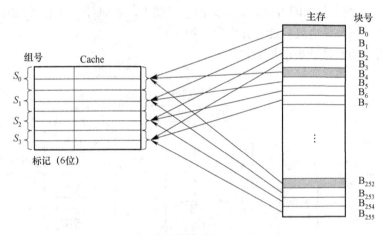

图 4-29　组相联映射的 Cache 组织

主存按照 Cache 的组数进行分区。从主存到 Cache 采用的是直接映射的方式，在 Cache 内部采用全相联映射方式。在检索的时候，组相联地址映射表又称为"块表"（见图 4-30），用来检索 Cache 是否被命中，形成命中块的 Cache 地址。

检索标记包括两部分：区号标记和组内块号标记。

访存时，根据主存地址中组号在地址映射表中的该组对应的表项中，查找有无和主存地址的区号和组内块

区号标记	组内块号标记	Cache块号标记	
		000	0
		001	1
		010	2
		011	3
		100	4
		101	5
		110	6
		111	7

图 4-30　组相联地址映射表

号相同的区号标记和组内块号标记。若有，表示 Cache 被命中，将对应的 Cache 块号取出，形成 Cache 地址访问 Cache；若无，表示 Cache 未被命中，在对主存进行访问同时，将主存中对应块调入 Cache 中相应组的块中，并在地址映射表中对应 Cache 块号标记处写入主存的区号和组内块号，改变地址映射关系。

主存块存入 Cache 中的哪一组是由直接映射决定的，关于存入该组中的哪一块是由全相联映射决定的，这里也涉及替换操作及替换算法。

【例 4.8】主存为 1MB，划分 2048 块；Cache 容量为 8KB。采用组相联映射方式 Cache 如何设计？ （假设每组包含 2 行，即 2 路组相联 Cache）。读过程是如何进行的？

解：主存容量为 1MB，块内容量 512B。Cache 容量为 8KB，行容量为 512B，共 16 行，8 组。主存可以划分为 2048/8=256 个区。总地址为 20 位，其中，块内地址 9 位，3 位地址为组编号，高 8 位地址作为区编号（组内块编号）。区编号作为行标记存储。

读过程：CPU 给出 20 位地址。Cache 利用中间 3 位的组编号确定目标组。Cache 将高 8 位的区编号与组内各行的标记比较。命中则利用低 9 位的块（行）内地址完成访问；否则，从主存读出数据并复制数据块到 Cache。

组相联映射是全相联映射与直接映射的混合体，将逐行匹配工作局限于组内，兼具灵活性和易于实现等优点。

【例 4.9】设在 Cache 中，主存地址的区号 5 位、块号 3 位，CPU 访存过程中，依次访问主存单元高 8 位地址为 00010110，00011010，00010110，00011010，00010000，00000011，00010000，00010010。

要求写出采用三种不同映射方式访问后 Cache 中的内容。

解：（1）选用直接映射方式

1）开始工作时 Cache 的初始状态见表 4-2。

2）访问 00010110。Cache 中块地址为 110 的块内无数据——有效位为 N，未命中，访问主存，将主存块号 00010110 的内容调入 Cache 块地址为 110 的数据段中后，Cache 中块地址为 110 的有效位写为 Y，标记字段写入 00010。Cache 内容见表 4-3（（00010110）表示块内容）。

表 4-2　Cache 的初始状态

块地址	有效位	标记	数据
000	N		
001	N		
010	N		
011	N		
100	N		
101	N		
110	N		
111	N		

表 4-3　访问 00010110 后的 Cache

块地址	有效位	标记	数据
000	N		
001	N		
010	N		
011	N		
100	N		
101	N		
110	Y	00010	(00010110)
111	N		

3）访问 00011010。Cache 中块地址为 010 的块内无数据——有效位为 N，未命中，访问主存，将主存块号 00011010 的内容调入 Cache 块地址为 010 的数据段中后，Cache 中块

地址为 010 的有效位写为 Y，标记字段写入 00011。Cache 内容见表 4-4（（00011010）表示块内容）。

4）访问 00010110。命中，访问 Cache，Cache 中内容不变。

5）访问 00011010。命中，访问 Cache，Cache 中内容不变。

6）访问 00010000。Cache 中块地址为 000 的块内无数据——有效位为 N，未命中，访问主存，将主存块号 00010000 的内容调入 Cache 块地址为 000 的数据段中后，Cache 中块地址为 000 的有效位写为 Y，标记字段写入 00010。Cache 内容见表 4-5（（00010000）表示块内容）。

表 4-4 访问 00011010 后的 Cache

块地址	有效位	标记	数据
000	N		
001	N		
(010)	Y	00011	(00011010)
011	N		
100	N		
101	N		
110	Y	00010	(00010110)
111	N		

表 4-5 访问 00010000 后的 Cache

块地址	有效位	标记	数据
(000)	Y	00010	(00010000)
001	N		
010	Y	00011	(00011010)
011	N		
100	N		
101	N		
110	Y	00010	(00010110)
111	N		

7）访问 00000011。Cache 中块地址为 011 的块内无数据——有效位为 N，未命中，访问主存，将主存块号 00000011 的内容调入 Cache 块地址为 011 的数据段中后，Cache 中块地址为 011 的有效位写为 Y，标记字段写入 00000。Cache 内容见表 4-6（（00000011）表示块内容）。

8）访问 00010000。命中，访问 Cache，Cache 中内容不变。

9）访问 00010010。Cache 中块地址为 010 的块标记为 00011≠00010，未命中，访问主存，以（00010010）替换（00011010），修改标记为 00010。Cache 内容见表 4-7。

表 4-6 访问 00000011 后的 Cache

块地址	有效位	标记	数据
000	Y	00010	(00010000)
001	N		
010	Y	00011	(00011010)
(011)	Y	00000	(00000011)
100	N		
101	N		
110	Y	00010	(00010110)
111	N		

表 4-7 访问 00010010 后的 Cache

块地址	有效位	标记	数据
000	Y	00010	(00010000)
001	N		
(010)	Y	00010	(00010010)
011	Y	00000	(00000011)
100	N		
101	N		
110	Y	00010	(00010110)
111	N		

为简单起见，把被访问的 8 个主存单元的块地址依次用十进制数表示为 22、26、22、26、16、3、16、18，省略 Cache 标记等。根据上述分析，可画出直接映射方式下 Cache 中的块分配情况，如图 4-31 所示。第 8 次访问时，虽然 Cache 中 8 块仅装入了 4 块，但还是发生了块冲突，因为 18 mod 8 = 26 mod 8，必须进行替换操作。

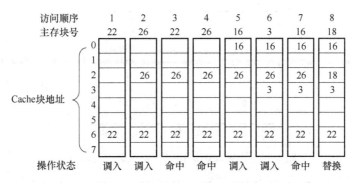

图 4-31　直接映射方式下的块替换

（2）选用全相联映射方式

画出全相联映射方式下 Cache 中的块分配情况，如图 4-32 所示。由图可见，8 次访问后，Cache 未被装满，不会发生块冲突。

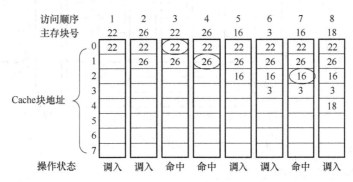

图 4-32　全相联映射方式下的块替换

（3）选用组相联映射方式

1）访问 00010 11 0（22），8 位地址中最高 5 位"00010"为区号，次 2 位"11"为组号，末位"0"为组内块号。开始时，Cache 内 8 块都是空的，未命中，访问主存，将主存的第 22 块数据块内容调入 Cache 中 3 组 0 块，即 Cache 块地址（块号）"6"，如图 4-33 所示。并在地址映射表中 Cache 块号为"6"（110）对应的区号标记和组内块号标记中分别写入 00010 和 0，如图 4-34 所示。

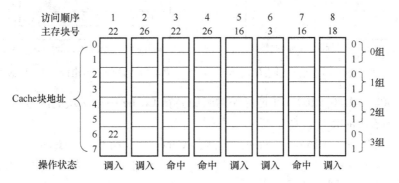

图 4-33　访问 00010110 后 Cache 的内容

区号标记	组内块号标记	Cache块号标记	
		000	0
		001	1
		010	2
		011	3
		100	4
		101	5
00010	0	110	6
		111	7

图 4-34　访问 00010110 后地址映射表的内容

2）访问 00011 01 0（26）。同理，将 26 块内容调入 Cache1 组 0 块，即 Cache 块地址"2"，如图 4-35 所示。

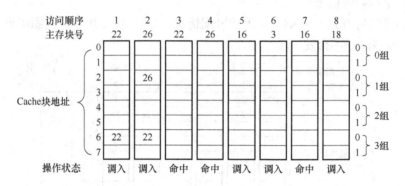

图 4-35　访问 00011010 后 Cache 的内容

地址映射表的内容如图 4-36 所示。

3）访问 00010 11 0（22）。如图 4-37 所示，在地址映射表对应的标记中查到 Cache 中第 6 块的区号为 00010 和组内块号为 0，表明副本在 Cache 中，命中,从表中查得 Cache 块号为 110，可进行访问。

区号标记	组内块号标记	Cache块号标记	
		000	0
		001	1
00011	0	010	2
		011	3
		100	4
		101	5
00010	0	110	6
		111	7

图 4-36　访问 00011010 后地址映射表的内容

区号标记	组内块号标记	Cache块号标记	
		000	0
		001	1
00011	0	010	2
		011	3
		100	4
		101	5
(00010)	(0)	(110)	6
		111	7

图 4-37　访问 00010110 时映射表的内容

4）访问 00011 01 0（26）。在地址映射表中查得 Cache 中第 2 块的区号为 00011，组内块号为 0，副本在 Cache 中，命中。

5）访问 00001 00 0（16）。未命中，调入到 Cache 的 0 组 0 块，Cache 块地址"0"。

6）访问 00000 01 1（3）。未命中，调入到 Cache 的 1 组 1 块，尚空，调入到 1 块，Cache 块地址"3"，如图 4-38 所示。

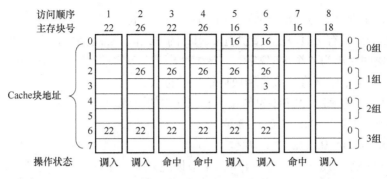

图 4-38 访问 00000011 后 Cache 的内容

7）访问 00010 00 0（16）。在地址映射表中查得 Cache0 组中区号为 2，副本在 Cache 中，命中。

8）访问 00010 01 0（18）。Cache 中 1 组已满，0 块中存放 3 区（26），1 块存放 0 区（3）的数据块。发生块冲突，访问主存替换 1 组中任意一个，现替换 0 块（FIFO 替换），分配情况如图 4-39 所示。

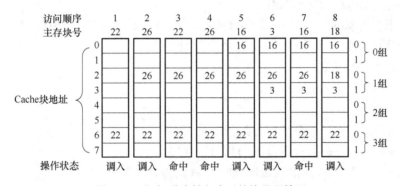

图 4-39 组相联映射方式下的块分配情况

【例 4.10】一个计算机系统的主存容量为 2MB，字长 32 位，采用直接映射方式，Cache 的容量为 512 字，计算主存地址格式中，区号、块号和块内地址字段的位数。（假设 1 个字等于 4 个字节。）

1）Cache 块长为 1 字。

2）Cache 块长为 8 字。

解：1）Cache 块长为 1 字：

主存为 2MB，21 位，字长 32 位，字内字节地址 2 位，主存字地址 19 位。

区号=2MB/（512×4）B=1024   10 位。

块号=512 字/1 字=512   9 位。

块内地址，字地址 0 位（1 个字），字内字节地址 2 位（4B）。

2）Cache 块长为 8 字：

主存为 2MB，21 位，字长 32 位，字内字节地址 2 位，主存字地址 19 位。

区号=2MB/(512×4)B=1024   10 位。

块号=512 字/8 字=64   6 位。

块内地址，字地址 3 位（8 个字），字内字节地址 2 位（4B）。

【例 4.11】一个具有 8KB 的直接映射 Cache 的 32 位计算机系统，主存容量为 32MB，假定 Cache 中块的大小为 4 个 32 位字。

1）求该主存地址中区号、块号和块内地址的位数。

2）求主存地址为 ABCDEFH 的单元在 Cache 中的位置。

解：1）区号=32MB/8KB=4K　　　12 位

块号=8KB/（4×4）B=512　　　9 位

块内地址=4×32/8=16　　　　　4 位（字节地址）

2）主存地址为 ABCDEFH 的单元对应的二进制地址为

0 1010 1011 1100 1101 1110 1111（注意，主存字节地址为 25 位）

区号：0 1010 1011 110

块号：0 1101 1110

所以，数据在 Cache 中的位置是 0 1101 1110 1111，即 DEFH。

【例 4.12】有一个 Cache–主存存储层次，主存容量为 8 个块，Cache 容量为 4 个块。采用直接地址映射，求以下几个问题：

1）有如下主存块地址流：0,1,2,5,4,6,4,7,1,2,4,1,3,7,2。如果主存中内容一开始未装入 Cache 中，请列出每次访问后 Cache 中各块的分配情况。

2）指出块命中的时刻。

3）求出此期间 Cache 的命中率。

解：

1）每次访问后 Cache 中各块的分配情况见表 4-8。

2）由表 4-8 可见，命中时刻为 7、11、12 和 15。

3）h=4/15≈0.267，即此期间 Cache 的命中率约为 0.267。

表 4-8　各时刻 Cache 中各块的分配情况

时间	1	2	3	4	5	6	7	8	9	10	11	12	13	14	15
地址流	0	1	2	5	4	6	4	7	1	2	4	1	3	7	2
0 块	0	0	0	0	4	4	4	4	4	4	4	4	4	4	4
1 块		1	1	5	5	5	5	5	1	1	1	1	1	1	1
2 块			2	2	2	6	6	6	6	2	2	2	2	2	2
3 块								7	7	7	7	7	3	7	7

4.5.3　替换算法

Cache 的工作原理要求它尽量保存最新数据。当一个新的主存块需要调入 Cache 中，而允许存放此块的行位置都被其他主存块占满时，就要产生替换。

替换问题与 Cache 的组织方式紧密相关。对采用直接映射的 Cache 来说，因一个主存块只有一个特定的行位置可存放，所以解决问题很简单，只要把此特定位置上的原主存块换出 Cache 即可。对采用全相联映射的和组相联映射的 Cache 来说，就要从允许存放新主存块的若干特定行中选取一行换出。如何选取就涉及替换策略，又称替换算法。硬件实现的常用算法主要有以下三种。

1. 最不经常使用（LFU）算法

LFU 算法是将一段时间内被访问次数最少的那行数据换出。为此，每行设置一个计数器。从新行建立后开始计数，每访问一次，被访行的计数器加 1。当需要替换时，对这些特定行的计数值进行比较，将计数值最小的行换出，同时将这些特定行的计数器都清零。这种算法将计数周期限定在对这些特定行两次替换之间的间隔时间内，因而不能严格地反映近期的访问情况。

2. 近期最少使用（LRU）算法

LRU 算法是将近期内未被访问过的行换出。为此，每行也设置一个计数器，但它们是 Cache 每命中一次，命中行计数器清零，其他各行计数器加 1。当需要替换时，比较各特定行的计数值，将计数值最大的行换出。这种算法保护了刚调入 Cache 中的新数据行，符合 Cache 工作原理，因而使 Cache 有较高的命中率。

对两路组相联映射的 Cache 来说，LRU 算法的硬件实现可以简化。因为一个主存块只能在一个特定组的两行中做存放选择，二选一完全不需要计数器，只需一个二进制位即可。例如，规定一组中的 A 行调入新数据可将此位置 1，B 行调入新数据可将此位置 0。当需要置换时，只需检查此二进制位状态即可。若为 0 换出 A 行，若为 1 换出 B 行。这样就实现了保护新行的原则。奔腾 PC 中的数据 Cache 是一个两路组相联结构，就采用这种简捷的 LRU 替换算法。

3. 随机替换

随机替换策略实际上是没有什么算法的，从特定的行位置中随机地选取一行换出即可。这种策略在硬件上容易实现，且速度也比前两种策略快。缺点是随意换出的数据很可能马上又要被使用，从而降低了命中率和 Cache 的工作效率。但这个不足随着 Cache 容量的增大而减小。研究表明，随机替换策略的功效只是稍逊于前两种策略。

4.5.4 多层次 Cache 存储器

1. 指令 Cache 和数据 Cache

计算机开始实现 Cache 时，是将指令和数据存放在同一个 Cache 中的。后来随着计算机技术的发展和处理速度的加快，存取数据的操作经常会与取指令的操作发生冲突，从而延迟了指令的读取。从而出现了将指令 Cache 和数据 Cache 分开而成为两个相互独立的 Cache。

在给定 Cache 总容量的情况下，单一 Cache 可以有较高的利用率。因为在执行不同程序时，Cache 中指令和数据所占的比例是不同的，在单一 Cache 中，指令和数据的空间可以自动协调，而分开的指令 Cache 和数据 Cache 则不具有这一优点。但在超标量等新型计算机结构中，为了照顾速度，还是采用将指令 Cache 和数据 Cache 分开的方案。

2．多层次 Cache 结构

当芯片集成度提高后，可以将更多的电路集成在一个微处理器芯片中，于是近年来新设计的快速微处理器芯片都将 Cache 集成在片内，片内 Cache 的读取速度要比片外 Cache 快得多。奔腾微处理器的片内包含有 8KB 数据 Cache 和 8KB 指令 Cache。Cache 行的长度为 32B，采取两路组相联结构。

数据 Cache 有两个端口，分别与两个 ALU 交换数据，每个端口传送 32 位数据，也可组合成 64 位数据，与浮点部件接口相连，传送浮点数。数据 Cache 采取"写回"策略，即仅当 Cache 中的数据要调出，且被修改过，才需要写回主存。

指令 Cache 只读不写，其控制比数据 Cache 简单。

片内 Cache 的容量受芯片集成度的限制，一般在几万字节以内，因此命中率比大容量 Cache 低。于是，推出了二级 Cache 方案。其中，第一级 Cache（L_1）在处理器芯片内部；第二级 Cache（L_2）在片外，其容量可从几万字节到几十万字节，采用 SRAM 存储器。两级 Cache 之间一般有专用总线相连。奔腾微处理器支持片外的第二级 Cache，其容量为 256KB 或 512KB。也是采用两路组相联结构。

3．Cache 的一致性问题

由于数据 Cache 有写入操作，且有多种写入方案，为了提高计算机的处理速度，在每次写入时，并不同时修改 L_1、L_2 和主存储器的内容。这就造成了数据的不一致，即要解决的 Cache 一致性问题。

当处理器加电或总清（reset）时，所有 Cache 行都处于无效状态。当新数据写入无效行时，数据从主存取出，并同时存入 L_1 和 L_2，此时 Cache 行处于共享状态。

4.5.5 Cache 存储器的读和更新过程

1．读

一方面将主存地址送往主存，启动主存读；同时，将主存地址也送往 Cache，按所用的映射方式从中提取 Cache 地址，如块号与块内地址。从 Cache 中读取内容，并将相应的 Cache 标记与主存地址中的主存块标记进行比较。如果两者相同，访问 Cache 命中，将读出的数据送往访存源如 CPU，不等主存的读操作结束，就可以继续下一次访存操作；如果标记不符合，表明本次访问 Cache 失败，则从主存中读出，并考虑是否需要更新该 Cache 块内容。

2．更新

为了解决 Cache 与主存内容不一致问题，可以选择合适的 Cache 更新策略。Cache 有两个更新策略。

（1）标志交换方式（写回法） 当需将信息写入主存时，暂时先只写入 Cache 有关单元，并用标记予以注明，直到该块内容需从 Cache 中替换出来时，再一次性地写入主存。

（2）写直达法（通过式写入） 即每次写入 Cache 时，也同时写入主存，使主存与

Cache 相关块内容始终保持一致。这种方式比较简单，能保持主存与 Cache 副本的一致性；但插入慢速的访主存操作，影响工作速度。

4.6 虚拟存储器

4.6.1 虚拟存储器的基本概念

虚拟存储器是一个容量非常大的存储器的逻辑模型，不是任何实际的物理存储器。它借助磁盘等辅助存储器来扩大主存容量，使之可以为更大或更多的程序所使用。这不仅是解决存储容量和存取速度矛盾的一种方法，而且也是管理存储设备的有效方法。有了虚拟存储器，用户无须考虑所编程序在主存中是否放得下或放在什么位置等问题。

虚拟存储器实际上指的是主存–辅存层次。它以透明的方式给用户提供了一个比实际主存空间大得多的程序地址空间。此时，程序的逻辑地址称为虚拟地址（虚地址），程序的逻辑地址空间称为虚拟地址空间。

从原理上看，主存–辅存层次和 Cache–主存层次有很多相似之处，它们采用的地址变换及映射方法和替换策略，从原理上看是相同的，且都基于程序局部性原理。它们遵循的原则如下：

1）把程序中最近常用的部分驻留在高速的存储器中。

2）一旦这部分变得不常用了，把它们送回到低速的存储器中。

3）这种换入/换出是由硬件或操作系统完成的，对用户来说是透明的。

4）力图使存储系统的性能接近高速存储器，而价格接近低速存储器。

然而，两种存储系统中的设备性能有所不同，管理方案的实施细节也有差异，所以虚拟存储系统中不能直接照搬 Cache 中的技术。两种存储系统的主要区别在于：主存的存取时间是 Cache 存取时间的 5～10 倍，而磁盘的存取时间是主存存取时间的上千倍，因而未命中时系统的相对性能损失有很大的不同。具体来说，在虚拟存储器中未命中的性能损失要远大于 Cache 系统中未命中的损失。

4.6.2 段式虚拟存储器

段是利用程序的模块化性质，按照程序的逻辑结构划分成的多个相对独立的部分。例如，过程、子程序、数据表、阵列等。段作为独立的逻辑单位可以被其他程序段调用，这样就形成段间连接，产生规模较大的程序。因此，把段作为基本信息单位在主存–辅存之间传送和定位是比较合理的。一般用段表来指明各段在主存中的位置。每段都有它的名称（用户名或数据结构名或段号）、段起点和段长等。段表本身也是主存储器的一个可再定位段。

把主存按段分配的存储管理方式称为段式管理。段式管理系统的优点是段的分界与程序的自然分界相对应；段的逻辑独立性使它易于编译、管理、修改和保护，也便于多道程序共享；某些类型的段（堆栈、队列）具有动态的可变长度，允许自由调度以便有效利用主存空间。但是，正因为段的长度各不相同，段的起点和终点不定，给主存空间分配带来麻烦，而且容易在段间留下许多空余的零碎存储空间，不好利用，造成浪费。

在段式虚拟存储系统中，段是按照程序的逻辑结构划分的，各个段的长度因程序而异。虚拟地址由段号和段内地址组成，如图 4-40 所示。

为了把虚拟地址变换成实存地址，需要一个段表，其格式如图 4-40a 所示。装入位为"1"表示该段已调入主存，为"0"则表示该段不在主存中；段的长度可大可小，所以，段表中需要有段长的指示。在访问某段时，如果段内地址值超过段的长度，则发生地址越界中断。段表也是一个段，可以存在外存中，需要时再调入主存。但其一般是驻留在主存中的。

图 4-40b 表示了虚存地址向实存地址的变换过程。

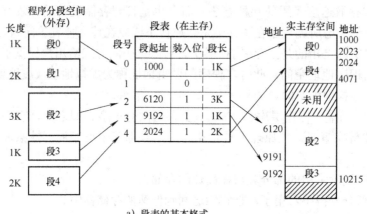

a）段表的基本格式

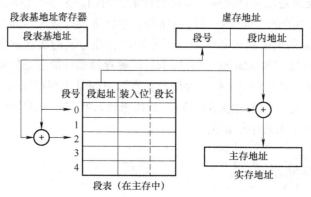

b）虚存地址向实存地址的交换

图 4-40　段式虚拟存储器地址

4.6.3　页式虚拟存储器

页式管理系统的基本信息传送单位是定长的页。主存的物理空间被划分为等长的固定区域，称为页面。页面的起点和终点地址是固定的，给造页表带来了方便。新页调入主存也很容易掌握，只要有空白页面就可容纳。唯一可能造成浪费的是程序最后一页的零头的页内空间。它比段式管理系统的段外空间浪费要小得多。页式管理系统的缺点正好和段式管理系统相反，由于页不是逻辑上独立的实体，所以处理、保护和共享都不及段式管理系统来得方便。

在页式虚拟存储系统中，把虚拟空间分成页，称为逻辑页；主存空间也分成同样大小的页，称为物理页。假设逻辑页号为 0,1,2,…,m，物理页号为 0,1,…,n，显然有 m>n。由于页的大小都取 2 的整数幂个字，所以，页的起点都落在低位字段为 0 的地址上。因此，虚存地址分为两个字段：高位字段为逻辑页号，低位字段为页内行地址。实存地址也分为两个字段：高位字段为物理页号，低位字段为页内行地址。由于两者的页面大小一样，所以页内行地址是相等的。

虚拟地址到实存地址的变换是由放在主存的页表来实现的。在页表中，对应每一个虚拟逻辑页号有一个表目，表目内容至少要包含该逻辑页所在的主存页面地址（物理页号），用它作为实存地址的高字段，与虚存地址的页内行地址字段相拼接，就产生了完整的实存地址，据此来访问主存。页式虚拟存储器的地址变换如图 4-41 所示。

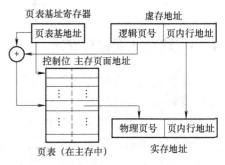

图 4-41 页式虚拟存储器的地址变换

通常，在页表的表项中还包括装入位（有效位）、修改位、替换控制位及其他保护位等组成的控制字段。如装入位为"1"，表示该逻辑页已从外存调入主存；若装入位为"0"，则表示对应的逻辑页尚未调入主存，想访问该页就要产生页面失效中断，启动输入/输出子系统，根据在页表中查得的外存地址，由磁盘等外存中读出新的页到主存中来。此外，修改位指出主存页面中的内容是否被修改过，替换时是否要写回主存；替换控制位指出需替换的页等。

假设页表已保存或已调入主存储器中，那么，在访问存储器时，首先要查页表，即使页面命中，也得先访问一次主存去查页表，再访问主存才能取出数据，这就相当于主存速度降低了一半。如果页面失效，还要进行页面替换、页面修改，访问主存的次数就更多了。因此，将页表最活跃的部分存放在高速存储器中组成快表，这是减少时间开销的一种方法。此外，在一些影响工作速度的关键部分引入硬件支持，如采用按内容查找的联想存储器来并行查找，也是可供选择的技术途径之一。一种经快表与慢表实现内部地址变换的方式如图 4-42 所示，快表由硬件组成，它比页表小得多，因为快表只是慢表的小小的副本。查表时，由逻辑页号同时去查快表和慢表，当在快表中有此逻辑页号时，就能很快地找到对应的物理页号，将其送入主存地址寄存器，并使慢表的查找作废，从而就能做到虽采用虚拟存储器但访主存速度几乎没有下降。如果在快表中查不到，那就要费一个访主存时间查慢表，从中查到物理页号，然后再将其送入主存地址寄存器，并将此逻辑页号和对应的物理页号送入快表，替换快表中应该移掉的内容，这也要用到替换算法。

段式存储管理和页式存储管理各有优缺点，可以采用分段和分页结合的段页式管理系统。程序按模块分段，段内再分页，进入主存仍以页为基本信息传送单位，用段表和页表（每段一个页表）进行两级定位管理。

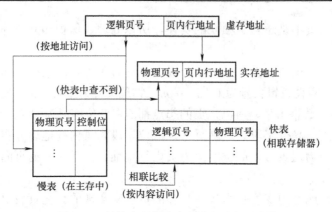

图 4-42 经快表和慢表实现内部地址的变换

4.6.4 段页式虚拟存储器

段页式虚拟存储器是段式虚拟存储器和页式虚拟存储器的结合。在这种方式中，把程序按逻辑单位分段以后，再把每段分成固定大小的页。程序对主存的调入/调出是按页面进行的，但它又可以按段实现共享和保护。因此，它可以兼备页式和段式系统的优点。其缺点是在地址映射过程中需要多次查表。在段页式虚拟存储系统中，每道程序是通过一个段表和一组页表来进行定位的。段表中的每个表目对应一个段，每个表目有一个指向该段的页表起始地址（页号）及该段的控制保护信息。由页表指明该段各页在主存中的位置以及是否已装入、已修改等状态信息。现在的计算机中一般都采用这种段页式存储管理方式。

如果有多个用户在机器上运行，即称为多道程序，多道程序的每一道（每个用户）需要一个基号（用户标志号），可由它指明该道程序的段表起始地址（存放在基址寄存器中）。这样，虚拟地址应包括基号、段号、页号和页内地址。格式如下：

基号	段号	页号	页内地址

段页式虚拟存储系统的虚拟地址向实存地址的变换至少需查两次表（段表与页表）。段、页表构成表层次。当然，表层次不是只有段页式有，页表也会有，这是因为整个页表是连续存储的。当一个页表的大小超过一个页面的大小时，页表就可能分成几个页，分存于几个不连续的主存页面中，然后，将这些页表的起始地址又放入一个新的页表中。这样，就形成了二级页表层次。一个大的程序可能需要多级页表层次。对于多级表层次，在程序运行时，除了第一级页表需驻留在主存之外，整个页表中只有一部分是在主存中，大部分可存于外存，需要时再由第一级页表调入，从而可减少每道程序占用的主存空间。

本 章 小 结

对存储器的要求是容量大、速度快、成本低。为了解决这三方面的矛盾，计算机采用多级存储体系结构，即 Cache、内存和外存。CPU 能直接访问内存（Cache、主存），但不能直接访问外存。存储器的技术指标有存储容量、存取时间、存储周期、存储器带宽等。

广泛使用的 SRAM 和 DRAM 都是半导体随机读/写存储器，前者速度比后者快，但集成度不如后者高。两者的优点是体积小，可靠性高，价格低廉；缺点是断电后不能保存信息。只读存储器和闪速存储器正好弥补了 SRAM 和 DRAM 的缺点，即使断电也仍然保存原先写入的数据。特别是闪速存储器，能提供高性能、低功耗、高可靠性以及瞬时启动功能，因而有可能使现有的存储器体系结构发生重大变化。

双端口存储器和多模块交叉存储器属于并行存储器结构。前者采用空间并行技术，后者采用时间并行技术。

Cache 是一种高速缓冲存储器，是为了解决 CPU 和主存之间速度不匹配而采用的一项重要的硬件技术，并且发展为多级 Cache 体系、指令 Cache 与数据 Cache 分设体系。要求 Cache 的命中率接近于 1。主存与 Cache 的地址映射有全相联、直接、组相联三种方式。其中，组相联映射方式是前两者的折中方案，适度地兼顾了两者的优点又尽量避免两者的缺点，从灵活性、命中率、硬件投资来说较为理想，因而得到了普遍采用。

虚拟存储器指的是主存-外存层次，它给用户提供了一个比实际主存空间大得多的虚拟存储空间。因此，虚拟存储器只是一个容量非常大的存储器的逻辑模型，不是任何实际的物理存储器。按照主存-外存层次的信息传送单位不同，虚拟存储器有页式、段式、段页式三类。

习　题　4

1．什么叫主存储器？它有什么特点？它的用途是什么？

2．存储器的主要技术指标有哪些？都是什么含义？

3．SRAM 依靠什么原理存储信息？DRAM 又依靠什么原理存储信息？分别画出它们的结构图。

4．什么叫虚拟存储器？为什么要构造虚拟存储器？

5．设有一个具有 14 位地址和 8 位字长的存储器，问：

（1）该存储器能存储多少个字节的信息？

（2）如果存储器由 2K×8 位 SRAM 芯片组成，需要多少片？需要多少位地址作芯片选择？

6．已知某 32 位机主存采用半导体存储器，其地址码为 14 位，若使用 2K×8 位的 DRAM 芯片组成该机所允许的最大主存空间，并选用模块板结构形式，问：

（1）若每个模块板为 4K×16 位，共需几个模块板？

（2）每个模块板内共有多少个 DRAM 芯片？

（3）主存共需多少个 DRAM 芯片？CPU 如何选择各模块板？

7．采用 Intel 2114 芯片，设计出存储容量分别为 2MB、4MB 和 8MB 的存储器。要求确定所需芯片的数量，说明地址总线的分配，写出整个存储器和每组的地址范围，并画出结构图。

8．用 16K×8 位的 DRAM 芯片构成 64K×32 位存储器，要求：

（1）画出该存储器的组成逻辑框图。

（2）设存储器读/写周期为 0.5ns，CPU 在 lμs 内至少要访问一次。试问采用哪种刷新方式比较合理？两次刷新的最大时间间隔是多少？对全部存储单元刷新一遍所需的实际刷新时间是多少？

9. 有一个 64K×16 位的存储器，由 16K×8 位的 DRAM 芯片构成。问：

（1）总共需要多少个 DRAM 芯片？

（2）画出此存储体组成框图。

（3）写出地址范围。

10. 要求用 16K×8 位 SRAM 芯片设计 64K×32 位的存储器。SRAM 芯片有两个控制端有效时，该片选中。当 W/R=1 时执行读操作，当 W/R=0 时执行写操作。

11. 用 32K×8 位的 EPROM 芯片组成 128K×l6 位的只读存储器，试问：

（1）数据寄存器多少位？

（2）地址寄存器多少位？

（3）共需多少个 EPROM 芯片？

（4）画出此存储器组成框图。

12. CPU 执行一段程序时，Cache 完成存取的次数为 5000 次，主存完成存取的次数为 200 次。已知 Cache 存取周期为 40ns，主存的存取周期为 160ns。分别求（当 Cache 不命中时才启动主存）：

（1）Cache 的命中率 h。

（2）平均访问时间。

（3）Cache 主存系统的访问效率 e。

13. 什么叫 Cache？简述它的工作原理。

14. 设 Cache 的容量为 8KB，主存容量为 1MB，请画出三种地址映射方式的示意图。

15. 动态存储器的刷新方式有哪些？各自的工作原理及优点是什么？

16. 一台计算机的主存容量为 1MB，字长为 32 位，Cache 的容量为 512 字，确定下列情况下主存和 Cache 的地址格式：

（1）直接映射的 Cache，块长为 1 字。

（2）直接映射的 Cache，块长为 8 字。

（3）组相联映射的 Cache，块长 1 字，组内 4 块。

17. 一个组相联映射的 Cache 有 64 个存储块构成，每组包含 4 个存储块。主存包含 4096 个存储块，每块 128 字，访存地址为字地址。

（1）求一个主存地址有多少位？一个 Cache 地址有多少位？

（2）计算主存地址格式中，区号、组号、块号和块内地址字段的位数。

18. 某计算机主存为 16MB，高速缓存为 4KB，Cache 主存层次采用直接映射方式。试问：

（1）若按 64 个字节分块，请给出主存、高速缓存的地址格式。区号、区内块号和块内地址各为多少位？

（2）若高速缓存被分为 8 块，请给出主存、高速缓存的地址格式。区号、区内块号和块内地址各为多少位？

19. 主存共分为 8 个块（0～7），Cache 为 4 个块（0～3），采用组相联映射，组内块数为 2 块，采用 LRU 的替换算法。

（1）画出主存、Cache 地址的各字段对应关系。

（2）画出主存、Cache 空间块的映射对应关系示意图。

（3）对于如下主存块地址流：1,2,4,1,3,7,0,1,2,5,4,6,4,7,2，请列出每次访问后 Cache 中各块的分配情况。

20. 主存容量为 8 个块，Cache 容量为 4 个块，采用直接映射。问：

（1）对于如下主存块地址流：0,1,2,5,4,6,4,7,1,2,4,1,3,7,2，如果主存中内容一开始未装入 Cache 中，请列出每次访问后 Cache 中各块的分配情况。

（2）指出块命中的时刻。

（3）求出此期间 Cache 的命中率。

第 5 章

指令系统

指令是要求计算机执行某种操作的命令，一台计算机所有机器指令的集合就构成该机器的指令系统。指令系统规模的大小在很大程度上决定了机器规模的大小。本章首先说明指令系统的发展与性能要求，然后介绍指令的一般格式。重点讲述寻址方式、指令的分类及功能。

5.1 指令系统的发展与性能要求

1. 指令系统概述

计算机程序是由一系列的机器指令组成的。

指令就是计算机执行某种操作的命令。从计算机组成的层次结构来说，计算机的指令有微指令、机器指令和宏指令之分。微指令是微程序级的命令，它属于硬件；宏指令是由若干条机器指令组成的软件指令，它属于软件；而机器指令则介于微指令与宏指令之间，通常简称为指令，每一条指令可完成一个独立的算术运算或逻辑运算操作。

本章所讨论的机器指令简称指令。一台计算机中所有机器指令的集合，称为这台计算机的指令系统。指令系统是表征一台计算机性能的重要指标，它的格式与功能不仅直接影响机器的硬件结构，而且也直接影响系统软件，以及机器的适用范围。

20 世纪 50 年代，由于受器件限制，计算机的硬件结构比较简单，所支持的指令系统只有定点加减、逻辑运算、数据传送、转移等十几至几十条指令。20 世纪 60 年代后期，随着集成电路的出现，硬件功能不断增强，指令系统越来越丰富，除基本指令外，还设置了乘/除运算、浮点运算、十进制运算、字符串处理等指令，指令数目多达一二百条，寻址方式也趋多样化。

20 世纪 70 年代末期，计算机硬件结构随着超大规模集成电路（VLSI）技术的飞速发展而越来越复杂，大多数计算机的指令系统多达几百条。这样的计算机称为复杂指令系统计算机，简称 CISC。但是如此庞大的指令系统不但使计算机的研制周期变长，难以保证正确性，不易调试与维护，而且由于采用了大量使用频率很低的复杂指令而造成硬件资源浪费。为此又提出了便于 VLSI 技术实现的精简指令系统计算机，简称 RISC。

2．指令系统的性能要求

指令系统的性能如何，决定了计算机的基本功能，因而指令系统的设计是计算机系统设计的一个核心问题。它不仅与计算机的硬件结构紧密相关，而且直接关系到用户的使用需要。一个完善的指令系统应满足如下四方面的要求：

（1）完备性　完备性是指用汇编语言编写各种程序时，指令系统直接提供的指令足够使用，而不必用软件来实现。完备性要求指令系统丰富、功能齐全、使用方便。

一台计算机中最基本、必不可少的指令是不多的。许多指令可用最基本的指令编程来实现。例如，乘/除运算指令、浮点运算指令可直接用硬件来实现，也可用基本指令编写的程序来实现。采用硬件指令的目的是提高程序执行速度，便于用户编写程序。

（2）有效性　有效性是指利用该指令系统所编写的程序能够高效率地运行。高效率主要表现在程序占据存储空间小，执行速度快。一般来说，一个功能更强、更完善的指令系统，必定有更好的有效性。

（3）规整性　规整性包括指令系统的对称性、匀齐性、指令格式和数据格式的一致性。对称性是指，在指令系统中所有的寄存器和存储器单元都可同等对待，所有的指令都可使用各种寻址方式。匀齐性是指，一种操作性质的指令可以支持各种数据类型，如算术运算指令可支持字节、字、双字整数的运算，十进制数运算和单、双精度浮点数运算等。指令格式和数据格式的一致性是指，指令长度和数据长度有一定的关系，以方便处理和存取。例如，指令长度和数据长度通常是字节长度的整数倍。

（4）兼容性　系列机各机种之间具有相同的基本结构和共同的基本指令集，因而指令系统是兼容的，即各机种上的基本软件可以通用。但由于不同机种推出的时间不同，在结构和性能上有差异，要做到所有软件都完全兼容是不可能的，只能做到"向上兼容"，即低档机上运行的软件可以在高档机上运行。

5.2　指令格式

计算机的指令格式与机器的字长、存储器的容量及指令的功能都有很大的关系。如何合理、科学地设计指令格式，使指令既能给出足够的信息，其长度又尽可能地与机器的字长相匹配，以便节省存储空间，缩短取指令的时间，提高机器的性能仍然是指令格式设计中的一个重要问题。

5.2.1　指令包含的信息及格式

计算机是通过执行指令来处理各种数据的。为了指出数据的来源、操作结果的去向及所执行的操作，一条指令必须包含下列信息：

1）操作码，具体说明了操作的性质及功能。一台计算机可能有几十条至几百条指令，每一条指令都有一个相应的操作码，计算机通过识别该操作码来完成不同的操作。

2）操作数的地址，CPU 通过该地址就可以取得所需的操作数。

3）操作结果的存储地址，把处理操作数所产生的结果保存在该地址中，以便再次使用。

4）下一条指令的地址，一般来说，当程序顺序执行时，下一条指令的地址由程序计数器（PC）指出，仅当改变程序的运行顺序（如转移、调用子程序）时，下一条指令的地址才由指令给出。

由上述分析可知，一条指令不论功能复杂还是简单，实际上包括两种信息，即操作码和地址码，其结构形式可以表示为

操作码字段	地址码字段

操作码字段（OP）用来表示该指令所要完成的操作（如加、减、乘、除、数据传送等），其长度取决于指令系统中执行不同功能的指令条数；地址码字段（Address）用来描述该指令的操作对象，直接给出操作数或者指出操作数的存储器地址或寄存器地址（即寄存器名）。

指令可以分为很多种，按照不同的分类方法，分的种类也不尽相同。

根据地址码字段所给出地址的个数，指令按照地址码数目的多少可分为如下几种。

1．零地址指令

格式如下：

操作码	空

指令中只有操作码，而没有操作数或操作数地址。这种指令有两种可能：

1）无须任何操作数。如空操作指令、停机指令等。

2）所需的操作数是默认的。如堆栈结构计算机的运算指令，所需的操作数默认在堆栈中，由堆栈指针 SP 隐含指出，操作结果仍然放回堆栈。又如，Intel 8086 的字符串处理指令，其源和目的操作数分别默认在源变址寄存器（SI）和目的变址寄存器（DI）所指定的存储器单元中。

2．一地址指令

格式如下：

操作码	A

其中，A 为操作数的存储器地址或寄存器名。

指令中只给出一个地址，该地址既是操作数的地址，又是操作结果的存储地址，如加1、减1和移位等单操作数指令均采用这种格式。

在某些字长较短的微型机中（如早期的 Z80、Intel 8080、MC 6800 等），大多数算术逻辑运算指令采用这种格式，第一个源操作数由地址码 A 给出，第二个源操作数在一个默认的寄存器中，运算结果仍送回到这个寄存器中，替换原寄存器内容。通常把这个寄存器称为累加器。

3．二地址指令

格式如下：

操作码	A₁	A₂

其中，A$_1$ 为第一个操作数的存储器地址或寄存器地址，A$_2$ 为第二个操作数和存放操作

结果的存储器地址或寄存器地址。

这是最常见的指令格式，两个地址指出两个操作数地址，其中一个充当存放结果的目的地址。对两个操作数进行操作码所规定的操作后，将结果存入目的地址 A_1（也有可能目的地址为 A_2，编程时参考所用机器的说明书）。

4．三地址指令

格式如下：

操作码	A_1	A_2	A_3

其中，A_1 为第一个操作数的存储器地址或寄存器地址，A_2 为第二个操作数的存储器地址或寄存器地址，A_3 为操作结果的存储器地址或寄存器地址。

其操作是对 A_1、A_2 指出的两个操作数进行操作码所指定的操作，结果存放在 A_3 中。

5．多地址指令

在某些性能较好的大、中型机甚至高档小型机中，往往设置一些功能很强的、用于处理成批数据的指令，如字符串处理指令，向量、矩阵运算指令等。为了描述一批数据，指令中需要多个地址来指出数据存放的首地址、长度和下标等信息。

以上所述的几种指令格式只是一般情况，并非所有的计算机都具有。零地址、一地址和二地址指令具有指令短，执行速度快，硬件实现简单等特点，多为结构较简单，字长较短的小型、微型机所采用；而三地址和多地址指令具有功能强，便于编程等特点，多为字长较长的大、中型机所采用。

5.2.2　指令操作码的扩展技术

指令操作码的长度决定了指令系统中完成不同操作的指令条数。若某机器的操作码长度为 k 位，则它最多只能有 2^k 条不同指令。

指令操作码通常有两种编码格式。一种是固定格式，即操作码的长度固定，且集中放在指令字的一个字段中。这种格式对于简化硬件设计，减少指令译码时间非常有利，在字长较长的大、中型机和超级小型机以及 RISC 上被广泛采用。另一种是可变格式，即操作码的长度可变，且分散地放在指令字的不同字段中。这种格式能够有效地压缩程序中操作码的平均长度，在字长较短的微型机上被广泛采用，如 Z80、Intel 8086、Pentium 等，操作码的长度都是可变的。

显然，操作码长度不固定将增加指令译码和分析的难度，使控制器的设计复杂化，因此对操作码的编码至关重要。通常是在指令字中用一个固定长度的字段来表示基本操作码，而对于一部分不需要某个地址码的指令，把它们的操作码扩充到该地址字段，这样既能充分地利用指令字的各个字段，又能在不增加指令长度的情况下扩展操作码的长度，使它能表示更多的指令。例如，设某机器的指令长度为 16 位，包括 4 位基本操作码字段和 3 个 4 位地址码字段，其格式如图 5-1 所示。4 位基本操作码有 16 个码点（16 种组合），若全部用于表示三地址指令，则只有 16 条。但是，若三地址指令仅需 15 条，二地址指令需 15 条，一地址指令需 15 条，零地址指令需 16 条，共 61 条指令，应如何安排操作码？显然，只有 4 位基本操作码是不够的，必须将操作码的长度向地址码字段扩展才行。

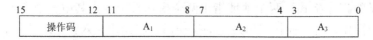

图 5-1 某机器指令格式

一种可供扩展的方法的步骤如下：

1）15 条三地址指令的操作码由 4 位基本操作码从 0000～1110 给出，剩下一个码点 1111 用于把操作码扩展到 A_1，即 4 位扩展到 8 位。

2）15 条二地址指令的操作码由 8 位操作码从 11110000～11111110 给出，剩下一个码点 11111111 用于把操作码扩展到 A_2，即从 8 位扩展到 12 位。

3）15 条一地址指令的操作码由 12 位操作码从 111111110000～111111111110 给出，剩下一个码点 111111111111 用于把操作码扩展到 A_3，即从 12 位扩展到 16 位。

4）16 条零地址指令的操作码由 16 位操作码从 1111111111110000～1111111111111111 给出。

除了这种方法以外，还有其他多种扩展方法，如还可以形成 15 条三地址指令，14 条二地址指令，31 条一地址指令和 16 条零地址指令，共 76 条指令。

在可变长度的指令系统的设计中，到底使用何种扩展方法有一个重要的原则，即使用频度（即指令在程序中的出现概率）高的指令应分配短的操作码，使用频度低的指令相应地分配较长的操作码。这样不仅可以有效地缩短操作码在程序中的平均长度，节省存储器空间，而且缩短了经常使用的指令的译码时间，可以提高程序的运行速度。

假如某计算机模型有 7 条指令（I_1～I_7），它们在程序中出现的概率用 P_i 表示，则可考虑表 5-1 所示的扩展操作码方案。使用频率高的指令的操作码为 2 位，低的用 4 位。当然，这不是压缩到最小代码的方案，由于计算机中的操作码还是希望有一定的规整性，否则会引起硬件实现的复杂化。另外，在计算机内存放的指令长度一般是字节的整数倍，所以操作码与地址码两部分长度之和应是字节的整数倍。

由此可见，操作码扩展技术是一种重要的指令优化技术，它可以缩短指令的平均长度，减少程序的总位数并增加指令字所能表示的操作信息。当然，扩展操作码比固定操作码译码要复杂，使控制器的设计难度增大，且需更多的硬件来支持。

表 5-1 指令出现概率与操作码长度的选择

指令	概率 P_i（%）	操作码	操作码长度/位
I_1	45	00	2
I_2	28	01	2
I_3	17	10	2
I_4	5	1100	4
I_5	3	1101	4
I_6	1	1110	4
I_7	1	1111	4

5.2.3　指令长度与字长的关系

字长是指计算机能直接处理的二进制数据的位数,它与计算机的功能有很大的关系,是计算机的一个重要技术指标。首先,字长决定了计算机的运算精度,字长越长,计算机的运算精度越高。因此,高性能的计算机字长较长,而性能较差的计算机字长相对要短一些。其次,地址码长度决定了指令直接寻址能力,若为 n 位,则可直接寻址 2^nB。这对于字长较短(8 位或 16 位)的微型机来说,远远满足不了实际需要。

扩大寻址能力的方法:一是通过增加机器字长来增加地址码的长度;二是采用地址扩展技术,把存储空间分成若干段,用基地址加位移量的方法(参见第 5.3 节寻址方式)来增加地址码长度。

指令的长度与机器的字长没有固定的关系,它既可以小于或等于机器的字长,也可以大于机器的字长。前者称为短格式指令,后者称为长格式指令。一条指令存放在地址连续的存储单元中。在同一台计算机中可能既有短格式指令又有长格式指令,但通常是把最常用的指令(如算术逻辑运算指令、数据传送指令等)设计成短格式指令,以便节省存储空间和提高指令的执行速度。

5.3　寻址方式

寻址方式是指根据指令中给出的地址码寻找操作数有效地址的方式。存储器既可用来存放数据,又可用来存放指令。因此,当某个操作数或某条指令存放在某个存储单元时,其存储单元的编号就是该操作数或指令在存储器中的地址。

由于参加运算的操作数可存放在 CPU 内部的寄存器中,也可存放在主存储器中,或者直接放在指令中,将放在指令中的操作数称作"立即数"。因此,总的说来,寻址方式分为寄存器寻址、存储器寻址和立即数寻址三大类。

各种计算机中采用的寻址方式多达几十种,本节仅讨论常用的几种寻址方式。

5.3.1　操作数的寻址方式

形成操作数的有效地址(E)的方法称为操作数的寻址方式。

例如,一种单地址指令的结构如图 5-2 所示。其中,用 X、I、D 各字段组成该指令的操作数地址。

操作码(OP)	变址(X)	间址(I)	形式地址(D)

图 5-2　单地址指令的结构

由于指令中操作数字段的地址码是由形式地址和寻址方式特征位等组合形成,因此,一般来说,指令中所给出的地址码(形式地址),并不一定是操作数的有效地址(E)。

形式地址(D)有时也称偏移量,它是指令字结构中给定的地址量。

在图 5-2 中，寻址方式特征位是由间址位和变址位组成。

如果这条指令无间址和变址的要求，那么形式地址就是操作数的有效地址（E）。如果指令中指明要变址或间址变换，那么形式地址就不是操作数的有效地址（E），而要经过指定方式的变换，才能形成有效地址（E）。

因此，寻址过程就是把操作数的形式地址变换为操作数的有效地址（E）的过程。

主要的寻址方式有以下几种。

1．隐含寻址

这种类型的指令并没有明显地给出操作数的地址，而是在指令中隐含着操作数的地址。有些单地址的指令格式，就不是明显地在地址字段中指出第二操作数的地址，而是规定累加寄存器（AC）作为第二操作数地址。指令格式明显指出的仅是第一操作数的地址（D）。因此，累加寄存器（AC）对单地址指令格式来说是隐含地址。

2．立即寻址

指令的地址字段指出的不是操作数的地址，而是操作数本身，这种寻址方式称为立即寻址，又称立即数寻址。立即寻址方式的特点是指令执行时间很短，因为它不需要访问内存取数，从而节省了访问内存的时间。单地址的移位指令格式如图 5-3 所示。

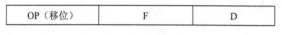

OP（移位）	F	D

图 5-3　单地址的移位指令格式

这里，D 不表示地址，而是一个操作数。F 为标志位，当 F=1 时，操作数右移；当 F=0 时，操作数左移。

3．直接寻址

直接寻址是一种基本的寻址方式，其特点是在指令格式的地址字段中直接指出操作数在内存的地址（D）。由于操作数的地址直接给出而不需要经过某种变换，所以称这种寻址方式为直接寻址。图 5-4 所示是直接寻址方式的示意图。

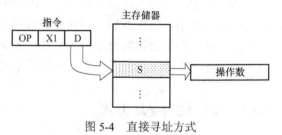

图 5-4　直接寻址方式

采用直接寻址方式时，指令字中的形式地址（D）就是操作数的有效地址（E），即 E=D。因此，此时通常把形式地址（D）又称为直接地址。

4．间接寻址

间接寻址是相对于直接寻址而言的，在间接寻址的情况下，指令地址字段中的形式地址（D）不是操作数的真正地址，而是操作数地址的指示器，或者说 D 单元里的内容才是操作数的有效地址（E）。图 5-5 给出了间接寻址方式的示意图。通常，在间接寻址情况下，由寻址特征位给予指示。如果把直接寻址和间接寻址结合起来，指令格式如图 5-6 所示。

图 5-5　间接寻址方式　　　　　　　图 5-6　直接寻址和间接寻址结合起来的指令格式

若寻址特征位 I=0，表示直接寻址，这时有效地址 E=D；若 I=1，则表示间接寻址，这时有效地址 E=（D）。

间接寻址方式是早期计算机中经常采用的方式，但由于需两次访存，影响指令执行速度，现在已不大使用。

5．寄存器寻址方式和寄存器间接寻址方式

当操作数不放在内存中，而是放在 CPU 的通用寄存器中时，可采用寄存器寻址方式。显然，此时指令中给出的操作数地址不是内存的地址单元号，而是通用寄存器的编号。指令结构中的 RR 型指令，就是采用寄存器寻址方式的例子。

寄存器间接寻址方式与寄存器寻址方式的区别在于，指令格式中的寄存器内容不是操作数而是操作数的地址，该地址指明的操作数在内存中。

6．相对寻址方式

相对寻址是把程序计数器（PC）的内容（当前指令的地址）加上指令格式中的形式地址（D）而形成操作数的有效地址（E）。"相对"寻址就是相对于当前的指令地址而言。采用相对寻址方式的好处是程序员无须用指令的绝对地址编程，因而所编程序可以放在内存中的任何地方。图 5-7 所示为相对寻址方式的示意图，此时形式地址（D）通常称为偏移量，其值可正可负，相对于当前指令地址进行的浮动。相对寻址方式的特征可由寻址模式 X3 指定。

7．基址寻址方式

在基址寻址方式中，将 CPU 中基址寄存器的内容加上指令格式中的形式地址（D）而形成操作数的有效地址（E），如图 5-8 所示。其中，寻址模式 X4 指出基址寻址方式的特征。

基址寻址方式的优点是可以扩大寻址能力。因为同形式地址相比，基址寄存器的位数可以设置得很长，从而可以在较大的存储空间中寻址。

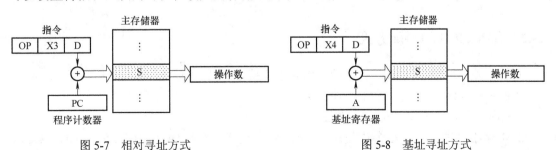

图 5-7　相对寻址方式　　　　　　　图 5-8　基址寻址方式

8．变址寻址方式

变址寻址方式与基址寻址方式计算有效地址的方法相似，它把 CPU 中某个变值寄存器的内容与偏移量（D）相加来形成操作数的有效地址。

使用变址寻址方式的目的不在于扩大寻址空间，而在于实现程序块的规律变化。为此，必须使变址寄存器的内容实现有规律的变化（如自增 1、自减 1、乘比例系数等）而不改变指令本身，从而使有效地址按变址寄存器的内容实现有规律的变化。

9．块寻址方式

块寻址方式经常用在输入/输出指令中，以实现外存储器或外围设备同内存之间的数据块传送。块寻址方式在内存中还可用于数据块搬家。

块寻址时，通常在指令中指出数据块的起始地址（首地址）和数据块的长度（字数或字节数）。如果数据块是定长的，只需在指令中指出数据块的首地址即可；如果数据块是变长的，可用以下三种方法指出它的长度：

1）在指令中划出字段指出长度。

2）指令格式中指出数据块的首地址与末地址。

3）由块结束字符指出数据块的长度。

块寻址的指令格式如图 5-9 所示。

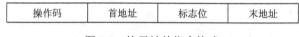

操作码	首地址	标志位	末地址

图 5-9　块寻址的指令格式

其中，标志位字段中的每一位可以有特定的意义。

10．段寻址方式

微型机中采用了段寻址方式。例如，它们可以给定一个 20 位的地址，从而有 $2^{20}B=1MB$ 存储空间的直接寻址能力，为此将整个 1MB 空间存储器以 64KB 为单位划分成若干段。在寻址一个内存具体单元时，由一个基地址再加上某些寄存器提供的 16 位偏移量来形成实际的 20 位物理地址。这个基地址就是 CPU 中的段寄存器。在形成 20 位物理地址时，段寄存器中的 16 位数会自动左移 4 位，然后与 16 位偏移量相加，即可形成所需的内存地址，如图 5-10 所示。这种寻址方式的实质还是基址寻址。

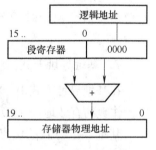

图 5-10　段寻址方式

5.3.2　奔腾 CPU 的寻址方式

奔腾的外部地址总线宽度是 36 位，但它也支持 32 位物理地址空间。

下面是对 32 位寻址方式做的说明（见表 5-2）：

1 立即数可以是 8 位、16 位、32 位。

2 寄存器寻址。一般指令或使用 8 位通用寄存器（AH，AL，BH，BL，CH，CL，DH，DL），或使用 16 位通用寄存器（AX，BX，CX，DX，SI，DI，SP，BP），或使用 32

位通用寄存器（EAX，EBX，ECX，EDX，ESI，EDI，ESP，EBP）。对 64 位浮点数进行操作，要使用一对 32 位寄存器。少数指令以段寄存器（CS，DS，ES，SS，FS，GS）来实施寄存器寻址方式。

表 5-2　奔腾的寻址方式

序　号	寻 址 名 称	有效地址 E 算法	说　明
1	立即	—	操作数在指令中
2	寄存器	—	操作数在寄存器中
3	直接	E=Disp	Disp 为偏移量
4	基址	E=(B)	B 为基址寄存器
5	基址+偏移量	E=(B) + Disp	B 为 32 位通用寄存器
6	比例变址+偏移量	E=(I)×S + Disp	I 为变址寄存器，S 为比例因子(1,2,4,8)
7	基址+变址+偏移量	E=(B) + (I)+ Disp	
8	基址+比例变址+偏移量	E=(B) + (I)×S + Disp	
9	相对	E=(PC) + Disp	PC 为程序计数器或当前指令指针寄存器

3 直接寻址。直接寻址也称偏移量寻址方式，偏移量长度可以是 8 位、16 位、32 位。

4 基址寻址。基址寄存器（B）可以是上述通用寄存器中的任何一个。基址寄存器（B）的内容为有效地址。

5 基址+偏移量寻址。基址寄存器 B 是 32 位通用寄存器中的任何一个。

6 比例变址+偏移量寻址。该寻址也称变址寻址方式，变址寄存器（I）是 32 位通用寄存器中除 ESP 外的任何一个，而且可将此变址寄存器内容乘以 1、2、4 或 8 的比例因子 S，然后再加上偏移量而得到有效地址。

7 和 8 两种寻址方式是 4 和 6 两种寻址方式的组合，此时偏移量可有可无。

9 相对寻址。该寻址方式适用于转移控制类指令。用当前指令指针寄存器（EIP 或 IP）的内容（下条指令地址）加上一个有符号的偏移量形成有效地址。

【例 5.1】一种二地址 RS（寄存器–存储器）型指令的结构如图 5-11 所示。

6 位		4 位	1 位	2 位	16 位
OP	—	通用寄存器	I	X	D

图 5-11　某种 RS 型指令的结构

其中，I 为间接寻址标志位，X 为寻址模式字段，D 为偏移量字段。通过 I、X、D 的组合，可构成表 5-3 所示的寻址方式。

表 5-3　例 5.1 的寻址方式

寻址方式	I	X	有效地址 E 算法	说　明
1)	0	00	E=D	
2)	0	01	E=（PC）± D	PC 为程序计数器
3)	0	10	E=（R2）± D	R2 为变址寄存器
4)	1	11	E=（R3）± D	
5)	1	00	E=（D）	
6)	0	11	E=（R1）± D	R1 为基址寄存器

请写出 6 种寻址方式的名称。

解：1）直接寻址　　　2）相对寻址　　3）变址寻址

4）寄存器间接寻址　　5）间接寻址　　6）基址寻址

【例 5.2】某 16 位机器所使用的指令格式和寻址方式如图 5-12 所示，该机有 2 个 20 位基值寄存器，4 个 16 位变址寄存器，16 个 16 位通用寄存器。指令格式中的 S（源）、D（目标）都是通用寄存器，M 是主存中的一个单元。三条指令的操作码分别是 $MOV(OP)=(A)_H$，$STA(OP)=(1B)_H$，$LDA(OP)=(3C)_H$。MOV 为传送指令，STA 为写数指令，LDA 为读数指令。要求：

1）分析三条指令的指令格式与寻址方式的特点。

2）CPU 完成哪一条指令所花费的时间最短?哪一条指令所花费的时间最长?第二条指令的执行时间有时会等于第三条指令的执行时间吗?

3）下列 4 种情况下每个十六进制指令字分别代表什么操作?其中如果有编码不正确的，如何改正才能成为合法指令?

①FOFlH　3CD2H　②2856H　③6FD6H　④1C2H

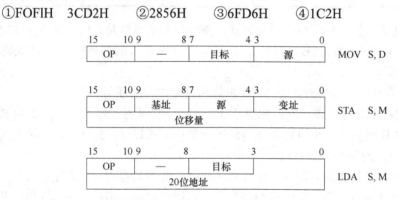

图 5-12　例 5.2 的指令格式和寻址方式

解：

1）第一条指令是单字长二地址指令，RR 型；第二条指令是双字长二地址指令，RS 型，其中 S 采用基址寻址或变址寻址，R 由源寄存器决定；第三条也是双字长二地址指令，RS 型，其中 R 由目标寄存器决定，S 由 20 位地址(直接寻址)决定。

2）处理器完成第一条指令所花费的时间最短，因为是 RR 型指令，不需要访问存储器。第二条指令所花费的时间最长，因为是 RS 型指令，需要访问存储器，同时要进行寻址方式的变换运算(基值或变址)，这也需要时间。第二条指令的执行时间不会等于第三条指令，因为第三条指令虽然也访问存储器，但节省了求有效地址运算的时间开销。

3）根据已知条件 MOV(OP)=001010，STA(OP)=011011，LDA(OP)=111100，将指令的十六进制格式转换成二进制代码且比较后可知：

① F0FlH　3CD2H 代表 LDA 指令，编码正确，其含义是把主存 3CD2H 地址单元的内容取至 15 号寄存器。

② 2856H 代表 MOV 指令，编码正确，含义是把 5 号源寄存器的内容传送至 6 号目标寄存器。

③ 6FD6H 是单字长指令，一定是 MOV 指令，但编码错误，可改正为 28D6H。

④ 1C2H 是单字长指令，代表 MOV 指令，但编码错误，可改正为 28C2H。

【例 5.3】某计算机有变址、间接、相对寻址方式，设当前指令的地址码为 001AH，正在执行的指令地址为 1F05H，变址寄存器的内容为 23A0H，地址表见表 5-4。当执行取数指令时，问：

1）若为变址寻址，取出的数是什么？

2）若为间接寻址，取出的数是什么？

3）若为相对寻址，取出的数是什么？

表 5-4　例 5.3 的地址表

地　址	内　容	地　址	内　容
001AH	23A0H	23A0H	2600H
1F05H	2400H	23BAH	1748H
1F1FH	2500H		

解：1）若是变址寻址，EA=23A0H+001AH=23BAH，对应取出的操作数查表 5-4 可得 (23BAH)=1748H。

2）若是间接寻址，EA=(001AH)=23A0H，所以取出的操作数为(23A0H)=2600H。

3）若是直接寻址，EA=1F05H，所以取出的操作数为(1F05H)=2400H。

5.4　指令类型

指令系统决定了计算机的基本功能，因此指令系统的设计是计算机系统设计中的一个核心问题。它不仅与计算机的硬件结构紧密相关，而且直接影响编写操作系统和编写编译程序的难易程度。因此，设计一个合理而又有效的指令系统是至关重要的，它对机器的性能价格比有很大的影响。

一台计算机的指令系统通常有几十条至几百条指令，按其所完成的功能可分为数据传送类指令、运算类指令、程序控制类指令、输入/输出类指令等。

1. 数据传送类指令

数据传送类指令主要用于实现寄存器与寄存器之间、寄存器与主存单元之间以及两个主存单元之间的数据传送。数据传送类指令又可以进一步细分。

（1）一般传送指令　一般传送指令（MOV）具有数据复制的性质，即数据从源地址传送到目的地址，而源地址中的内容保持不变。传送通常以字节、字、双字或数组为单位，特殊情况下也能按位为单位进行传送。

（2）堆栈操作指令　堆栈操作指令是一种特殊的数据传送指令，分为进栈（PUSH）和出栈（POP）两种。因为堆栈（指软堆栈）是主存的一个特定区域，所以对堆栈的操作也就是对存储器的操作。

（3）数据交换指令　上述指令的传送都是单方向的，然而，数据传送也可以是双方向的，即将源操作数与目的操作数（一个字节或一个字）相互交换位置。

2. 运算类指令

（1）算术运算指令　算术运算指令主要用于进行定点和浮点运算。这类运算包括加、减、乘、除，以及加1、减1、比较等，有些机器还有十进制算术运算指令。

绝大多数算术运算指令都会影响到状态标志位，通常的标志位有进位、溢出、全零、正负和奇偶等。

（2）逻辑运算指令　一般计算机都具有与、或、非、异或等逻辑运算指令。这类指令在没有设置专门的位操作指令的计算机中常用于对数据字（字节）中某些位（一位或多位）进行操作。

（3）移位指令　移位指令分为算术移位、逻辑移位和循环移位三类，它们又可分为左移和右移两种。

算术移位的对象是带符号数，在算术移位的过程中必须保持操作数的符号不变。左移一位，数值×2，右移一位，数值÷2。

逻辑移位的对象是没有数值含义的二进制代码，因此移位时不必考虑符号的问题。

循环移位又按进位位是否一起循环分为小循环（不带进位循环）和大循环（带进位循环）。

3. 程序控制类指令

程序控制类指令用于控制程序的执行方向，并使程序具有测试、分析与判断的能力。

（1）转移指令　在程序的执行过程中，通常采用转移指令来改变程序的执行方向。转移指令又分无条件转移指令和条件转移指令两种。

1）无条件转移指令（JMP）不受任何条件的约束，直接把程序转到新的位置执行。

2）条件转移指令必须受到条件的约束，若条件满足时才转到新的位置执行，否则程序仍顺序执行。

无论是条件转移还是无条件转移都需要给出转移地址。若采用相对寻址方式，转移地址为当前指令地址（即 PC 的值）和指令中给出的位移量之和，即(PC)+位移量→PC；若采用绝对寻址方式，转移地址由指令的地址码直接给出，即 A→PC。

转移的条件以某些标志位或这些标志位的逻辑运算作为依据，单个标志位的条件转移指令的转移条件是上次运算结果的某些标志，如进位标志、结果为零标志、结果溢出标志等，而用于无符号数和带符号数的条件转移指令的转移条件则是上述标志位逻辑运算的结果。

无符号数之间的大小比较后的条件转移指令和带符号数之间的大小比较后的条件转移指令有很大不同。带符号数间的次序关系称为大于（G）、等于（E）和小于（L）；无符号数间的次序关系称为高于（A）、等于（E）和低于（B）。

（2）子程序调用指令　子程序是一组可以公用的指令序列，只要知道子程序的入口地址就能调用它。从主程序转向子程序的指令称为子程序调用指令（CALL）；而从子程序转向主程序的指令称为返回指令（RET）。主程序和子程序是相对的概念，调用其他程序的程序是主程序；被其他程序调用的程序是子程序。

子程序调用指令和转移指令都可以改变程序的执行顺序，但两者存在着很大的差别：转移指令转移到指令中给出的转移地址处执行指令，不存在返回要求，没有返回地址问题；而子程序调用指令必须以某种方式保存返回地址，以便返回时能找到原来的位置。转移指令用于实现同一程序内的转移；而子程序调用指令转去执行一段子程序，实现的是程序与程序之间的转移。

（3）返回指令　从子程序转向主程序的指令称为返回指令，其助记符一般为 RET。子程序的最后一条指令一定是返回指令。

返回地址存放的位置决定了返回指令的格式。如果返回地址保存在堆栈中，则返回指令是零地址指令；如果返回地址保存在某个主存单元中，则返回指令中必须是一地址指令。

4．输入/输出类指令

输入/输出（I/O）类指令用来实现主机与外围设备之间的信息交换，包括输入/输出数据、主机向外设发控制命令或外设向主机报告工作状态等。从广义的角度看，I/O 指令可以归入数据传送类指令。

各种不同计算机的 I/O 指令差别很大，通常有两种：独立编址方式和统一编址方式。

（1）独立编址的 I/O 指令　所谓独立编址，就是把外设端口和主存单元分别独立编址。指令系统中有专门的 I/O 指令。以主机为基准，信息由外设传送到主机称为输入，反之称为输出。指令中需要给出外设端口地址。这些端口地址与主存地址无关，是另一个独立的地址空间。

（2）统一编址的 I/O 指令　所谓统一编址，就是把外设寄存器和主存单元统一编址。指令系统中没有专门的 I/O 指令，就用一般的数据传送类指令来实现 I/O 操作。

5.5　CISC 和 RISC

1．CISC

随着 VLSI 技术的发展，计算机的硬件成本不断下降，软件成本不断提高，使得人们热衷于在指令系统中增加更多、更复杂的指令来提高操作系统的效率，并尽量缩短指令系统与高级语言的语义差别，以便高级语言的编译和降低软件成本。另外，为了做到程序兼容，同一系列计算机的新机型和高档机的指令系统只能扩充而不能减去，从而也使得指令系统越来越复杂，某些计算机的指令多达几百条。这些计算机被称为复杂指令系统计算机（complex instruction set computer，CISC）。Intel 公司的 80X86 微处理器，IBM 公司的大、中型计算机均为 CISC。

但是，日趋庞大的指令系统不但使计算机的研制周期变长，而且增加了调试和维护的难度，还可能降低系统的性能。

2．RISC 的产生与发展

（1）RISC 的产生　1975 年，IBM 开始研究指令系统的合理性问题，IBM 的 John Cocke 提出精简指令系统的想法。后来美国加州伯克莱大学研制的 RISC Ⅰ和 RISC Ⅱ机、斯坦福大学研制的 MIPS 机为精简指令系统计算机（reduced instruction set computer，RISC）的诞生与发展起了很大作用。

复杂的指令系统必然增加硬件实现的复杂性及设计失误的可能性，并且由于复杂指令需要进行复杂的操作，与功能较简单的指令同时存在于机器中，很难实现流水线操作，从而降低了机器的速度。

另外，将基于 CISC 技术的高档微型机的全部硬件集成在一个芯片上或将大、中型机的 CPU 装配在一块板上很难，而对电路的延迟时间来讲，芯片内部、芯片之间与插件板之间的电路，其延迟时间差别很大，这也会影响 CISC 的速度。

由于以上原因，终于产生了不包含复杂指令的 RISC。

（2）RISC 的发展　从技术发展的角度来讲，CISC 技术已很难再有突破性的进展，要想大幅度提高性能价格比也已很困难。而 RISC 技术是在 CISC 基础上发展起来的，且发展势头迅猛。正因为看到这一点，在 CISC 市场上占有率最高的 Intel 和 Motorola 也进军了 RISC 领域。例如，IBM、Motorola 和 Apple 联合开发了 Power PC 芯片，HP 和 Intel 联合开发了代号为 Merced 的微处理器芯片。在中、高档服务器中采用 RISC 指令的 CPU 主要有 Compaq（康柏，即新惠普）的 Alpha、HP 的 PA-RISC、IBM 的 Power PC、MIPS 的 MIPS 和 SUN 的 Sparc。

3. RISC 的特点

RISC 是在继承 CISC 的成功技术并克服 CISC 的缺点的基础上产生并发展起来的。大部分 RISC 具有以下一些特点：

1）优先选取使用频率最高的一些简单指令，以及一些很有用但不复杂的指令，避免复杂指令。

2）指令长度固定，指令格式种类少，寻址方式种类少。指令之间各字段的划分比较一致，各字段的功能也比较规整。

3）只有取数和存数指令访问存储器，其余指令的操作都在寄存器之间进行。

4）CPU 中通用寄存器数量多。算术逻辑运算指令的操作数都在通用寄存器中存取。

5）以硬布线控制逻辑为主，不用或少用微码控制。

6）一般用高级语言编程，特别重视编译优化工作，以减少程序执行时间。

RISC 概念的首创者——约翰·科克

约翰·科克（John Cocker）是美国工程院院士，应用著名的"二八定律"（即帕累托法则，只有 20%简单的指令是经常使用的，而其余 80%的复杂指令却很少使用），构建 RISC 技术的设计基础。RISC 的两大核心技术是指令的并行执行和编译优化。科克对编译器的代码生成技术进行了深入研究，提出了一系列的优化方法，如过程的集成、循环的变换、寄存器的定位、存储单元重用等，从而大大提高了编译器的质量，并使编译技术发展到了一个新阶段。据此，1987 年度的图灵奖授予了约翰·科克。

本 章 小 结

一台计算机中所有机器指令的集合，称为这台计算机的指令系统。指令系统是表征计算机性能的重要因素，它的格式与功能不仅直接影响到机器的硬件结构，而且也影响到系统软件。

指令格式是指令字用二进制代码表示的结构形式,通常由操作码字段和地址码字段组成。操作码字段表征指令的操作特性与功能,而地址码字段指示操作数的地址。目前多采用二地址、单地址、零地址混合方式的指令格式。指令字长度分为单字长、半字长、双字长三种形式。高档微型机中目前多采用 32 位长度的单字长形式。

形成操作数地址的方式称为数据寻址方式。操作数可放在专用寄存器、通用寄存器、内存和指令中。数据寻址方式有隐含寻址、立即寻址、直接寻址、间接寻址、寄存器寻址、寄存器间接寻址、相对寻址、基值寻址、变址寻址、块寻址、段寻址等多种。

不同机器有不同的指令系统。一个较完善的指令系统应当包含数据传送类指令、运算类指令、程序控制类指令、输入/输出类指令等。

RISC 指令系统是 CISC 指令系统的改进,它的最大特点是:指令条数少;指令长度固定,指令格式和寻址方式种类少;只有取数和存数指令访问存储器,其余指令的操作均在寄存器之间进行。

习 题 5

1. 某指令系统指令长 16 位,每个操作数的地址码长 6 位,指令分为无操作数、单操作和双操作数三类。若双操作数指令有 K 条,无操作数指令有 L 条,问单操作数指令最多可能有多少条?

2. ASCII 码是 7 位,如果设计主存单元字长为 32 位,指令字长为 12 位,是否合理?为什么?

3. 基址寄存器的内容为 2000H(H 表示十六进制),变址寄存器内容为 03A0H,指令的地址码部分是 3FH,当前正在执行的指令所在地址为 2B00H,请求出变址编址(考虑基址)和相对编址两种情况的访存有效地址(即实际地址)。

4. 设某指令系统指令定长 12 位,每个地址段 3 位,试提出一种分配方案,使该指令系统有 4 条三地址指令、8 条二地址指令、180 条一地址指令。

5. 某计算机指令长度在 1~4B 内变化,CPU 与存储器之间数据传送宽度为 32 位,每次取出 1 字(32 位)。请问如何知道该字包含多少条指令呢?

6. 已知奔腾微处理器各段寄存器的内容如下:DS=0800H,CS=1800H,SS=4000H,CS=3000H。Disp 字段的内容为 2000H。请计算:

(1)执行 MOV 指令,且已知为直接寻址,请计算有效地址。

(2)IP(指令指针)的内容为 1440,请计算出下一条指令的地址(假设顺序执行)。

(3)将某寄存器内容直接送入堆栈,请计算出接收数据的存储器地址。

7. 在下面有关寻址方式的叙述中,选择正确答案填入。

根据操作数所在位置,指出其寻址方式:

(1)操作数在寄存器中称为_____寻址方式。

(2)操作数地址在寄存器中称为_____寻址方式。

(3)操作数在指令中称为_____寻址方式。

（4）操作数地址(主存)在指令中称为_____寻址方式。

（5）操作数的地址为某一寄存器中的内容与位移量之和则可以是_____、_____、_____寻址方式。

①直接 ②寄存器 ③寄存器间接 ④基址 ⑤变址 ⑥相对 ⑦堆栈 ⑧立即数

8．已知在 8086/8088 中：(SS)=0915H，(DS)=0930H，(SI)=0A0H，(DI)=1C0H，(BX)=80H，(BP)=470H。

现有一条指令"MOV AX，OPRD"，如源操作数的物理地址为 095CH，试用四种不同的寻址方式改写该指令（要求上述每个条件至少要使用一次）。

9．试论述指令兼容的优缺点。

10．讨论 RISC 和 CISC 在指令系统方面的主要区别。

第 6 章

中央处理器

计算机的硬件系统由控制器、运算器、存储器、输入设备和输出设备五部分组成。随着集成电路的出现及其集成度的提高，设计者将控制器和运算器集成在一片集成电路上，称作微处理器，通常称之为中央处理器（central processing unit，CPU）。CPU 是计算机的核心部件。

本章从分析 CPU 的功能和内部结构入手，分析讨论机器完成一条指令的全过程，以及为了进一步提高数据的处理能力、开发系统的并行性所采取的流水技术。

6.1 CPU 概述

6.1.1 CPU 的功能

在使用计算机解决某个问题的时候，首先必须编写对应的程序。程序本身就是一个指令序列，这个序列直接告诉计算机应该执行什么操作，在什么地方找到用来操作的数据。当把程序载入内存储器以后，就可以由计算机部件自动完成取指令和执行指令的操作。按照一定的时序控制计算机完成这一系列操作，并发出对应的控制命令的部件就称为中央处理器（CPU）。

CPU 对于整个计算机系统的运行是非常重要的，它主要具有以下一些基本功能：

（1）指令控制　若要计算机解决某个问题，程序员就要编制解题程序，而程序是指令的有序集合。按照"存储程序"的概念，程序被装入主存后，计算机即可自动地完成取指令和执行指令的任务。因此，严格控制程序中指令的执行顺序，才能保证计算机系统工作的正确性，这是 CPU 的首要任务。

（2）操作控制　一条指令的功能往往是由计算机中的部件执行一系列的操作来实现的。CPU 要根据指令的功能，产生相应的操作控制信号，发给相应的部件，从而控制这些部件按指令的要求进行动作。控制这些部件协同工作，要靠各种操作信号的有机配合。因此，CPU 产生操作信号传送给被控部件，并能检测各个部件发送的信号，是协调各个工作部件按指令要求完成规定任务的基础。

（3）时序控制　要使计算机有条不紊地工作，对各种操作信号的产生时间、稳定时间、撤销时间及相互之间的关系都应有严格的要求。对操作信号施加时间上的控制，称为时序控制。只有严格的时序控制，才能保证各功能部件组合构成有机的计算机系统。

（4）数据加工处理　要完成具体的任务，就需要在前三种控制的条件下，进行数值数据的算术运算、逻辑变量的逻辑运算，以及其他非数值数据（如字符、字符串）的处理，并将处理结果送到指令规定的地方存储。数据加工处理是完成程序功能的基础，是 CPU 的根本任务。

（5）异常事件处理　在程序的正常运行过程中，可能出现机器本身的异常情况，如掉电、复位、以零作除数等，也可能有外围设备要求紧急处理，如键盘中断等情况，这时 CPU 必须具有以某种方式，如中断处理的方式，停下当前执行的程序，转而处理突发重要事件的能力。

6.1.2 CPU 的组成

CPU 由运算器和控制器两大部分组成，这两部分功能不同，但工作配合密切。图 6-1 是 CPU 主要组成部件逻辑结构示意图。

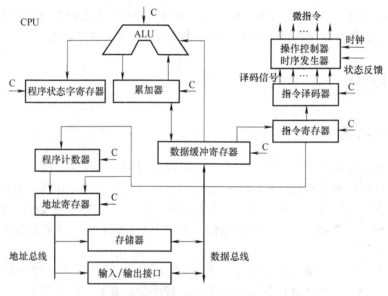

图 6-1　CPU 主要组成部件逻辑结构示意图

1. 控制器

控制器由程序计数器（PC）、地址寄存器（AR）、指令寄存器（IR）、指令译码器（ID）、时序发生器和操作控制器等部分组成。控制器是协调和指挥整个计算机系统工作的"决策机构"。

控制器的任务主要是指挥和控制 CPU、主存及输入/输出部件之间的数据流动方向。

2. 运算器

运算器由算术逻辑单元（ALU）、累加器（AC）、数据缓冲寄存器（DR）和程序状态字寄存器（PSWR）组成，它是进行数据加工处理的部件。运算器接受控制器的命令完成具体的数据加工任务。运算器对累加器和数据缓冲寄存器的内容进行算术运算或逻辑运算，运算的结果保存到累加器中，并建立相应的状态标志存放到程序状态字寄存器中。运算器的工作原理已在前面章节中做了介绍，这里不再重复。本章重点介绍控制器。

6.1.3　CPU 中的主要寄存器

CPU 中的寄存器是用来暂时保存运算和控制过程中的中间结果、最终结果、控制信息和状态信息的。它可分为通用寄存器和专用寄存器两大类。

1. 通用寄存器

通用寄存器可用来存放原始数据和运算结果，有的还可以用作变址寄存器、计数器、地址指针等。现代计算机为了减少访问存储器的次数，提高运算速度，往往在 CPU 中设置大量的通用寄存器，少则几个，多则几十个，甚至上百个。通用寄存器一般由程序编址访问。

累加寄存器（AC）简称累加器，也是一个通用寄存器，它用来暂时存放 ALU 运算的结果信息。从图 6-1 可以看出，它的信息来源于数据缓冲寄存器或算术逻辑单元（ALU），它的数据出口是 ALU。因此，累加器为 ALU 提供一个操作数，并用来保存操作的结果。ALU 最基本的操作是加法，这就是累加器名称的由来。运算器中至少要有一个累加寄存器。

2. 专用寄存器

专用寄存器是专门用来完成某一种特殊功能的寄存器。CPU 中至少要有以下五个专用寄存器：程序计数器、指令寄存器、数据缓冲寄存器、地址寄存器和程序状态字寄存器。

（1）程序计数器（PC）　为了保证程序按其指令序列执行下去，必须对下一条指令进行跟踪，以便取得下一条指令。当 CPU 取得当前要执行的指令后，通过修改程序计数器中的值来确定下一条指令在主存中的存放地址。因此，程序计数器又称为指令计数器，用来存放正在执行的指令地址或者接着要执行的下一条指令地址。

程序计数器值的修改分两种情况：一是顺序执行指令的情况，二是分支转移指令的执行情况。当 CPU 顺序执行指令时，程序计数器值的修改较为简单。若当前取得的指令是单字节指令，即将程序计数器的值加 1，即（PC+1→PC）；若当前取得的指令是双字节指令，即将程序计数器的值加 2，即（PC+2→PC），……，如果当前取得的指令是 n 字节，则将程序计数器的值加 n。

在执行分支转移指令时，由分支转移指令的寻址方式确定下一条指令在主存中的地址。若分支转移指令的寻址方式是相对寻址，则程序计数器的值修改为当前地址加上相对偏移量；若分支转移指令的寻址方式是绝对寻址，则将转移指令中的绝对转移地址送给程序计数器；当执行间接寻址方式的分支转移指令时，程序计数器的值从指令指定的寄存器或主存存储单元中提取。

（2）指令寄存器（IR）　指令寄存器用来存放从存储器中取出的指令。当指令从主存取出存于指令寄存器之后，在执行指令的过程中，指令寄存器的内容不允许发生变化，以保证实现指令的全部功能。

（3）数据缓冲寄存器（DR） 数据缓冲寄存器用来存放 CPU 从主存读出的一条指令或一个数据字；反之，当 CPU 要将数据传送给主存时，也先将数据保存到数据缓冲寄存器中。缓冲寄存器的作用是，作为 CPU 与主存、外围设备之间的信息中转站，对数据起缓冲作用，补偿 CPU 与主存、外围设备之间的操作时间差异。同时，缓冲寄存器也为算术逻辑部件提供另一个操作数。

（4）地址寄存器（AR） 地址寄存器用来保存当前 CPU 所要访问的主存单元或 I/O 端口的地址。当 CPU 要对存放在主存或外围设备的信息进行存取时，就存在着地址的定位问题。地址定位是通过 CPU 将地址寄存器中的地址信息传送到地址总线上，再由主存中的地址译码电路实现对要访问的主存单元定位。在对主存或 I/O 端口内的信息存取过程中，地址信号必须是稳定的。因此，地址信息要由一个寄存器来保存，这个寄存器就是地址寄存器。

（5）程序状态字寄存器（PSWR） 程序状态字寄存器又称为状态标志寄存器，用来保存执行算术运算指令、逻辑运算指令及各类测试指令时自动产生的状态结果，为后续指令的执行提供判断条件。程序状态字主要包括两部分内容：一是状态标志，如运算结果进位标志、运算结果为零标志、运算结果溢出标志等，大多数指令的执行将会影响到这些标志位；二是控制标志，如中断允许标志、陷进标志、方向标志等。

6.1.4 操作控制器

从上面的叙述可知，CPU 中的六类主要寄存器，每一类完成一种特定的功能。然而，信息怎样才能在各寄存器之间传送呢？也就是说，数据的流动是由什么部件控制的呢？

通常把许多寄存器之间传送信息的通路，称为数据通路。信息从什么地方开始，中间经过哪个寄存器或多路开关，最后传送到哪个寄存器，都要加以控制。在各寄存器之间建立数据通路的任务，是由称为操作控制器的部件来完成的。操作控制器的功能就是根据指令操作码和时序信号，产生各种操作控制信号，以便正确地建立数据通路，从而完成取指令和执行指令的控制。

根据设计方法的不同，操作控制器可分为组合逻辑型、存储逻辑型、组合逻辑和存储逻辑结合型三种。第一种称为硬布线控制器，它是采用时序逻辑技术来实现的；第二种称为微程序控制器，它是采用存储逻辑实现的；第三种是可编程逻辑阵列（PLA）控制器，是吸收前两种方法的设计思想来实现的。本章主要介绍微程序控制器和硬布线控制器。

操作控制器产生的信号必须定时。因此，必须有时序信号产生器。由于计算机高速地进行工作，每一个动作的时间是非常严格的，不能有任何差错。时序信号产生器的作用就是对各种操作信号实施时间上的严格控制。

在 CPU 中除了上述组成部分外，还有中断系统、总线接口等其他功能部件，这些内容将在后面的章节中介绍。

6.2 指令的执行过程

在计算机内运行的程序必须事先经输入设备输入到主存储器中，任何一条机器指令必须从主存储器中取出才能被执行,因此指令的执行过程应从取指令开始到执行完指令功能为止。

6.2.1 三个周期的概念

CPU 要执行的指令及处理的数据均存放在主存中,指令和数据都以二进制编码表示,因此从形式上,数据和指令很难区别。然而,CPU 却能区分出哪些是指令,哪些是数据,并能根据指令的操作要求对数据实现处理。CPU 之所以能自动地执行指令,是因为它能按程序中的指令序列取指令,并对指令进行译码、执行。

CPU 取指令和执行指令的序列如图 6-2 所示。计算机之所以能自动地工作,是因为 CPU 能从存放程序的主存里取出一条指令,然后译码、执行,紧接着又取下一条指令,译码、执行……如此周而复始,直至遇到停机指令或外来的干预为止。

图 6-2 CPU 取指令和执行指令的序列

CPU 每进行一种操作,都要有时间的开销,即 CPU 取指令、译码、执行需要一定的时间,这一系列操作的时间称为**指令周期**。指令周期指的是 CPU 从主存中取出一条指令、分析译码到执行完这条指令所需的全部时间。不同的指令所需要的操作功能不相同,有的复杂,有的简单,因此它们的操作周期不尽相同。例如,一条寄存器间接寻址的数据传送指令的指令周期与一条从主存取数指令的指令周期是不同的。

指令周期常常用机器周期数来表示,**机器周期**又称 **CPU 周期**。通常把一个指令周期划分为若干个机器周期,每个机器周期完成一个基本操作。

不同的指令周期中所包含的机器周期数差别可能很大。由于 CPU 内部的操作速度较快,CPU 访问主存所花的时间较长,因此通常用从主存中读取一条指令的最短时间来规定机器周期。这就是说,取指令阶段所需的时间为一个机器周期。执行一条速度最快的指令的时间,也需要一个机器周期。因此,一条指令的指令周期,至少需要两个机器周期:取指令周期和执行周期。对于一些操作相对复杂的指令,则需更多的机器周期。

在一个机器周期内,要完成若干个微操作。这些微操作有的可以同时进行,有的则要按先后次序串行执行。因而,需要把一个机器周期分为若干个相等的时间段,每一个时间段对应一个电位信号,称为**节拍电位信号**,也叫**时钟周期**。节拍的宽度取决于 CPU 完成一次微操作的时间。一个机器周期又包含若干个时钟周期。时钟周期为时钟频率的倒数,也可称为节拍脉冲或 T 周期,是处理操作的最基本单位。

如果指令执行时间的节拍数与取指令的节拍数相同,即称之为定长机器周期。定长机器周期组成的指令周期示意图如图 6-3 所示。

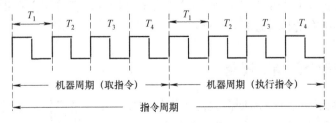

图 6-3 定长机器周期组成的指令周期

根据指令操作的复杂程度不同，各种指令所需的机器时间也不同。为了提高指令的执行速度，有的计算机采用不定长的机器周期，从而可以缩短指令的执行时间。不定长的机器周期示意图如图 6-4 所示。

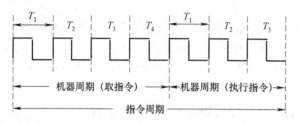

图 6-4　不定长机器周期组成的指令周期

概括地说，一个指令周期由若干个机器周期（CPU 周期）组成，所有指令周期的第一个机器周期都为取指令周期，每个机器周期又由若干个节拍（也称为时钟周期）组成。根据指令操作的复杂程度不同，各种指令所需的机器周期也不相同。

表 6-1 列出了由四条典型指令组成的一个简单程序。

表 6-1　四条典型指令组成的程序

指令地址（八进制）	指令内容（八进制）	助　记　符
020	250 000	CLA
021	030 030	ADD　30
022	021 031	STAI　31
023	140 021	JMP　21
024	000 000	HLT
…	…	
030	000 006	
031	000 040	
…	…	
040	xxx xxx　；　结果数据	

这四条指令的寻址方式不同，非常典型，有助于对指令周期概念的理解。第一条指令 CLA 的功能是将累加器清零，属非访主存指令；第二条指令 ADD 的功能是实现加法，是一条直接访主存指令；第三条指令 STAI 实现存数操作，属间接访主存指令；第四条指令 JMP 是转移控制指令。

下面通过对这四条指令的分析，来阐述非访主存指令、直接访主存指令、间接访主存指令以及转移控制指令的执行过程。

6.2.2　非访主存指令的指令周期

一条非访主存指令的指令周期需要两个机器周期：第一个机器周期用来进行取指令和译码操作；第二个机器周期用于指令的执行操作。

在取指令阶段，CPU 完成下列三个操作：

1）从主存中取出指令。

2）程序计数器（PC）的值加 1 送 PC，以便确定下一条指令在主存的地址。

3）对取得的指令的操作码进行译码，确定该指令的操作。

在执行指令阶段，CPU 根据译码器输出的结果，进行该指令的操作。非访主存指令的执行过程如图 6-5 所示。

CPU 内部寄存器之间的数据传送、累加器的内容取反、清零等操作指令都属于非访主存

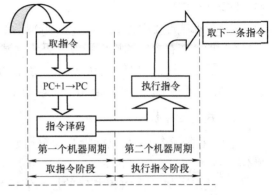

图 6-5　非访主存指令的执行过程

指令。其他一些零地址格式的指令也属非访主存指令，它们都在两个机器周期内完成操作。

1. 取指令译码阶段

假定表 6-1 所示的程序已经装入主存，PC 当前的值为 020（为了方便论述用八进制表示）。第一条非访主存指令 CLA 的取指令译码操作过程的示意图如图 6-6 所示。

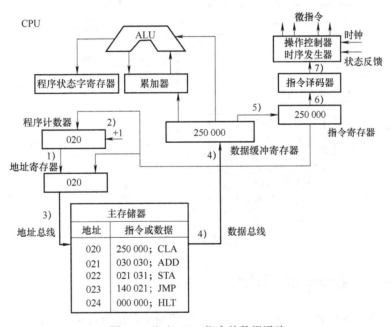

图 6-6　取出 CLA 指令的数据通路

该操作可分解为以下几个步骤：

1）把程序计数器的值 020 送入地址寄存器中，即 PC→AR。

2）程序计数器的值自加 1，变成 021，指向下一条指令的存放地址，为取得下一条指令做好准备，即(PC)+1→PC。

3）将地址寄存器的内容送到地址总线上，即 AR→ABUS。

4）所选主存地址为 020 的单元内容 250 000 经过数据总线，传给数据缓冲寄存器，即

M→DBUS→DR。

5）数据缓冲寄存器的内容 250 000 送给指令寄存器，即 DR→IR。

6）指令寄存器中的操作码被译码或测试。

7）经过译码，CPU 识别出这是一条非访主存 CLA 指令。

至此，第一个机器周期取指令阶段结束。

2. 执行指令阶段

非访主存指令 CLA 执行阶段的数据通路如图 6-7 所示。在此阶段 CPU 完成下列两项操作：

1）操作控制器送 CLA 相应的控制信号给 ALU。

2）ALU 响应该控制信号，将累加器的内容清零，即 0→AC。

至此，CLA 指令的执行阶段结束。

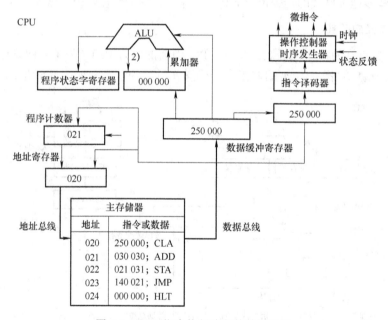

图 6-7　CLA 指令执行阶段的数据通路

6.2.3　直接访主存指令的指令周期

见表 6-1，第二条指令为 ADD 指令，是直接访问主存指令。ADD 指令由三个机器周期组成：第一个机器周期为取指令阶段，第二个机器周期进行送操作数地址，第三个机器周期进行取操作数和执行加法操作。其指令周期如图 6-8 所示。

在取得前一条指令 CLA 后，PC 的值已经加 1，修改为 021，指向当前指令在主存的存放地址。因此，当前取得的指令是 021 单元的内容，为 030 030（ADD 030 指令的机器码）。同样，取得指令后，PC 的值自动加 1，改为 022，指向下一条指令在主存中存放的单元地址，为取第三条指令做好准备。然后，由译码器译码得出该指令的功能，即将累加器的内容和主存 030 单元的内容相加。这条指令的第一个机器周期也就是取指令阶段，包括后面几条指令的第一个机器周期执行过程与上述 CLA 指令的第一个机器周期相同，这里不再重复，主要介绍后两个机器周期。

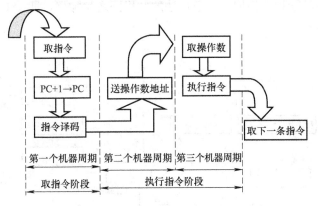

图 6-8 直接访主存指令的指令周期

1. 送操作数地址

图 6-8 中第二个机器周期主要完成送操作数地址的操作。在此阶段，CPU 的动作只有一个，即将指令中的操作数地址 030 送地址寄存器，即 IR→AR。其数据通路如图 6-9 所示。

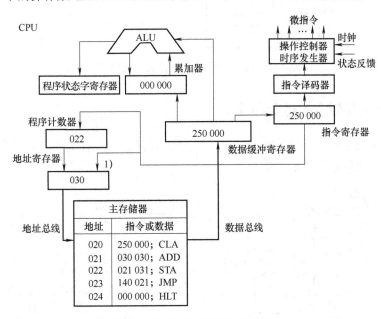

图 6-9 送操作数地址的数据通路

2. 取操作数和执行指令

图 6-8 中第三个机器周期主要是取操作数并完成加法操作，其数据通路如图 6-10 所示。

1）将地址寄存器的内容 030 通过地址总线发出，即 AR→ABUS。

2）将主存地址为 030 的单元内容 000 006 读出，经数据总线送数据缓冲寄存器，即 M→DBUS→DR。

3）执行加法运算。数据缓冲寄存器为 ALU 提供一个操作数 000 006，即 DR→ALU；累加器为 ALU 提供另一个操作数 000 000。

4）两个操作数经 ALU 相加，并把加法的结果回送累加器，即 ALU→AC。此时，累加器的内容为 000 006。

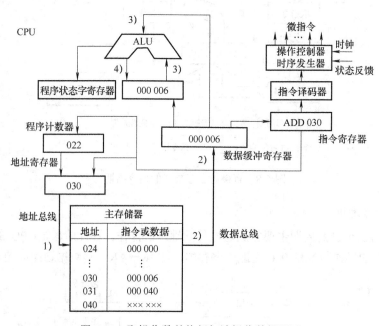

图 6-10　取操作数并执行加法操作数据通路

6.2.4　间接访主存指令的指令周期

表 6-1 的第三条指令为 STAI 指令，这是一条间接访问主存的指令。这条指令由四个机器周期组成，如图 6-11 所示。

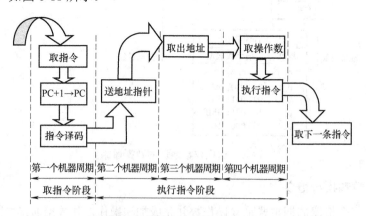

图 6-11　间接访主存指令的指令周期

其中，第一个机器周期仍为取指令阶段，即将当前 PC 所指的主存单元的指令 STAI 31（机器码为 021 031）取出并译码，PC 的值加 1，指向下一条指令的存放单元地址。第三条指令的第一个机器周期与前两条相同，后三个机器周期说明如下。

1．送地址指针

在图 6-11 的第三个机器周期中，CPU 完成的操作是将指令中的地址码 031 送给地址寄存器，即 IR→AR。其中数字 031 不是操作数的地址，而是操作数地址的地址（间接地址），或者说是操作数地址的指针。其数据通路与图 6-9 完全相同。

2．取操作数地址

在图 6-11 的第三个机器周期中，CPU 完成从主存中取出操作数地址的操作。其数据通路如图 6-12 所示。

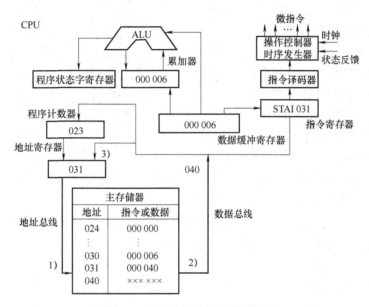

图 6-12　取操作数地址的数据通路

在此机器周期内，CPU 主要完成下列三个动作：

1）地址寄存器的内容（031）发送到地址总线，即 AR→ABUS。

2）地址为 031 的主存单元的内容（000 040）被读到数据总线上，即 M→DBUS。

3）把数据总线上的内容装入地址寄存器，于是 000 040 进入地址寄存器，替代原内容 031，即 DBUS→AR。

至此，操作数的地址 040 已被取出，并已装入地址寄存器。

3．存储结果

在图 6-11 的第四个机器周期中，CPU 完成下列动作（其数据通路不再画出）：

1）将累加器的内容（000 006）送给数据缓冲寄存器，即 AC→DR。

2）将地址寄存器的内容（040）发送到地址总线上，040 是数据"000 006"即将要存入的主存单元地址，即 AR→ABUS。

3）将数据缓冲寄存器的内容"000 006"发送到数据总线，即 DR→DBUS。

4）数据总线上的内容写入到所选的主存单元中，即将数据"000 006"写入地址为 040

的主存单元，即 DBUS→M。

至此，STAI 31 指令操作结束。

6.2.5 转移控制指令的指令周期

表 6-1 的第四条指令为 JMP 21，这是一条程序控制指令。它是无条件转移指令，即无条件地将 PC 的值修改为 021，从而使程序转移到 021 处执行，重复执行上述指令。

JMP 指令可以是直接寻址，也可以是间接寻址。在本例中，它是直接寻址。该指令只需两个机器周期，如图 6-13 所示。

第一个机器周期同样是取指令阶段。CPU 将 023 单元中的"JMP 21"指令取出，放入指令寄存器，同时 PC 的内容加 1，变为 024，为提取下一条指令做好准备。

第二个机器周期为执行阶段，在这个阶段，CPU 把指令寄存器中的地址码 021 送给

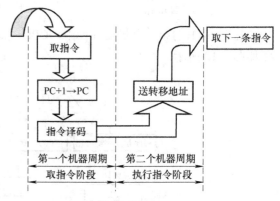

图 6-13 转移控制指令的指令周期

PC，从而代替了 PC 原来的内容 024，这样，下一条指令将不从 024 单元取出，而是从 021 单元取指令执行，这就改变了程序原来的执行顺序。

现在可以看出，上述四条指令构成的简单程序形成一个死循环，该程序的运行并无实际意义，仅仅是为了说明指令周期的操作而设计的一个例子。

6.2.6 指令周期流程图

上面通过画示意图或数据通路图介绍了四条典型指令的指令周期，从而对一条指令的取指令过程和执行过程有了一个较清晰的了解。然而在进行计算机设计时，如果用这种办法来表示指令周期，那就显得过于烦琐，而且也没有这种必要。

在进行计算机设计时，可以采用流程图来表示一条指令的指令周期。流程图中一个方框代表一个机器周期，方框中的内容表示数据通路的操作或某种控制操作。除了方框以外，还采用菱形符号来表示某种判别或测试，不过时间上它依附于紧接它的前面一个方框的机器周期，而不单独占用一个机器周期。

把前面的四条典型指令加以归纳，用流程图表示的指令周期如图 6-14 所示。可以看到，所有指令的取指令阶段是完全相同的，都占用一个机器周期。但是指令的执行阶段，由于各指令的功能不同，所用的机器周期是各不相同的，其中 CLA、JMP 指令是一个机器周期，ADD 是两个机器周期，而 STAI 指令是三个机器周期。流程图中 DBUS 代表数据总线，ABUS 代表地址总线，RD 代表主存读命令，WE 代表主存写命令。

图 6-14 中，还有一个"～"符号，被称为公操作符号。这个符号表示一条指令已经执行完毕，转入公操作。所谓公操作，就是一条指令执行完毕后，CPU 要开始进行的操作。

这些操作主要是 CPU 对外设请求的处理，如中断处理、通道处理等。如果外围设备没有向 CPU 请求交换数据，那么 CPU 将转向主存取下一条指令。由于所有指令的取指令阶段是完全一样的，因此，取指令也可被看作是一种公操作。这是因为，一条指令执行结束后，如果没有外围设备请求，CPU 一定转入"取指令"操作。

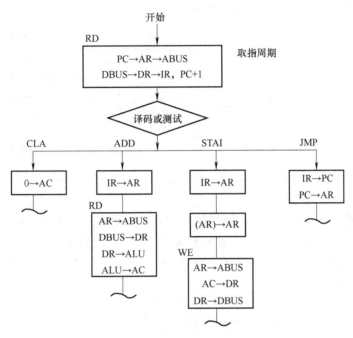

图 6-14　用流程图表示机器指令周期

6.3　时序部件

时序部件是用来产生计算机在执行机器指令过程中的时序信号。因为计算机在工作过程中是一个指令周期接一个指令周期，在一个指令周期内部是一个机器周期接一个机器周期，在一个机器周期内部又是一个节拍接一个节拍地工作。在各条不同指令的不同机器周期不同节拍中应产生什么微操作控制信号是由指令操作流程图严格规定的，所以时序部件实质上只需要产生各个机器周期中的节拍信息。

由于计算机中所使用的逻辑器件主要是各种类型的逻辑门和触发器两大类，时序信号常采用"电位–脉冲"制，对于逻辑门，只需要一个具有一定宽度的电位信号作开门信号用。对于由各种类型的触发器构成的寄存器、计数器等，以 D 型触发器为例，要将信息置入某个寄存器中，需要将输入信息以一定宽度的电位形式送至 D 端，在此电位信号有效期间，由 CPU 端的脉冲信号才能将输入信息输入各触发器中。所有的操作是按节拍进行的，所以持续时间为一个节拍的叫作"节拍电位"，在节拍电位有效期间产生的脉冲叫作"节拍脉冲"。一个节拍中可产生多个节拍脉冲，如图 6-15 所示。

在图 6-15 中，在一个节拍期间产生了两个节拍脉冲 m1 和 m2，一般来说，m1 可用作触发器的直接置"位"和清"零"脉冲，从触发器的 S 和 R 端输入。而 m2 常用作触发器的输入脉冲，从 CP 端输入。这对于规模很大的中、大型以上机器是必要的，甚至还可在一个节拍期间产生更多的节拍脉冲，以达到分散负载的目的。

在广泛应用的微型计算机中，一个节拍期间产生一个节拍脉冲就足够了，只是这个节拍脉冲必须位于节拍电位的中后期。而且将一个节拍的持续时间定为一个主时钟周期，主时钟本身便可作节拍脉冲用，如图 6-16 所示。

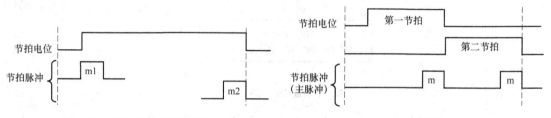

图 6-15　节拍电位和节拍脉冲　　　　　　图 6-16　微型机中的节拍电位和节拍脉冲

因此，时序部件只需要产生节拍电位信号就够了，每个节拍中需要的节拍脉冲可由主时钟来代替，使得时序部件得以简化。

时序部件通常由脉冲源、节拍信号发生器和启停控制逻辑三部分构成。

（1）脉冲源　脉冲源即主时钟，通常由石英晶体振荡器构成。脉冲源在机器上电后立即开始产生按规定的频率重复发出具有一定占空比的时钟脉冲序列，直至关闭电源为止，不允许有任何的间断。

（2）节拍信号发生器　节拍信号发生器又称作脉冲分配器。脉冲源产生的脉冲信号，经过节拍信号发生器后产生出各个机器周期中的节拍信号，用以控制计算机完成每一步微操作。节拍信号发生器可用延迟线、计数器或移位寄存器等多种线路构成。由移位寄存器构成的节拍信号发生器如图 6-17 所示。

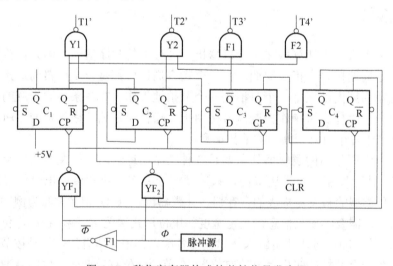

图 6-17　移位寄存器构成的节拍信号发生器

由图 6-17 可以看出，4 个 D 型触发器构成一个移位寄存器。上电后，脉冲源立即产生主时钟，且由上电复位信号（$\overline{CLR}$ =0）将 C_4 触发器置"1"，由第一个主时钟 Φ_1 的上升沿

经 YF_2 置 $C_1C_2C_3$ 为 "0"，因此移位寄存器的初始状态为 "0001"，到 Φ_1 的下降沿（即 $\overline{\Phi_1}$ 的上升沿）置 C_4 为 "0"，这时 $C_1\sim C_4$ 的状态成为 "0000"；到 Φ_2 的上升沿（即 $\overline{\Phi_2}$ 的下降沿）通过 YF_1 将 $C_1C_2C_3$ 置成 "100"，而 C_4 保持为 "0"；到 Φ_3 的上升沿（即 $\overline{\Phi_3}$ 的下降沿），$C_1C_2C_3$ 被置成 "110"，C_4 仍保持为 "0" 态不变；到 Φ_4 的上升沿（即 $\overline{\Phi_4}$ 的下降沿），$C_1C_2C_3$ 被置成 "111"，C_4 仍保持为 "0" 态不变；到 Φ_4 的上升沿置 C_4 为 "1"，$C_1\sim C_4$ 的状态为 "1111"；到 Φ_5 的上升沿通过 YF_2 将 $C_1\sim C_3$ 置成 "000"；$\overline{\Phi_5}$ 的上升沿置 C_4 为 "0"，$C_1\sim C_4$ 重新回到 "0000" 状态，开始一个新的循环周期。上述过程可用表 6-2 来描述。

表 6-2　移位寄存器节拍发生器

	Φ_1	$\overline{\Phi_1}$	Φ_2	Φ_3	Φ_4	$\overline{\Phi_4}$	Φ_5	$\overline{\Phi_5}$	Φ_6
C_1	0	0	1	1	1	1	0	0	1
C_2	0	0	0	1	1	1	0	0	0
C_3	0	0	0	0	1	1	0	0	0
C_4	1	0	0	0	0	1	1	0	0

前面已分析了指令周期中需要的一些典型时序。时序信号产生器的功能即是用逻辑电路来实现这些时序。

（3）启停控制逻辑　只有通过启停控制逻辑将计算机启动后，主时钟脉冲才允许进入，并启动节拍信号发生器开始工作。启停控制逻辑的作用是根据计算机的需要，可靠地开放或封锁脉冲，控制时序信号的发生或停止，实现对整个计算机的正确启动或停止。启停控制逻辑保证启动时输出的第一个脉冲和停止时输出的最后一个脉冲都是完整的脉冲。

6.4　操作控制器

操作控制器用来产生计算机各个部件所需要的操作控制信号，其复杂程度取决于指令系统的规模和机器的结构。操作控制器有三种不同的构成方式，即微程序控制器、硬布线控制器（也叫作组合逻辑控制器）和可编程逻辑阵列（PLA）。本节主要介绍微程序控制器的构成和基本工作原理，简单介绍组合逻辑控制器的组成。

6.4.1　微程序控制器

微程序控制的概念是英国科学家 M.V.Wilkes 于 1951 年提出的，并在剑桥大学用微程序设计的方法设计出 EDSAC-2 计算机。他在《设计自动化计算机的最好方法》一书中指出，一条机器指令可以分解为许多基本的微命令序列，并且首先把这种思想用于计算机控制器的设计。但是，由于当时还不具备制造专门存放微程序的控制存储器的技术，所以在十几年时间内实际上并未真正使用。直到 1964 年，IBM 在 IBM 360 系列机上成功地采用了微程序设计技术，解决了指令系统的兼容问题。20 世纪 70 年代以来，VLSI 技术的发展推动了微程序设计技术的发展和应用，目前大多数计算机都采用了微程序设计技术。

Wilkes 提出的微程序控制原则是以保存在只读存储器内的专用程序代替逻辑控制电路，

这种只读存储器被称为控制存储器，它保存微程序形式的控制信号，这种控制器也被称为微程序控制器。微程序控制器同组合逻辑控制器相比较，具有规整性、灵活性、可维护性等一系列优点，因而在计算机设计中逐渐取代了早期采用的组合逻辑控制器设计思想，并得到广泛的应用。在计算机系统设计中，微程序设计技术是利用软件方法来设计硬件的一门技术。

微程序控制的基本思想，就是仿照通常的解题程序的方法，把操作控制信号编成所谓的"微指令"，存放到一个只读存储器里。当机器运行时，一条又一条地读出这些微指令，从而产生全机所需要的各种操作控制信号，使相应部件执行所规定的操作。

1．微命令和微操作

一台数字计算机基本上可以划分为两大部分：控制部件和执行部件。控制部件与执行部件的一种联系就是通过控制线。在微程序控制的计算机中，将控制部件通过控制线向执行部件发出的各种控制命令称为微命令，它是构成控制序列的最小单位。而执行部件接受微命令后所进行的操作，叫作微操作。

微命令分成兼容性微命令和互斥性微命令两种。如果某些微命令同时产生，共同完成一个操作，那么这些命令是兼容性微命令。反之，某些微命令在机器工作中不能同时出现，称之为互斥性微命令。

兼容和互斥是相对的，是就几个微命令之间的关系而言。一个微命令可以和这些微命令是兼容的，而和另一些微命令是互斥的。单独讨论一个微命令是兼容还是互斥是没有意义的。

微命令和微操作是一一对应的。微命令是微操作的控制信号，微操作是微命令的操作过程。

2．微指令和微程序

微指令：在一个机器周期中，一组实现一定操作功能的微命令的组合，构成一条微指令。

一条微指令放在控制存储器的一个单元中，用以产生一组微命令，实现数据处理中的一步操作。它通常至少包含两部分信息：

1）操作控制字段，又称数据通路控制字段（DOCF），用以产生某一步操作所需的各微操作控制信号。

2）顺序控制字段（SCF），又称微地址码字段，用以控制产生下一条要执行的微指令地址。

图 6-18 所示为一个具体的微指令结构，微指令字长为 23 位。该操作控制字段为 17 位，每一位表示一个微命令。每个微命令的具体功能标示于微指令格式的上部。当操作控制字段某一位信息为"1"时，表示发出微命令；而某一位信息为"0"时，表示不发出微命令。

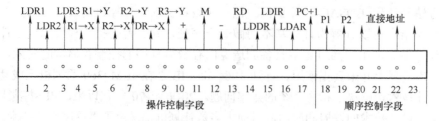

图 6-18　微指令基本格式

例如，当微指令字第 1 位信息为"1"时，表示发出 LDR1 的微命令，那么运算器将执行 ALU → R1 的微操作，把公共总线上的信息输入到寄存器 R1。同样，当微指令第 10 位信息为"1"时，表示向 ALU 发出"+"微命令，因而 ALU 就执行"+"的微操作。

微程序：一系列微指令的有序集合就是微程序。每一条机器指令都对应一个微程序。

微程序是由微指令组成的，执行当前一条微指令时，必须指出后继微指令的地址，以便当前一条微指令执行完毕后，取出下一条微指令。

决定后继微指令地址的方法不止一种。在上述微指令格式中，由微指令顺序控制字段的 6 位信息来决定。其中 4 位（20～23）用来直接给出下一条微指令的地址。第 18、19 两位作为判别测试标志。当此两位为"0"时，表示不进行测试，直接按顺序控制字段第 20～23 位给出的地址取下一条微指令；当第 18 位或第 19 位为"1"时，表示要进行 P1 或 P2 的判别测试，根据测试结果，需要对第 20～23 位的某一位或几位进行修改，然后按修改后的地址取下一条微指令。

3．微程序控制器的原理

微程序控制器组成原理框图如图 6-19 所示。它主要由控制存储器、微指令寄存器和地址转移逻辑三大部分组成。其中，微指令寄存器又分为微地址寄存器和微命令寄存器两部分。

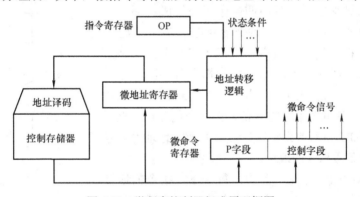

图 6-19　微程序控制器组成原理框图

（1）控制存储器（CM）　控制存储器是微程序控制器的核心部件，用来存放实现全部指令系统所需的微程序，是一种只读型存储器，其性能（包括容量、速度、可靠性等）与计算机的性能密切相关。一旦微程序固化，机器运行时则只读不写。

（2）微指令寄存器（μIR）　微指令寄存器用来存放从控制存储器中取出的微指令，它的位数同微指令字长相等。其中，微地址寄存器决定将要访问的下一条微指令的地址，而微命令寄存器则保存一条微指令的操作控制字段和判别测试字段的信息。

（3）地址转移逻辑　微指令由控制存储器读出后直接给出下一条微指令的地址，通常简称微地址，这个微地址信息就存放在微地址寄存器（μMAR）中，为在控制存储器中读取微指令做准备。如果微程序不出现分支，那么下一条微指令的地址就直接由微地址寄存器给出。当微程序出现分支时，意味着微程序出现条件转移。在这种情况下，通过判别测试字段（P）和执行部件的"状态条件"反馈信息，去修改微地址寄存器的内容，并按改好的内容去读下一条微指令。地址转移逻辑就承担自动完成修改微地址的任务。

4．微程序举例

一条机器指令是由若干条微指令组成的序列来实现的。因此，一条机器指令对应着一个微程序，而微程序的总和便可用来实现整个指令系统。

下面以"十进制加法"指令为例，具体分析微程序控制的过程。

"十进制加法"指令的功能是用 BCD 码来完成十进制数的加法运算。在十进制运算时，当相加两数之和大于 9 时，便产生进位。在用 BCD 码完成十进制数运算时，在两数相加的和数小于等于 9 时，十进制运算的结果是正确的；而当两数相加的和数大于 9 时，结果不正确，必须加 6 修正后才能得出正确结果。

现假定，数 a 和 b 已存放在一模型机的 R1 和 R2 两个寄存器中，数 6 存放在 R3 寄存器中。

完成十进制加法的微程序流程图如图 6-20 所示。算法要求先进行 $a+b+6$ 运算，然后判断结果有无进位，当进位标志 Cy=1，不减 6；当 Cy=0，减去 6，从而可获得正确的运算结果。

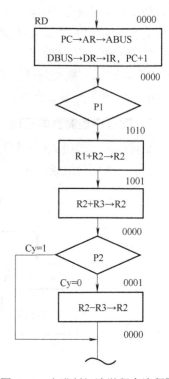

十进制加法微程序流程图由四条微指令组成，每一条微指令用一个矩形框表示。第一条微指令是"取指"，这是一条专门用来取机器指令的微指令，任务有三个：一是从主存取出一条机器指令，并将指令放到指令寄存器。在本例中，取出的是"十进制加法"指令。二是对程序计数器加 1，做好取下一条机器指令的准备。第三个任务是对机器指令的操作码用 P1 进行判别测试，然后修改微地址寄存器内容，给出下一条微指令的地址。

在本例所示的微程序流程图中，每一条微指令的地址用数字标于矩形框的右上角。菱形框代表判别测试，它的动作依附于第一条微指令。第二条微指令完成 $a+b$ 的运

图 6-20　十进制加法微程序流程图

算。第三条微指令完成 $a+b+6$ 的运算，同时又进行判别测试。不过这一次的判别标志不是 P1，而是 P2。P2 用来测试进位标志 Cy。

根据测试结果（Cy=1 或 Cy=0），微程序或者转向公操作，或者转向第四条微指令。当微程序转向公操作（用符号～表示）时，如果没有外围设备请求服务，那么又转向取下一条机器指令。与此相对应，第三条微指令和第四条微指令的下一个微地址就又指向第一条微指令，即"取指"微指令。

假设已经按微程序流程图编好了微程序，并已事先存放到控制存储器中。机器启动时，只要给出控制存储器的首地址，就可以调出所需的微程序。为此，首先给出第一条微指令的地址 0000，经地址译码，控制存储器选中所对应的"取指"微指令，并将其读到微指令寄存器中。

第一条微指令的二进制编码如下：

| 000 | 000 | 000 | 000 | 11111 | 10 | 0000 |

在这条微指令中，操作控制字段有 5 个微命令：第 13 位发出 RD，将 PC 内容送到地址总线 ABUS（I）；第 14 位发出 LDDR，于是主存执行读操作，从主存单元取出"十进制加法"指令放到数据缓冲寄存器 DR；第 15 位发出 LDIR，将 DR 中的"十进制加法"指令再送到指令寄存器 IR；第 16 位发出 LDAR，将 PC 内容送到地址寄存器 AR。假定"十进制加法"指令的操作码为 1010，那么指令寄存器的 OP 字段现在是 1010。第 17 位发出 PC+1 微命令，使程序计数器加 1，做好取下一条机器指令的准备。

另外，微指令的顺序控制字段指明下一条微指令的地址是 0000，但是由于判别字段中第 18 位为 1，表明是 P1 测试，因此 0000 不是下一条微指令的真正的地址。P1 测试的"状态条件"是指令寄存器的操作码字段，即用 OP 字段作为形成下一条微指令的地址，于是微地址寄存器的内容修改成 1010。

在第二个机器周期开始时，按照 1010 这个微地址读出第二条微指令，它的二进制编码如下：

| 010 | 100 | 100 | 100 | 00000 | 00 | 1001 |

在这条微指令中，操作控制部分发出如下四个微命令：R1→X、R2→Y、"+"、LDR2，于是运算器完成 R1+R2→R2 的操作。

与此同时，这条微指令的顺序控制部分由于判别测试字段 P1 和 P2 均为 0，表示不进行测试，于是直接给出下一条微指令的地址为 1001。

在第三个机器周期开始时，按照 1001 这个微地址读出第三条微指令，它的二进制编码如下：

| 010 | 001 | 001 | 100 | 00000 | 01 | 0000 |

这条微指令的操作控制部分发出 R2→X、R3→Y、"+"、LDR2 四个微命令，运算器完成 R2+R3→R2 的操作。

顺序控制部分由于判别字段中 P2 为 1，表明进行 P2 测试，测试的"状态条件"为进位标志 Cy。换句话说，此时微地址 0000 需要进行修改，假定用 Cy 的状态来修改微地址寄存器的最后一位：当 Cy = 0 时，下一条微指令的地址为 0001；当 Cy = 1 时，下一条微指令的地址为 0000。

显然，在测试一个状态时，有两条微指令作为要执行的下一条微指令的"候选"微指令。现在假设 Cy = 0，则要执行的下一条微指令地址为 0001。

在第四个机器周期开始时，按微地址 0001 读出第四条微指令，其编码如下：

| 010 | 001 | 001 | 001 | 00000 | 00 | 0000 |

这条微指令发出 R2→X、R3→Y、"−"、LDR2 的微命令，运算器完成了 R2−R3→R2 的操作。顺序控制部分直接给出下一条微指令的地址为 0000，按该地址取出的微指令是"取指"微指令。

如果第三条微指令进行测试时 Cy = 1，那么微地址仍保持为 0000，将不执行第四条微指令而直接由第三条微指令转向公操作。

当下一个机器周期开始时，"取指"微指令又从主存读出第二条机器指令。如果这条机器指令是 STA 指令，那么经过 P1 测试，就转向执行 STA 指令的微程序。

以上是由四条微指令序列组成的简单微程序。从这个简单的控制模型中，就可以看出微程序控制的主要思想及大概过程。

5. 机器指令与微指令的关系

在上面的讲述中，一会儿取机器指令，一会儿取微指令，它们之间到底是什么关系呢？

1）微程序是由若干条微指令序列组成的。因此，一条机器指令的功能是由若干条微指令组成的序列来实现的。简言之，一条机器指令所完成的操作划分成若干条微指令来完成，由微指令进行解释和执行。

2）从指令与微指令，程序与微程序，地址与微地址的一一对应关系来看，前者与主存储器有关，后者与控制存储器有关，也有相对应的硬设备，如微地址寄存器、微地址译码器等。

3）第 6.2 节曾讲述了指令与机器周期的概念，并归纳了四条典型指令的指令周期（见图 6-14）。图 6-14 就是这四条指令的微程序流程图，每一个机器周期就对应一条微指令。通过如何设计微程序，进一步体验到机器指令与微指令的关系。

6. 微指令类型

微指令的编译方法是决定微指令格式的主要因素。在实际进行微程序设计时，采用不同的编译法，应考虑尽量缩短微指令字长，减少微程序长度，提高微程序的执行速度。这几项指标是互相制约的，应当全面地进行分析和权衡。微指令方案通常分为：水平型微指令、垂直型微指令和混合型微指令。

（1）水平型微指令　一次能定义并执行多个并行操作微命令的微指令，叫作水平型微指令。上面举的例子中的微指令即为水平型微指令。

水平型微指令的一般格式如下：

控制字段	判别测试字段	下地址字段

按照控制字段的编码方法不同，水平型微指令又分为三种：一种是全水平型（不译法）微指令，第二种是字段译码法水平型微指令，第三种是直接和译码相混合的水平型微指令。

水平型微指令的特点如下：

1）并行操作能力强，效率高，灵活性强。在一条水平型微指令中，设置有控制信息传送通路（门）以及进行所有操作的微命令，来控制尽可能多的并行信息传送，从而使水平型微指令具有效率高及灵活性强的优点。

2）执行一条指令的时间短。水平型微指令的并行操作能力强，执行一条机器指令所需微指令的数目少，从而缩短了指令的执行时间。

3）微指令字较长而微程序短，明显地增加了控制存储器的横向容量。

4）用户难以掌握。水平型微指令与机器指令差别很大，一般需要对机器结构、数据通路、时序系统以及微命令很精通才能设计出来。

（2）垂直型微指令　微指令中设置微操作码字段，采用微操作码编译法，由微操作码规定微指令的功能，称为垂直型微指令。

垂直型微指令的结构类似于机器指令的结构。它有操作码，在一条微指令中只有 1～2 个微操作命令，每条微指令的功能简单，因此，实现一条机器指令的微程序要比水平型微指令编写的微程序长得多。它是采用较长的微程序结构去换取较短的微指令结构。

由此可知垂直型微指令的特点如下：

1）微指令字较短而微程序长，微指令字一般为 10～20 位左右。

2）并行操作能力有限。在一条垂直型微指令中，一般只能完成一个操作，控制一两个信息传送通路，因此微指令的并行操作能力低，效率低。

3）执行一条指令的时间长。当执行一条微指令时，与水平型微指令直接控制对象不同，垂直型微指令产生微命令要经过译码，微程序执行速度慢。

4）用户比较容易掌握。垂直型微指令与机器指令很相似，设计用户只需注意微指令的功能，而对微命令及其选择、数据通路的细节则不用过多地考虑。因此，编制的微程序规整、直观，便于实现设计的自动化。

（3）混合型微指令　综合上述两者特点的微指令称为混合型微指令，它具有不太长的微指令字，又具有一定的并行控制能力，可高效地实现机器的指令系统。

6.4.2　组合逻辑控制器

1．基本思想

组合逻辑控制器是早期设计计算机的一种方法。这种方法是把控制部件看作产生专门固定时序控制信号的组合逻辑电路，而此逻辑电路以使用最少元器件和取得最高操作速度为设计目标。一旦控制部件构成后，除非重新设计和物理上对它重新布线，否则要想增加新的控制功能是不可能的。这种逻辑电路是一种由门电路和触发器构成的复杂树形网络，故称之为组合逻辑控制器。

图 6-21 是组合逻辑控制器的结构框图。逻辑网络的输入信号来源有三个：

1）来自指令操作码译码器的输出 I_m。

2）来自执行部件的反馈信息 B_j。

3）来自时序产生器的时序信号，包括节拍电位信号 M 和节拍脉冲信号 T。其中，节拍电位信号是机器周期信号，节拍脉冲信号是时钟周期信号。

与微程序控制相比，组合逻辑控制器的速度较快。其原因是微程序控制中每条微指令都要从控存中

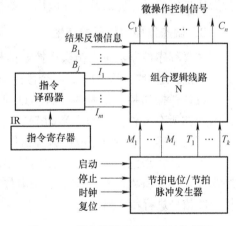

图 6-21　组合逻辑控制器的结构框图

读取一次，影响了速度，而组合逻辑控制器主要取决于电路延迟。因此，近年来在某些超高速新型计算机结构中，为了追求高速度又选用了组合逻辑控制器，或与微程序控制器混合使用。

2. 指令执行流程

前面介绍微程序控制器时曾提到，一个机器指令对应一个微程序，而一个微指令周期则对应一个节拍电位时间。一条机器指令用多少条微指令来实现，则该条指令的指令周期就包含了多少个节拍电位时间，因而对时间的利用是十分经济的。由于节拍电位是用微指令周期来体现的，故而时序信号比较简单，时序计数器及其译码电路只需产生若干节拍脉冲信号即可。

在用组合逻辑电路实现的操作控制器中，通常时序产生器除了产生节拍脉冲信号外，还应当产生节拍电位信号。这是因为，在一个指令周期中要顺序执行一系列微操作，需要设置若干节拍电位来定时。设有四条指令（其中，STA 指令与 STAI 指令不同，它是一条直接访内指令）的指令周期，其指令流程可用图 6-22 来表示。

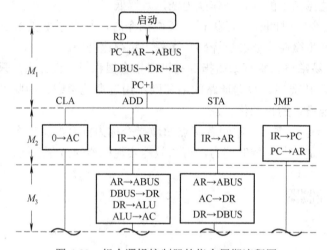

图 6-22　组合逻辑控制器的指令周期流程图

由图 6-22 可知，所有指令的取指令阶段放在 M_1 节拍。在此节拍中，操作控制器发出微操作控制信号，完成从主存取出一条机器指令。

3. 微操作控制信号的产生

在微程序控制器中，微操作控制信号由微指令产生，并且可以重复使用。

在组合逻辑控制器中，某一个微操作控制信号由布尔代数表达式描述的输出函数产生。

设计微操作控制信号的方法和过程：根据所有机器指令流程图，寻找产生同一个微操作信号的所有条件，并与适当的节拍电位和节拍脉冲组合，从而写出其布尔代数表达式并进行简化，然后用门电路或可编程器件来实现。

为了防止遗漏，设计时可按信号出现在指令流程图中的先后次序来书写，然后进行归纳和简化。要特别注意控制信号是电位有效还是脉冲有效。如果是脉冲有效，必须加入节拍脉冲信号进行相"与"。

6.5　指令级流水线

计算机系统为了提高访存速度，一方面要提高存储芯片自身的性能，另一方面可以从体系结构上,如采用多体、Cache 等分级存储措施来提高存储器的性能价格比。为了提高运算速度,可以采用高速芯片和快速进位链,以及改进算法等措施。为了进一步提高处理器速度,通常可以从提高器件的性能,以及改进系统的结构,开发系统的并行性两方面入手。

1. 提高器件的性能

一直以来提高器件的性能是提高整个系统性能的主要途径。随着器件的每一次更新换代,计算机的软/硬件技术也得到了飞速的发展,计算机系统的性能也不断获得突破性进展。尤其是集成度高、体积小、功耗低、可靠性高和性价比高的大规模集成电路的不断发展,使得计算机的整体性能又上了一个台阶。但是,由于半导体器件的集成度越来越接近物理极限,器件速度的提高也处在了一个瓶颈期。

2. 改进系统的结构,开发系统的并行性

并行可以体现在同时性和并发性两个方面。同时性指的是两个或多个事件在同一时刻发生,并发性指的是两个或多个事件在同一时间段发生。换句话说就是,在同一时间段或者同一时刻可以完成两种或两种以上性质相同或不同的功能,如果在时间上互相重叠,就存在并行性。

6.5.1 指令级流水的原理

1. 工作原理

对于一条指令而言,完成指令执行过程实际上分成很多阶段。通常会把指令的处理过程分为三个阶段:取指令、分析译码和执行指令。在不采用流水技术的计算机中,这三个过程周而复始依次出现,各条指令也是按顺序串行执行的,如图 6-23 所示。

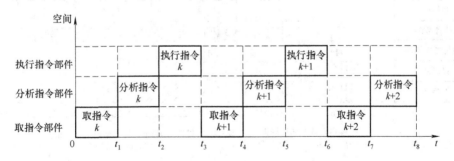

图 6-23 指令串行执行时间与空间分布

指令串行执行方式的优点是硬件控制简单,缺点是指令执行的时间长、速度慢、各个功能操作部件利用率低。例如,指令部件工作时,执行部件基本空闲,而执行部件工作时,指令部件基本空闲。如果指令执行阶段不访问主存,则完全可以利用这段时间来取下一条指令,这样取下一条指令和执行当前指令的操作就可以同时进行,类似于工厂中的装配流水线。指令级流水线方式的执行时间与空间分布如图 6-24 所示。

依次流入三个功能部件,使三个功能部件不停地依次处理不同指令的执行要求,那么每隔一个部件工作时间 t,就可以送入一条新的指令,每经过时间 t 就可以得到一条指令的执行结果,这样指令执行速度可以提高三倍。注意,这里说的是"加快了程序的执行速度",而不是"加快了指令的解释速度",因为就一条指令而言,其解释速度并没有加快。

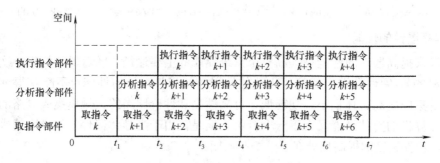

图 6-24　指令级流水线方式的执行时间与空间分布

2.指令级流水线结构

指令级流水线是指将指令的整个执行过程进行分段处理。典型的指令执行过程是取指令－指令译码－形成地址－取操作数－执行指令－回写结果－修改指令指针。

上面讨论的流水线是时间不均衡的流水线问题。实际上,取指、取数和回写这三步需要的时间要比其他四步长得多,对于低速存储器来说差别更大。在图 6-25 中,三个访存步需要 4 个时钟周期、其他步需要 1 个时钟周期的流水线工作情形。这时,第一条指令的解释用去 16 个时钟周期,以后每 4 个时钟周期出一条指令。这说明流水线的吞吐量主要由时间最长的功能段决定。这个最长的功能段就是流水线的"瓶颈"。

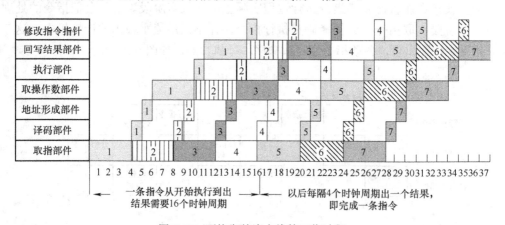

图 6-25　不均衡的流水线的工作过程

6.5.2　流水线的性能

流水线的性能通常用吞吐率、加速比和效率来衡量。

1.吞吐率

在指令级流水线中,吞吐率(throughput rate)指的是单位时间内流水线所完成指令或输出结果的数量。吞吐率又有最大吞吐率和实际吞吐率之分。

最大吞吐率是指令级流水线在连续流动达到稳定状态后所获得的吞吐率。对于 m 段的指令级流水线而言，若各段的时间均为 Δt，那么最大吞吐率为

$$T_{\text{pmax}} = \frac{1}{\Delta t}$$

在如图 6-25 所示的 7 级流水线中，设每段时间为 Δt，那么最大吞吐率为 $\frac{1}{\Delta t}$，完成 7 条指令的实际吞吐率为 $\dfrac{7}{7\Delta t + (7-1)\Delta t}$。

2．加速比

流水线的加速比（speedup ratio）是指 m 段流水线的速度与等功能的非流水线速度之比。如果流水线各段时间均为 Δt，那么完成 n 条指令在 m 段流水线上共需要 $T = m\Delta t + (n-1)\Delta t$ 的时间。而在等效的非流水线上所需时间为 $T' = nm\Delta t$。所以，加速比 S_{p} 为

$$S_{\text{p}} = \frac{nm\Delta t}{m\Delta t + (n-1)\Delta t} = \frac{nm}{m+n-1} = \frac{m}{1+(m-1)/n}$$

由上式可以看出，在 $n \gg m$ 时，S_{p} 接近于 m，也就是说，当流水线各段时间相等时，它最大加速比等于流水线的段数。

3．效率

效率（efficiency）指流水线中各功能段的利用率。由于流水线有建立时间和排空时间，所以各功能段的设备不可能一直处于工作状态，总有一段空闲时间。图 6-26 所示是 4 段（$m=4$）流水线的时空图，各段时间相等，均为 Δt。图中 $nm\Delta t$ 是流水线各段处于工作时间的时空区，而流水线中各段总的时空区是 $m(m+n-1)\Delta t$。通常，用流水线各段处于工作时间的时空区与流水线中各段总的时空区之比来衡量流水线的效率。用公式表示为

$$E = \frac{nm\Delta t}{m(m+n-1)\Delta t} = \frac{n}{m+n-1} = \frac{S_{\text{p}}}{m} = T_{\text{p}}\Delta t$$

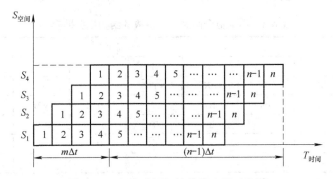

图 6-26　各段时间相等的流水线时空图

6.5.3　影响流水线性能的因素

指令间的相关（instruction dependency）是指由于一段机器语言程序的相近指令之间出

现了某种关联，使它们不能同时被解释，造成指令流水线出现停顿，从而影响指令流水线的效率。指令间的相关发生在一条指令要用到前面一条（或几条）指令的结果，因而必须等待它们流过流水线后才能执行。这些现象在重叠方式下也会发生，但由于流水是同时解释多条指令，所以相关状况比重叠机器复杂得多。

流水线充分流水不发生断流，就可以使流水线畅通流动。但通常由于在流水过程中会出现三种相关，使流水线不断流实现起来比较困难。这三种相关就是控制相关、数据相关和结构相关。

（1）控制相关　当一条指令要等前一条（或几条）指令做出转移方向的决定后才能开始进入流水线时，便发生了控制相关。典型的例子是条件转移指令。一个条件转移指令必须等待前面指令有结果确定转移方向后，才能让其下一条指令进入流水线。由于转移指令的使用频度约占执行指令总数的 $1/5\sim1/4$，仅次于传送类指令，所以转移指令对流水线的设计有较大的影响。

为了解决控制相关，可以采用尽早判别转移是否发生，尽早生成转移目标地址；预取转移成功或不成功两个控制流方向上的目标指令；加快和提前形成条件码；提高转移方向的猜测准确率等方法。

（2）数据相关　流水线中数据相关的问题较为常见。这是因为在流水线中同时可以处理多条指令，数据相关的概率大大增加了。数据相关一般发生在几条相近的指令间共用同一个存储单元或寄存器时。

（3）结构相关　结构相关指的是当指令在重叠执行过程中，不同指令争用同一功能部件产生的资源冲突。因此也叫资源相关。

一般情况下，计算机都是把指令和数据保存在同一存储器中，如果在某个时钟周期内，流水线既要完成某条指令对操作数的存储器访问操作，又要完成另一条指令的取指令操作，这个时候就会发生访存冲突。见表 6-3，在第 4 个时钟周期，第 i 条指令（LOAD）的 MEM 段和第 $i+3$ 条指令的 IF 段发生了访存冲突。解决冲突的方法可以让流水线在完成前一条指令对数据的存储器访问时，暂停（一个时钟周期）取后一条指令的操作。

表 6-3　两条指令同时访存造成的结构相关冲突

指令	时钟周期							
	1	2	3	4	5	6	7	8
LOAD 指令	IF	ID	EX	MEM	WB			
指令 $i+1$		IF	ID	EX	MEM	WB		
指令 $i+2$			IF	ID	EX	MEM	WB	
指令 $i+3$				IF	ID	EX	MEM	WB
指令 $i+4$					IF	ID	EX	MEM

6.6　微处理器中的新技术

1. 超标量和超流水线技术

在 RISC 之后，出现了一些提高指令级并行性的技术，使得计算机在每个时钟周期里可以解释多条指令，这就是超标量技术和超流水线技术。

衡量指令级并行性的一个指标是 CPI（clock cycles per instruction），它定义为流水线中执行一条指令所需的时钟周期数。要进一步提高流水线的吞吐率，获得更高的性能，就必须使 CPI<1，即需要提高指令级并行度。

指令级并行度（instruction level parallelism，ILP）定义为在一个时钟周期内流水线上流出的指令数。常规的标量流水线 ILP≤1。

超标量（superscalar）技术是通过重复设置多个功能部件，并让这些功能部件同时工作来提高指令的执行速度。使用超标量技术的处理器支持指令级并行,每个时钟周期内可以同时发射多条指令。

超流水线仍然是一种流水线技术，可以认为是将标量流水线的子过程（段）再进一步细分，使得指令流水线有 8 个或更多的功能段，从而更大程度上提高任务处理过程中时间上的并行性。超标量超流水线处理器则是将超标量和超流水线技术进行了结合，即在一个时钟周期内分时发射 n 次，每次同时发射 m 条指令。超标量超流水线处理器在一个时钟周期发射 nm 条指令。例如，DEC 公司的 Alpha 处理器等。

2. EPIC 的指令级并行处理

显式并行指令计算（explicitly parallel instruction computing，EPIC）技术适用于 64 位微处理器体系结构。采用智能化的软件来指挥硬件，实现指令级并行计算。

EPIC 既不是 RISC，也不是 CISC，而是一种吸收了 CISC 和 RISC 两者长处的全新架构。EPIC 技术对超长指令字（VLIW）体系结构进行了创新性的变革，同时又吸收了很多超标量处理器的优点。因此，EPIC 能够充分利用现代编译程序和处理器协同能力来提高指令级并行度。

EPIC 的分支判定技术是指，同时执行两条分支，把条件分支指令变成可同时执行的判定指令，让两条分支并行执行，最后丢掉不需要的结果。因此，EPIC 采用更为先进的分支判定技术来保证并行处理的稳定性。另外，EPIC 还导入了缓存数据推测装载技术，避免了 Cache 命中失败而导致访存延迟的损失。

3. 多核多线程技术

目前，高性能微处理器研究的前沿逐渐从开发指令级并行（ILP）转向开发多线程并行（thread level parallelism，TLP）。TLP 包括两大方向：同时多线程（simultaneous multithreading，SMT）和单芯片多处理器（Chip Multiprocessor，CMP）技术。

SMT 技术通过复制处理器上的结构状态，让同一个处理器上的多个线程同步执行，并共享处理器的执行资源，它可以比单线程更有效地提高应用并行性。SMT 可以最大限度地实现宽发射、乱序的超标量处理，提高处理器运算部件的利用率，缓和由于数据相关或 Cache 未命中带来的访问内存延时。Intel 从 3.06GHz Pentium Ⅳ开始，所有处理器都支持 SMT 技术。

CMP 技术是在一个芯片上集成多个微处理器核，每个微处理器核实质上都是一个相对简单的单线程微处理器或者比较简单的多线程微处理器。这样，多个微处理器核就可以并行地执行程序代码，从而具有较高的线程级并行性。

多核多线程技术已经成为微处理器发展的趋势，使用多核多线程技术可以使微处理器的性能得到极大的提高，但同时也对存储系统提出了更高的要求。无论是移动与嵌入式应用、桌面应用还是服务器应用，都将采用多核的架构。

4. 睿频加速技术

Intel 的睿频加速技术（Intel turbo boost technology）可以理解为自动超频。当开启睿频加速之后，CPU 会根据当前的任务量自动调整 CPU 主频，从而重任务时发挥最大的性能，轻任务时发挥最大节能优势。睿频加速技术是 Intel 新一代的能效管理方案。

睿频加速技术的工作原理可以理解为，当操作系统遇到计算密集型任务时，CPU 会确定当前工作功率、电流和温度是否已达到最高极限。如仍有多余空间，则 CPU 会逐渐提高活动内核的频率，以进一步提高当前任务的处理速度。睿频加速技术是基于 CPU 的电源管理技术来实现的，通过分析当前 CPU 的负载情况，智能地完全关闭一些用不上的核心，把能源留给正在使用的核心，并使它们运行在更高的频率，进一步提升性能；相反，需要多个核心时，动态开启相应的核心，智能调整频率。这样，在不影响 CPU 的 TDP（热功耗设计）情况下，可以把核心工作频率调得更高。

睿频加速技术不需要用户干预，自动实现；完全让处理器运行在技术规范内，安全可靠；不需要任何额外的投资，系统运行稳定。

Intel 推出的 Core i5、i7 处理器均支持睿频加速技术，低端的 Core i3 系列以及 G6950 等型号是不支持睿频加速技术的。

2019 年发布的 Comet Lake-S 系列新品中，i5-10600 采用六核十二线程，主频 3.3GHz，单核最大睿频 4.5GHz。与第一代相比，睿频加速 2.0（Turbo Boost 2.0）提供更加智能、更高能效的加速技术。睿频 2.0 不再受 TDP 限制，而是通过 CPU 内部温度进行监测，在 CPU 内部温度许可的情况下可能超过 TDP 提供更大的睿频幅度，不睿频时更节能。

威尔克斯——世界上第一台存储程序式计算机 EDSAC 的研制者

1967 年，第二届图灵奖授予英国皇家科学院院士、计算机技术的先驱莫里斯·文森特·威尔克斯（Maurice Vincent Wilkes），以表彰他在设计与制造出世界上第一台存储程序式电子计算机 EDSAC 及其他许多方面的杰出贡献。

早在 20 世纪 50 年代，英国剑桥大学的威尔克斯在设计和制造 EDVAC 的过程中，创造性地提出了微程序设计的概念，同时还第一次提出了诸如"变址""宏指令""子例程和子例程库""高速缓冲寄存器"等概念。这些概念对现代计算机的体系结构和程序设计产生了深远的影响。

由于威尔克斯的突出贡献，他于 1956 年就成为英国皇家科学院院士，1977 年和 1980 年两次当选为美国工程院和美国科学院外籍院士，世界上有 8 所大学授予他名誉博士学位。ACM 的计算机体系结构委员会还建立了以他命名的奖项，即 Wilkes Award。

本 章 小 结

CPU 是计算机的中央处理部件，具有指令控制、操作控制、时间控制、数据处理等基本功能。

早期的 CPU 由运算器和控制器两大部分组成。随着高密度集成电路技术的发展,当今的 CPU 芯片变成运算器、Cache 和控制器三大部分,其中还包括浮点运算器、存储管理部件等。CPU 中至少要有如下六类寄存器:指令寄存器、程序计数器、地址寄存器、缓冲寄存器、通用寄存器、状态条件寄存器。

CPU 从存储器取出一条指令并执行这条指令的时间和称为指令周期。指令周期由若干个机器周期(CPU 周期)构成,而机器周期又由若干个时钟周期(节拍)构成。由于各种指令的操作功能不同,各种指令的指令周期也不尽相同。划分指令周期是设计操作控制器的重要依据。

时序信号产生器提供机器周期所需的时序信号。操作控制器利用这些时序信号进行定时,有条不紊地取出一条指令并执行这条指令。

微程序设计技术是利用软件方法设计操作控制器的一门技术,具有规整性、灵活性、可维护性等一系列优点,因而在计算机设计中得到了广泛应用,并取代了早期采用的组合逻辑控制器设计技术。但是,随着 VLSI 技术的发展和对机器速度的要求,组合逻辑设计思想又重新得到了重视。组合逻辑控制器的基本思想是:某一微操作控制信号是指令操作码译码输出、时序信号和状态条件信号的逻辑函数,即用布尔代数写出逻辑表达式,然后用门电路、触发器等器件实现。

习 题 6

一、填空题

1. 目前的 CPU 包括_____、_____和 Cache。

2. CPU 的四个主要功能是_____、_____、_____、_____。

3. 在 CPU 中,保存当前正在执行的指令的寄存器是_____,保存下一条指令地址的寄存器是_____,保存 CPU 访存地址的寄存器是_____。

4. 算术逻辑运算结果通常放在_____和_____。

5. CPU 从主存取出一条指令并执行该指令的时间叫作_____,它常用若干个_____来表示,而后者又包含若干个_____。

6. 任何指令周期的第一步一定是_____周期。

7. 在程序执行过程中,控制器控制计算机的运行总是处于_____、分析指令和_____的循环之中。

8. 指令循序执行时,PC 的数值_____,而遇到转移或调用指令时,后继指令的地址只从指令寄存器的_____字段取得的。

9. 控制器由于设计方法的不同可分为_____型和_____型控制器。

10. 控制器在生成各种控制信号时,必须按照一定的_____进行,以便对各种操作实施时间上的控制。

二、名词解释

1. 指令周期、机器周期(CPU 周期)、时钟周期(节拍)。

2．微命令、微操作、微指令、微程序。

三、判断题

1．在主机中，只有主存能存放数据。 （　　）

2．一个指令周期由若干个机器周期组成。 （　　）

3．非访主存指令不需从主存中取操作数，也不需将目的操作数存放到主存，因此这类指令的 执行不需地址寄存器参与工作。 （　　）

4．与微程序控制器相比，组合逻辑控制器的速度较快。 （　　）

5．控制存储器是用来存放微程序的存储器，它应该比主存储器速度快。 （　　）

6．机器的速度由机器的主频唯一确定。 （　　）

四、简答题

1．控制器中产生微操作控制信号的方式有哪几种？简述各自的主要特点。

2．计算机内部有哪两股信息在流动？它们彼此有什么关系？

3．微程序控制器有何特点？

4．水平型微指令和垂直型微指令的主要区别是什么？

5．什么叫指令？什么叫微指令？两者之间有什么关系？

6．机器指令包括哪两个基本要素？微指令又包括哪两个基本要素？

7．程序怎样实现顺序执行？怎样实现转移？微程序怎样实现顺序执行和转移？

第 7 章

总线系统

计算机是一个复杂电子系统，各个部件之间的协作和数据通信是通过总线系统完成的。所以，总线系统是计算机系统中的一个重要部分，总线系统直接影响着计算机的性能，随着计算机运算速度和性能的发展，总线系统的技术标准也在发展。本章先讲述总线系统中的一些基本概念和基本技术，在此基础上，重点介绍当前微型机中常用的总线。

7.1 总线系统与结构

7.1.1 总线概述

总线系统是构成计算机系统的架构，是多个电子系统部件之间进行通信和数据传送的公共通路。借助于总线系统，计算机在各系统部件之间实现地址、数据和控制信息的交换，并在共享系统资源的基础上进行工作。因此，总线系统就是指能为多个系统功能部件提供服务的一组公用信息线。总线系统一般简称为总线。

一个计算机系统中的总线系统，根据分类方法的不同，可以有多种分类形式。

（1）从所处的位置分

1）内部总线：CPU 内部连接各寄存器及运算部件的总线。

2）系统总线：连接 CPU 与计算机系统的其他高速功能部件，如存储器、通道等的总线。

3）I/O 总线：中、低速 I/O 外围设备之间互相连接的总线。

（2）从功能上或者说从总线传输的内容分

1）地址总线（address bus）：主要用来传送访问主存储器和 I/O 设备的地址。地址总线对于存储器来说是单向的，只能接收源部件生成的地址信息。地址总线的宽度指明了总线能够直接访问存储器的地址空间范围。

2）数据总线（data bus）：是双向总线，既可以读出主存储单元中的数据，也可以把数据写入主存单元中；既可以从设备中输入数据，也可以向设备输出数据。数据总线的宽度指明了访问一次存储器或外围设备时能够交换数据的位数。

3）控制总线（control bus）：用来传送 CPU 发出的各种控制命令（如存储器读/写、I/O

读/写）、请求信号和仲裁信号、外围设备与 CPU 的时序同步信号、中断信号、DMA 控制信号等。

衡量总线性能的重要指标是总线带宽。它定义为总线系统所能达到的最高传输速率，现在一般单位是吉字节每秒（GB/s），如硬盘 SATA III 的总线带宽已达到 6GB/s。实际带宽一般会受到总线物理布线长度、总线驱动器/接收器电气性能、连接在总线上的部件模块数目等一些因素的影响。这些因素造成数据信号在总线上传输时的畸变和延时，使总线的最高传输速率受到限制。

当然，即便是相同指令系统、相同功能的各功能部件，由于不同厂家生产，在实现方法上几乎没有完全相同的。但各厂家生产的相同功能部件却可以互换使用，其原因就是它们的设计都遵守了相应的总线标准。

7.1.2 总线的连接方式

计算机的用途很大程度上取决于它所能连接的外围设备的种类。由于外围设备种类繁多、速度各异，不可能简单地把外围设备连接在 CPU 上，必须有一种功能接口部件，将外围设备同计算机连接起来，使它们在一起可以协调一致的工作。通过接口可以实现高速主机与各种低速外围设备之间工作速度上的匹配和同步，并完成主机和外围设备之间的数据传送和控制。因此，接口部件有时又被称为适配器、设备控制器。

大多数总线都是以相似方式设计的，其不同之处仅在于数据传输速度，总线中数据线和地址线的数目，以及控制线的多少及其功能。根据连接方式的不同，单机系统中采用的总线结构有三种基本类型：单总线结构、双总线结构和三总线结构。

1. 单总线结构

在一些小型计算机和微型计算机中，CPU、主存和 I/O 设备都连在一组系统总线上，称为单总线结构，如图 7-1 所示。

在单总线结构的系统中，要求连接到总线上的逻辑部件必须高速运行，以便当某些设备需要使用总线时，能迅速获得总线控制权，当不再使用总线时，能迅速放弃总线控制权。否则，由于一条总线由多种功能部件共同使用，可能导致很大的时间延迟。在这种情况下，对输入/输出设备的操作，完全和对主存的操作一样来处理。这样，当 CPU 把指令的地址字段送到总线上时，如果该地址字段对应的地址是主存地址，则主存予以响应。从而在 CPU 和主存之间发生数据传送。如果该指令地址字段对应的是外围设备地址，则外围设备译码器予以响应，从而在 CPU 和与该地址相对应的外围设备之间发生数据传送。

单总线结构的优点是 CPU、主存、I/O 设备都通过单总线系统连接起来，把 I/O 外围设备与主存储器地址进行统一编址，数据存取就可以直接使用存储器的存取操作指令，这样可以省去 I/O 指令。缺点是这组总线操作总是太忙，数据传送速度受到限制，这对提高系统效率和充分利用子系统的功能都是不利的。

2. 双总线结构

在单总线系统的结构中，由于所有逻辑部件都挂在同一条总线上，因此总线只能采用分时工作方式，即在同一时间内只能允许一对部件之间用总线传送数据，这就使数据传送的吞吐量受到限制。为提高效率，出现了图 7-2 所示的双总线结构。

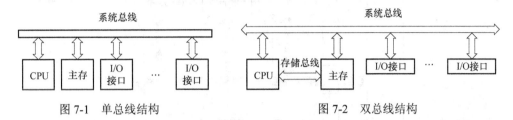

图 7-1　单总线结构　　　　　　　　　图 7-2　双总线结构

这种结构既保持了单总线系统结构的简单、易于扩充的优点，同时又为了提高计算机性能，在 CPU 和主存储器之间专门设置了一组高速的存储总线。这样的设计使得 CPU 可通过专用的存储总线与主存储器交换信息，在一定程度上减轻了系统总线的负担，而同时主存储器仍然还可通过系统总线与外围设备之间实现 DMA 操作，而不必经过 CPU。当然，这种计算机双总线系统是以增加硬件系统设计的复杂性为代价的。

3. 三总线结构

图 7-3 所示是三总线系统的结构图，它是在上述的双总线系统的基础上，又增加 I/O 总线形成的系统。其中，系统总线是 CPU、主存和通道（IOP）之间进行数据传送的公共通路，而 I/O 总线是多个外围设备与通道之间进行数据传送的公共通路。

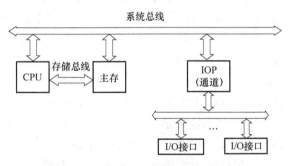

图 7-3　三总线结构

通过直接存储器存取（DMA）方式，外设与主存储器之间直接交换数据，而不经过 CPU，从而减轻了 CPU 对数据输入/输出的控制，而通道方式进一步提高了 CPU 的效率。通道实际上是一台具有特殊功能的处理器，又称为 IOP（I/O 处理器），它分担了部分 CPU 的工作，负责对外设进行统一管理及外设与主存之间的数据传送。显然，由于增加了 IOP，使整个系统的效率大大提高。然而这种设计方式也是以增加硬件系统设计的复杂性为代价的。

7.1.3　总线的内部结构

最初计算机简单总线的内部结构如图 7-4 所示。它可以看成是微处理器芯片引脚的延伸方式，是处理器与其他设备接口的通道。这种简单的总线结构一般也由几十至上百条导线组成。

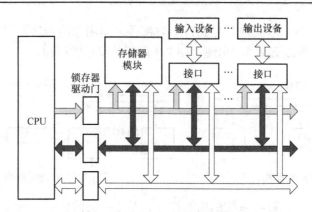

图 7-4　计算机简单总线的内部结构

简单总线结构的不足之处在于：第一，CPU 是总线上唯一的控制者。即使后来增加了具有简单仲裁逻辑功能的 DMA 控制器以支持 DMA 传送，但仍不能满足多 CPU 使用环境的要求。第二，总线信号是 CPU 引脚信号的延伸，故总线结构紧密与某种 CPU 相关，通用性较差。

现在较流行的总线内部结构如图 7-5 所示。在该总线结构中，CPU 和它私有的 Cache 一起作为一个模块与总线相连。系统中允许有多个这样的处理器模块。而总线控制器完成几个总线请求者之间的协调与仲裁。整个总线分成如下四部分：

1）数据传送总线：是由地址总线（address bus）、数据总线（data bus）和控制总线（control bus）三大总线组成。其结构中蕴含了图 7-4 所示的早期的简单总线结构，一般由地址总线（设有 32 或 64 条）、数据总线（设有 32 或 64 条）以及控制电路模块系统工作的信号线等组成。为了减少接口中导线的数目，64 位数据的低 32 位数据总线会和地址总线采用多路复用（multiplexing）的方式。

2）仲裁总线（arbitration pins）：包括总线请求线（Request）和总线授权线（grant）。

3）中断（interrupt）与同步（synchronous）总线：用于处理带优先级（priority）的中断操作，包括中断请求线（request）和中断认可线（enable）。

4）公用总线（public）：包括时钟信号线（clock）、电源线（power）、地线（GND）、系统复位线（reset）以及加电或断电的时序信号线（signal）等。

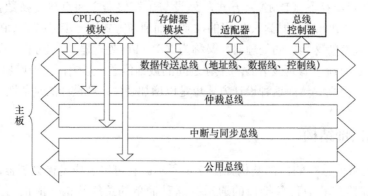

图 7-5　当代总线的内部结构

7.1.4　总线结构对计算机系统性能的影响

在一个计算机系统中，采用哪种总线系统结构，往往会对计算机系统的性能有很大影响。这种对性能的影响可以从三个方面来讨论。

1. 最大存储容量

表面上看一个计算机系统的最大存储容量似乎与总线无关，但实际上总线结构对最大存储容量也会产生一定的影响。例如，在单总线结构的系统中，最大主存容量必须小于由计算机字长所决定的可能的地址总数。

而在双总线结构的系统中，判断对主存还是对外设进行存取是利用各自的指令操作码。由于主存地址和外设地址出现在不同的总线上，所以存储容量几乎不会受到外围设备数量多少的影响。

2. 指令系统

在双总线结构的系统中，访存操作和输入/输出操作各有不同的指令，由指令中的操作码规定要使用哪一条总线。在单总线结构的系统中，访问主存和 I/O 传送可以使用相同的操作码，或者说使用相同的指令，但它们使用不同的地址。

3. 吞吐量

计算机系统的吞吐量是指流入、处理和流出系统的信息的速度。它取决于信息输入主存，数据从主存取出或存入，以及所得结果从主存送给外围设备的速度。这些步骤中的每一步都关系到主存，因此，系统吞吐量主要取决于主存的存取周期。例如，在三总线结构的系统中，由于将 CPU 的一部分功能下放给通道，由通道对外围设备统一管理并实现外围设备与主存之间的数据传送，因而系统的吞吐能力比单总线结构的系统强得多。

7.2　总线接口

7.2.1　总线接口的基本概念

I/O 设备适配器通常简称为接口。广义地讲，接口是指 CPU 和主存、外围设备之间通过总线进行连接的逻辑部件。接口部件在它动态连接的两个功能部件之间起着"彼此沟通"的连接作用，以实现彼此之间的信息传送。

一个典型的计算机系统具有多种外围设备，因而有多种类型的接口。图 7-6 显示了CPU 接口和外围设备之间的连接方式。外围设备本身带有自己的设备控制器，它是控制外围设备进行操作的控制部件。它通过接口接收来自 CPU 的各种信息然后传送到设备，或者从设备中读出信息传送到接口，然后送给 CPU。由于外围设备种类繁多且速度不同，因而每种设备都有适应本身工作特点的设备控制器。

一个标准接口可以连接一个设备，也可能连接多个设备。作为一个适配器通常必有两个接口：一个是和系统总线的接口，CPU 和适配器的数据交换一定的是并行方式；另一个是和外设的接口，适配器和外设的数据交换可能是并行方式，也可能是串行方式。因此，根据外围设备供求串行数据或并行数据的方式不同，适配器分为串行数据接口和并行数据接口两大类。

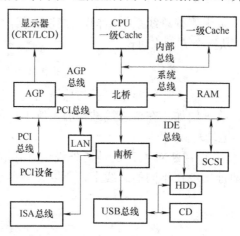

图 7-6　CPU 接口的总线连接方式

7.2.2　总线的控制与通信

1. 总线的控制

总线是可以供多个功能部件所共享的。为了正确地实现多个部件之间的通信，必须要有一个总线控制机构，依赖于它，可对总线的使用进行正确的分配和管理。因为总线是公共的，所以当总线上的一个部件要与另一个部件进行通信时，首先应该发出请求信号。在同一时刻，可能会有多个部件同时要求使用总线，此时总线控制部件根据一定的判决原则，即按一定的优先次序，来决定同意哪个部件优先使用总线。只有获得了总线优先使用权的部件，才能开始进行数据传送。

根据总线控制部件的位置，控制方式可以分成集中式与分布式两类。总线控制逻辑基本集中在一处的，称为集中式总线控制。总线控制逻辑分布在总线各部件中的，称为分布式总线控制。

（1）集中式总线控制　在集中式总线控制中，每个功能模块有两条线连到总线仲裁器：一条是送往仲裁器的总线请求信号线（BR），一条是仲裁器送出的总线授权信号线（BG）。

它主要有三种：链式查询方式、计数器定时查询方式、独立请求方式。

1）链式查询方式：为减少总线授权线数量，采用了图 7-7 所示的链式查询方式。其中，AB 表示地址线，DB 表示数据线。BS 线为 1，表示总线正被某外设使用。总线授权信号 BG 串行地从一个 I/O 接口传送到下一个 I/O 接口。假设 BG 到达的接口无总线请求，则继续往下查询；若 BG 到达的接口有总线请求，BG 信号便不再往下查询。这意味着该 I/O接口获得了总线控制权。

链式查询方式的优点是，只用很少几根线就能按一定优先次序实现总线控制，并且这种链式结构很容易扩充设备。

链式查询方式的缺点是，对询问链的电路故障很敏感，如果第 i 个设备的接口中有关链的电路有故障，那么第 i 个以后的设备都不能进行工作。另外，查询链的优先级是固定的，如果优先级高的设备出现频繁的请求时，那么优先级较低的设备可能长期不能使用总线。

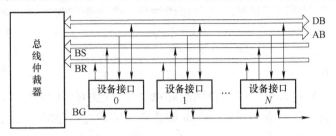

图 7-7　链式查询方式

2）计数器定时查询方式：计数器定时查询方式原理如图 7-8 所示。总线上的任一设备要求使用总线时，通过 BR 线发出总线请求。总线仲裁器接到请求信号以后，在 BS 线为 0 的情况下让计数器开始计数，计数值通过一组地址线发向各设备。每个设备接口都有一个设备地址判别电路，当地址线上的计数值与请求总线的设备地址相一致时，该设备 BS 线置 1，即获得了总线使用权，此时中止计数查询。

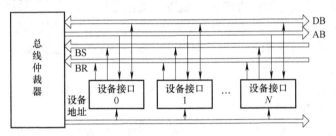

图 7-8　计数器定时查询方式

每次计数可以从 0 开始，也可以从中止点开始。如果从 0 开始，各设备的优先次序与链式查询法相同，优先级的顺序是固定的。如果从中止点开始，则每个设备使用总线的优先级相等。计数器的初值也可用程序来设置，这就可以方便地改变优先次序。显然，这种灵活性是以增加线数为代价的。

3）独立请求方式：独立请求方式原理如图 7-9 所示。在独立请求方式中，每一个共享总线的设备均有一对总线请求线 BR_i 和总线授权线 BG_i。当设备要求使用总线时，便发出该设备的请求信号。总线仲裁器中有一个排队电路，它根据一定的优先次序决定首先响应哪个设备的请求，给设备以授权信号 BG_i。

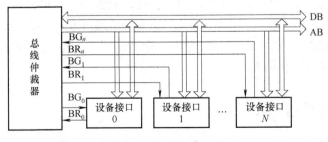

图 7-9　独立请求方式

独立请求方式的优点是响应时间快，即确定优先响应的设备所花费的时间少，用不着一个设备接一个设备查询。另外，对优先次序的控制相当灵活。它可以预先固定，如 BR_0 优先级最高，BR_1 次之，…，BR_n 最低；也可以通过程序来改变优先次序；还可以用屏蔽（禁止）某个请求的办法，不响应来自无效设备的请求。因此，现在普遍采用独立请求方式。

（2）分布式总线控制　分布式总线控制不需要总线仲裁器，每个潜在的主方功能模块都有自己的仲裁号和仲裁器。当它们有总线请求时，把它们唯一的仲裁号发送到共享的仲裁总线上，每个仲裁器将仲裁总线上得到的仲裁号与自己的仲裁号进行比较。如果仲裁总线上的号大，则它的总线请求不予响应，并撤销它的仲裁号。最后，获胜者的仲裁号保留在仲裁总线上。显然，分布式总线控制是以优先级仲裁策略为基础的。

2. 总线通信

上面讨论了共享总线的部件如何获得总线的使用权（即控制权），现在来讨论共享总线的各部件之间如何进行通信，即如何实现数据传输。

总线上的通信方式是实现总线控制和数据传输的手段，通常分为同步方式和异步方式两种。

（1）同步通信　总线上的部件通过总线进行数据传输时，用一个公共的时钟信号进行同步，这种方式称为同步通信。这个公共的时钟可以由 CPU 总线控制部件发送到每一个部件（设备），也可以让每个部件有各自的时钟发生器，然而它们都必须由总线控制部件发出的时钟信号进行同步。

由于采用了公共时钟，每个部件什么时候发送或接收信息都由统一的时钟决定，因此，同步通信具有较高的传输频率。

同步方式对任何两个设备之间的通信都给予同样的时间安排，因此适用于总线长度较短、各部件存取时间比较接近的情况。就总线长度来讲，必须按距离最长的两个设备的传输延迟来设计公共时钟。但是总线长了肯定会降低传输频率。同步总线必须按最慢的部件设计公共时钟，如果各部件存取时间相差很大，就会大大损失总线效率。

（2）异步通信　异步通信允许总线上的各部件有各自的时钟，在各部件之间进行通信时没有公共的时间标准，而是靠发送信息时同时发出设备的时间标志信号，用应答方式来进行通信。

异步通信又分单向方式和双向方式两种。单向方式不能判别数据是否正确传送给对方。半双工方式允许数据在两个方向上传输，但是不能同时传输。在同一个时刻，只允许数据在一个方向上单向传输。可以将这种方式理解成为能够根据需要切换数据传输方向的单工通信。全双工方式是数据可以同时在两个方向上传输，双方设备之间可以同时发送和接收数据。在单总线系统或双总线系统中的 I/O 总线，大多采用双向方式，即应答式异步通信。

由于异步通信采用了应答式全互锁方式，它就适用于存取周期不同的部件之间的通信，对总线长度也没有严格的要求。

7.2.3　总线的信息传送模式

计算机系统中传输信息采用三种方式：串行传送、并行传送和分时传送。但是出于速度和效率上的考虑，系统总线上传送的信息必须采用并行传送方式。

1．串行传送

当信息以串行方式传送时，只有一条传输线，且采用脉冲传送。在串行传送时，按顺序来传送表示一个数码的所有二进制位的脉冲信号，每次一位，通常以第一个脉冲信号表示数码的最低有效位，最后一个脉冲信号表示数码的最高有效位。图 7-10 所示为串行传送的示意图。

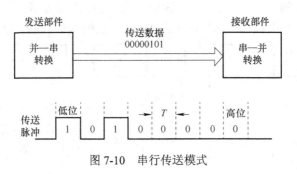

图 7-10　串行传送模式

在串行传送时，被传送的数据需要在发送部件进行并—串变换，这称为拆卸；而在接收部件又需要进行串—并变换，这称为装配。

串行传送的主要优点是只需要一条传输线，这一点对长距离传输显得尤为重要，不管传送的数据量有多少，只需要一条传输线，成本比较低廉。

2．并行传送

用并行方式传送二进制信息时，对每个数据位都需要单独一条传输线。信息有多少二进制位组成，就需要多少条传输线，从而使得二进制数 0 或 1 在不同的线上同时进行传送。并行传送模式如图 7-11 所示。如果要传送的数据由 8 位二进制位组成（一个字节），那么就要使用 8 条线组成的扁平电缆。每一条线分别代表了二进制数的

图 7-11　并行传送模式

不同位值。例如，最上面的线代表最高有效位，最下面的线代表最低有效位，因而图 7-11 中正在传送的二进制数是 10100100。

并行传送一般采用电位传送。由于所有的位同时被传送，所以并行数据传送比串行数据传送快得多。例如，使用 32 条单独的地址线，可以从 CPU 的地址寄存器同时传送 32 位地址信息给主存。

3．分时传送

分时传送有两种概念。一种是采用总线复用方式，某个传输线上既传送地址信息，又传送数据信息。为此必须划分时间片，以便在不同的时间间隔中完成传送地址和传送数据的任务。另一种是共享总线的部件分时使用总线。

7.3 微型计算机常用总线

1. PCI 总线

PCI（peripheral component interconnect）是 Intel 提出的高速外设互连总线，是至关重要的层间总线。它采用同步时序协议和集中式控制策略，并具有自动配置能力。图 7-12 所示为典型的 PCI 总线结构框图，实际上，这也是高档 PC 和服务器的主板总线框图。PCI 总线结构在 X86 体系中比较常见，而在嵌入式 ARM 体系的微处理器中基本没有。

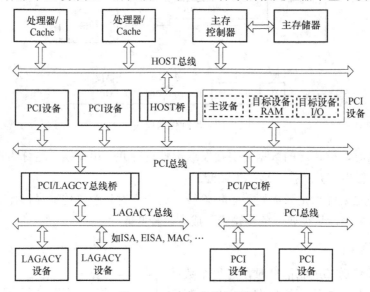

图 7-12 PCI 总线结构框图

2. AGP 总线

AGP（accelerated graphics port，加速图形端口）总线是一种为了提高视频带宽而设计的总线规范。最初，它是以 66MHz PCI Revision 2.1 规范为基础，由 Intel 随着 Pentium Ⅱ 主板一起推出来的。开发 AGP 总线的目的是为了大幅度地提高高档微机处理图形，尤其是 3D 图形的能力。见表 7-1，进行图像处理时，储存在显示卡上显示内存中不仅有影像数据，还有纹理数据、Z 轴的距离数据以及 Alpha 数据等，特别是纹理数据的数据量非常大，要描绘 3D 图形，不仅需要大容量的显存，还需要高速的传输速度。

表 7-1 不同分辨率下的显示器进行 3D 绘图的数据量

分辨率/像素	640×480	800×600	1024×768
显示器输出（MB/s）	50	100	150
显示器内存刷新（MB/s）	100	150	200
Z 轴缓冲存取（MB/s）	100	150	200
纹理存取（MB/s）	100	150	200
其他（MB/s）	20	30	40
合计（MB/s）	370	580	790

纹理生成

纹理生成（texture generation）是产生物体表面细节的图形生成技术。物体的表面细节称为纹理。纹理是表达物体质感的一种重要特性，纹理的生成使图形更具有真实感。通常纹理可分成颜色纹理和几何纹理。前者是在物体的光滑表面上描绘附加定义的图案或花纹，它依赖于物体表面的光学属性。几何纹理则是在物体表面上产生凹凸不平的形状，以表达物体表面的微观几何特性。

每个 3D 造型都是由众多的三角形单元组成的，要使它显示得更真实，就要在它的表面黏贴模拟的纹理和色彩，如一块大理石的纹理等。这些纹理图像是事先放在主存储器中的，将它从存储器中取出来并黏贴到 3D 造型的表面，这就是纹理映射。纹理映射需要大量的存储器容量。

3. RS-232-D 和 RS-449 串行接口

1970 年，美国电子工业协会（EIA）联合贝尔系统、调制解调器厂家和计算机终端厂家，正式制定了用二进制方式交换数据的数据终端设备（Data Terminal Equipment，DTE）与数据通信设备（Data Communication Equipment，DCE）之间的串行接口技术标准，称 RS-232-C 标准，其中 C 为版本号。1988 年又把 RS-232-C 修订为 RS-232-D。其区别在于对连接器的机械特性做了更详细的规定。

RS-232-C（D）是目前最常用的串行接口标准，用来实现计算机之间、计算机与外围设备之间的数据通信，信号最高传输速率为 19.2Kbit/s，最大传输距离为 15m（在码元畸变≤4%时），适用于短距离或带调制解调器的通信场合。图 7-13 所示为 RS-232-C 使用的 DB-25 连接器机械特性。

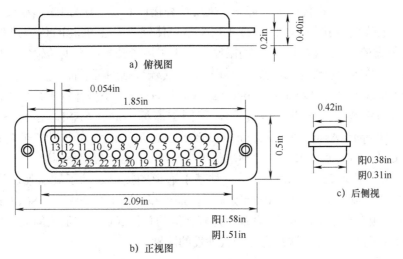

图 7-13　RS-232-C 使用的 DB-25 连接器机械特性

注：1in=2.54cm。

RS-449 是 EIA 于 1977 年制定的一种新的串行接口标准，旨在替代 RS-232-C（D），并于 1980 年成为美国标准。其机械性能明确规定了 37 脚及 9 脚两种标准接口连接器。其电气性能依据 RS-422-A、RS-423-A 以及 RS-485 电气标准。它的最大传输距离达 1200m，信号最高传输速率为 100 kbit/s。

RS-449 是想取代 RS-232-C 而开发的标准，但是几乎所有的数据通信设备厂家仍然采用原来的标准，所以 RS-232-C 仍然是最受欢迎的接口，被广泛采用。

关于 RS-232-C 接口的最大传输距离

在一般教科书和科技杂志中，对 RS-232-C 的最大传输距离都做了明确规定，即不超过 50ft（约 15m）。查阅有关 RS-232-C 接口的蓝皮书可知，这个规定是在码元畸变不超过 4% 的前提下做出的，是相当严格的条件。而在大多数应用场合，约有 99%的用户在码元畸变 10%～20%的范围内工作，所以传输距离可远远超过 15m。

美国计算机主要制造商 DEC 规定 RS-232-C 接口的码元畸变为 10%。在此条件下所做的实验结果表明，在使用带屏蔽线的电缆时，当波特率为 110Baud 时，最大传输距离为 5000ft（约 1500m）；当波特率为 9600Baud 时，最大传输距离为 250ft（约 75m）。DEC 认为它们规定 10%的码元畸变仍是十分保守的。知道了这一点，大家便可放心地在较长的距离内使用 RS-232-C 接口了。

4．IDE 接口与 SCSI 接口总线

IDE 与 SCSI 是广泛用于硬盘和光驱的两个接口标准。通常，在微机中用 IDE 接口，在工作站/服务器或小型机中使用 SCSI 接口。

（1）IDE 接口和 EIDE 接口　IDE（integrated device electronics，集成设备电子部件）是从 IBM PC/AT 上使用的 ATA （advanced technology attachment，高级技术附件规格）接口发展而来的。它的最大的特点是把控制器集成到驱动器内，从而可以消除驱动器和控制器之间的数据丢失，使数据传输十分可靠。采用这种接口的硬盘称为 IDE 硬盘。

目前，第七代硬盘接口标准 Ultra DMA/133 使硬盘与主机间的传输速率达到 133 Mbit/s，并使硬盘的容量突破 137GB 的限制。由于采用了独特的数据传输线（增加了地线数量）和 CRC（循环冗余校验码）技术，还提高了传输数据的可靠性。

（2）SCSI 总线　SCSI（small computer system interface，小型计算机系统接口）在服务器和图形工作站中被广泛采用。1986 年，美国国家标准局（ANSI）在原 SASI（美国 Shugart 公司的 Shugart Associates System Interface）接口基础上，经过功能扩充和协议标准化，制定出 SCSI 标准，后来又被国际标准化组织（ISO）确定为国际标准。

它最初主要为管理磁盘而设计，是一种基于通道的接口。除了硬盘使用这种接口以外，SCSI 接口还可以连接 CD-ROM 驱动器、扫描仪和打印机等。注意，SCSI 具有与设备和主机无关的高级命令系统，SCSI 设备都是有智能的总线成员，它们之间无主次之分，只有启动设备和目标设备之分，这是它与一般外设的区别。

5．USB

USB（universal serial bus，通用串行总线）是由 Compaq、Digital、IBM、Intel、Microsoft、NEC 和 Nothern Telecom 7 家公司共同开发的。1995 年 11 月，USB 0.9 规范正式提出；1998 年，发布 USB 1.1 规范；1999 年，推出 USB 2.0 规范。目前支持该规范的成

员又增加了惠普、朗讯和飞利浦。

USB 是一种中、低速的数据传输接口，旨在统一外设（如鼠标、打印机、扫描仪等）接口，取代传统的串口、并口和 PS/2 接口。它具有以下一些特点：

1）使用方便。USB 接口可以连接多个不同的设备，并支持热插拔。

2）速度快。USB 接口的最高传输速率可达 10Gbit/s，比串口快了数万倍，比并口也快了数千倍。

3）连接灵活。USB 接口支持多个不同设备的串联连接，一个 USB 接口理论上可以连接 127 个 USB 设备。

4）独立供电。USB 电源能向低压设备提供 5V 的电源，因此新的设备就不需专门的交流电源，从而降低了这些设备的成本并提高了性价比。

5）支持多媒体。USB 提供了对电话的两路数据支持。USB 可支持异步以及等时数据传输，使电话可与 PC 集成，共享语音邮件。

6）USB 存在的问题。在理论上，USB 可以实现高达 127 个设备的串联连接，但是在实际应用中，也许串联 3~4 个设备就会导致一些设备失效。另一个问题出在 USB 的电源上，尽管 USB 本身可以提供 500mA 的电源支持，但一旦碰到耗电多的设备，就会导致供电不足。所以，在当前的 USB 应用中，使用 Hub 来连接多个 USB 设备是必需的。

USB 接口规范的全速版和高速版

在 USB 接口的制定过程中，产生了三种速度选择：480Mbit/s、12Mbit/s 和 1.5Mbit/s。一个标准有三种速度，显然会引起市场混乱，因此 USB 协会重新命名了 USB 的规格和标准。新标准将 USB 1.1 改为 USB 2.0 Full Speed（全速版）。其实这个版本是 USB 2.0 对 USB 1.1 的兼容模式，只是改了一个名称。而原来的 USB 2.0 就变成了 USB 2.0 High Speed（高速版）。因此，USB 2.0 Full Speed（全速版）的理论速度是 12Mbit/s 和 1.5Mbit/s，而 USB 2.0 High Speed（高速版）的理论速度就是 480Mbit/s。

USB Type-C 标准接口是随着 USB 3.1 标准提出来的。计算机上符号采用 USB-C，它的传输速度是 10Gbit/s，供电电流是 3~5A，不但带宽大，充电也会更快。这是一种新型通用串行总线（USB）的硬件接口形式。从外观上看是椭圆形的，最大特点在于其上下端完全一致，即不用区分接口的正反面，正反两个方向都可以插入，这就给使用带来了很大的方便。笔记本计算机外接各种设备时，都可以用 Type-C 接口，如充电，连接有线鼠标、键盘、U 盘、读卡器，外接显示器、投影仪、电视机等不同接口的设备。

USB 标准仍处在发展中。USB Promoter Group 发布新的 USB 4 标准接口提供双链路通道，带宽达到 40Gbit/s 的传输速率（是 USB 3.2 Gen2x1 的两倍），以及 USB Implementers Forum（USB-IF）提出的最高达 100W（20V/5A）的充电功率。USB 4 向后兼容 USB 3.2、USB2.0 和 Thunderbolt 3 总线。USB 4 的物理接口形式将采用 USB Type-C 接口。

6. IEEE 1394 总线

IEEE 1394 又称为 FireWire 或 iLink，是一种高效的串行接口，目前已经成为数码影像设备的传输标准。它定义了数据的传输协定及连接系统，可以较低的成本达到较高的性能，以增强计算机与外设，如硬盘、打印机、扫描仪等的连接能力。

USB 是迄今为止最通用的串行外部接口，目前市售的所有微机都带有 USB 总线接口，但只有很少一些微机系统和主板集成了 IEEE 1394 接口。但 IEEE 1394 仍有一定的市场，这是因为它的一个重要优点，即不要求连接微机就可以用来直接将数字视频（DV）摄像机连接到 DV-VCR 进行磁带复制或编辑。

由于 IEEE 1394 与 USB 在形式和功能上的类似性，人们容易对这两种接口技术产生混淆。

本 章 小 结

总线是构成计算机系统的互联机构，是多个系统功能部件之间进行数据传送的公共通道，并在争用资源的基础上进行工作。

根据连接方式的不同，单机系统中采用的总线结构有三种基本类型：单总线结构、双总线结构和三总线结构。

各种外围设备必须通过接口与总线相连。接口是指 CPU、主存、外围设备之间通过总线进行连接的逻辑部件。接口部件在它动态连接的两个功能部件间起着缓冲器和转换器的作用，以便实现彼此之间的信息传送。

根据总线控制部件的位置，控制方式可以分成集中式与分布式两类。总线控制逻辑基本集中在一处的，称为集中式总线控制。总线控制逻辑分布在总线各部件中的，称为分布式总线控制。

总线上的通信方式是实现总线控制和数据传送的手段，通常分为同步方式和异步方式两种。

计算机系统中，根据应用条件和硬件资源不同，信息的传输方式可采用并行传送、串行传送和分时传送。

PCI 总线是当前流行的总线，是一个高带宽且与处理器无关的标准总线，又是至关重要的层次总线。它采用同步定时协议和集中式控制策略，并具有自动配置能力。PCI 适合低成本的小系统，因此在微型机系统中得到了广泛的应用。目前最新的 PCI express（peripheral component interconnect express）是一种更高速度的串行计算机扩展总线标准。

习 题 7

一、选择题

1. 同步通信之所以比异步通信具有较高的传输频率，是因为同步通信（ ）。
    A. 不需要应答信号   B. 总线长度较短
    C. 用一个公共时钟信号进行同步   D. 各部件存取时间比较接近

2. 在集中式总线控制中，（ ）方式响应时间最快，（ ）方式对（ ）最敏感。
    A. 链式查询方式   B. 独立请求方式
    C. 电路故障   D. 计数器定时查询方式

3．采用串行接口进行 7 位 ASCII 码传送，带有 1 位奇校验位、1 位起始位和 1 位停止位，当波特率为 9600Baud 时，字符传输速率为（　　　）。

    A．960   B．873   C．1371   D．480

4．系统总线中地址线的功能是（　　　）。

    A．选择主存单元地址   B．选择进行信息传输的设备

    C．选择外存地址   D．指定主存和 I/O 设备接口电路的地址

5．系统总线中控制线的功能是（　　　）。

    A．提供主存、I/O 接口设备的控制信号和响应信号

    B．提供数据信息

    C．提供时序信号

    D．提供主存、I/O 接口设备的响应信号

6．PCI 总线的基本传输机制是（　　　）传送。利用（　　　）可以实现总线间的传送，使所有的存取都按 CPU 的需要出现在总线上。

    A．桥   B．猝发式   C．并行   D．多条

二、简答题

1．比较单总线、双总线、三总线结构的性能特点。

2．说明总线结构对计算机系统性能的影响。

3．说明存储器总线周期与 I/O 总线周期的异同点。

4．PCI 总线中三种桥的名称是什么？桥的功能是什么？

第8章
计算机的外围设备

计算机的外围设备（peripheral device）又称为外部设备（external device），简称外设，主要包括输入设备、输出设备、外部存储设备，以及数据通信与控制设备。在计算机硬件系统中，外围设备是相对于计算机主机来说的。凡在计算机主机处理信息的时候，负责把信息输入计算机主机、加工处理和输出处理结果的设备都被称为外围设备，而是否受到中央处理器的直接控制并不重要。

本章主要介绍常用的输入/输出设备和外部存储设备，叙述的重点以基本概念和基本工作原理为主。

8.1　计算机外围设备概述

中央处理器和主存储器构成计算机的主机。除主机以外，围绕着主机设置的各种硬件装置叫作外围设备，它们主要用来完成数据的输入、输出、成批存储以及对信息的加工处理。计算机的外围设备包括输入设备、输出设备、外存储器和数字通信与控制设备。

8.1.1　外围设备的分类

外围设备的结构、功能、工作原理有很大差别，通常有机械的、电子的、电磁的、激光的等，若按功能分类可将其分为六类，如图8-1所示。

1. 输入设备

输入设备是用户和计算机之间最重要的接口，功能是把原始数据和处理这些数据的程序、命令通过输入接口输入到计算机中。那么，只要是能把程序、数据和命令送入计算机进行处理的设备都可以称为输入设备。常用的输入设备有字符输入设备（如键盘、条码阅读器、磁卡机等）、图形输入设备（如鼠标、图形数字化仪、操纵杆、触摸屏等）、图像输入设备（如扫描仪、传真机、摄像机等）、模拟量输入设备（如模-数转换器、传声器等）等，早期使用的还有纸带输入机、卡片输入机等。它们用来把外部信息转换成二进制信息，经过运算器送入存储器中保存。

2．输出设备

输出设备同样是很重要的人机交互接口，其功能是用来输出人们所需要的计算机的处理结果。输出的形式也是多种多样的，可以是数字、字母、表格、图形、图像等。常用的输出设备包括显示设备和打印设备两类。显示设备主要是显示器，打印设备主要是打印机。

3．外存储器

在计算机系统中除了计算机主机中的内存储器（包括主存和高速缓冲存储器）外，还有外存储器，简称"外存"。外存可以存储大量的暂时不参加运算和处理的数据和程序。注意，外存是不可以直接和 CPU 交换数据和程序的。所以，它是主存储器的后备和补充，有些时候也叫作"辅助存储器"。

外存的特点是存储容量大、可靠性高、价格低，在断电的情况下可以永久保存存储的信息，进行重复使用。外存按存储介质可分为磁表面存储器和光存储器。

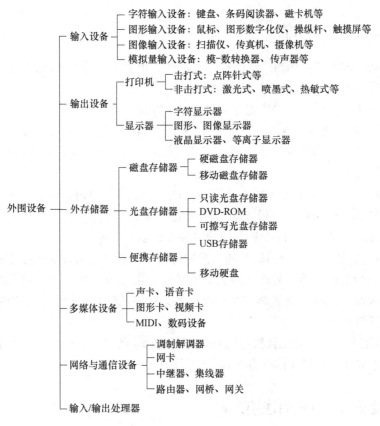

图 8-1　计算机外围设备的分类

4．多媒体设备

当今社会是信息爆炸的时代，文字、图像、语音等各种媒体和信息大量产生，用户要利用各种各样的信息进行交换处理，那么就要求计算机能够处理各种不同形式的信息，多媒体设备应运而生。多媒体设备的功能是使计算机能够接收、存储、处理各种形式的多媒体信息。

5. 网络与通信设备

21 世纪人类进入信息社会。从 20 世纪 90 年代中期开始，世界大部分国家都在迅速进行信息化基础设施的建设。随着 Internet 技术的不断发展，网络和通信技术获得了前所未有的大发展。

网络与通信设备为了实现数据通信和资源共享，需要有专门的设备把计算机连接起来。目前的网络通信设备包括调制解调器、网卡以及中继器、集线器、网桥、路由器、网关等。

6. 输入/输出处理器

输入/输出处理器通常也叫作外围处理单元（peripheral processor unit，PPU）。结构上接近一般的处理器，有些时候也是一台小型通用计算机，多用于分布式计算机系统。其主要功能是负责计算机系统的输入/输出通道所需完成的输入/输出控制，还可以进行格式处理，数据块的检错、纠错和码制转换等。

8.1.2　外围设备的一般功能

外围设备这个术语涉及相当广泛的计算机部件。事实上，除了 CPU 和主存外，计算机系统的每一部分都可作为一个外围设备来看待。

外围设备在计算机系统中的功能可以分为四个方面。

1）外围设备是人机交互的通道。无论是微型计算机系统，还是小、中、大型计算机系统，要把数据、程序、命令送入计算机，或要把计算结果、运行状态及各种信息送出来，都要通过外围设备来实现。

2）外围设备是完成数据媒体变换的设备。在人机交换信息时，首先需要将各种信息变成计算机能识别的二进制代码的形式输入计算机；同样，计算机处理的结果也必须变换成人们所熟悉的表达方式。这两种变换只能通过外围设备来实现。

3）存储系统软件、大型应用软件和数据库等各种信息。随着计算机技术的发展，系统软件、数据库和待处理的信息量越来越大，不可能全部存放在主存中，绝大部分必须存入辅助存储器。因此，以磁盘存储器或光盘存储器为代表的辅助存储器已成为系统软件、数据库及各种信息的驻地。

4）提供应用手段给各类计算机应用领域。无论哪个领域、哪个部门，只有配置了相应的外围设备，才能使计算机在这些方面得到广泛的应用。

8.1.3　外围设备和计算机的连接方式

由于计算机系统会配置种类繁多的外围设备，这些设备在工作速度上与 CPU 差距很大，不仅如此，还在数据表示形式上也和计算机主机内部的表示形式完全不同。那么，要实现外围设备和计算机的连接和信息交换，提高计算机的工作效率，就要了解外围设备和计算机系统的接口，以及在工作速度和数据表示形式上的不同，同时还要了解外围设备传输信息的种类、传输控制方式和传输方法。在这些基础上，进一步确定连接方式。

1. 外围设备和计算机的接口种类

各种类型的外围设备如果要和计算机进行正确的信息交换，只有正确地连接到计算机上才可以，这时候就需要接口，PC上的接口主要有以下几种：

（1）SCSI　小型计算机系统接口（small computer system interface，SCSI）是一种用于计算机及其周边设备（如硬盘、软驱、光驱、打印机、扫描仪等）之间系统级接口的独立处理器标准。它是一个通用的接口，可以同步或异步传输数据，如图 8-2 所示。在母线上可以连接主机适配器和 8 个 SCSI 外设控制器，最常见的应用是在存储设备（如硬盘、磁带机）上，也可以连接扫描仪、光学设备、打印机等。

（2）IEEE1394　IEEE1394 接口是苹果公司开发的串行标准，又称火线接口（firewire）。IEEE1394 支持外设热插拔，可为外设提供电源，省去了外设自带的电源，能连接多个不同设备，支持同步数据传输。其外观如图 8-3 所示。

（3）USB 接口　USB 接口具有传输速度快、使用方便、支持热插拔、连接灵活、独立供电等优点，可以连接键盘、鼠标、大容量存储设备等多种外设。该接口也被广泛用于智能手机。计算机等智能设备与外界数据的交互主要以网络和 USB 接口为主。其外观如图 8-4 所示。

图 8-2　SCSI 外观

图 8-3　IEEE 1394 接口

图 8-4　USB 接口

（4）COM 接口　COM 接口（cluster communication port）即串行通信接口，简称串口。微机上的串口通常是 9 针，也有 25 针的接口，最大速率为 115200bit/s。它通常用于连接鼠标（串口）及通信设备（如外置式调制解调器进行数据通信或一些工厂的数控机接口）等。一般主板外部只有一个串口，在机箱后面和并口一起的那个九孔输出端（梯形），即 COM1 接口和 COM2 接口，如图 8-5 所示。但目前主流的主板一般都只带一个串口，甚至不带，慢慢会被 USB 接口取代。

（5）PS/2 接口　PS/2 接口是一种 PC 兼容型计算机系统上的接口，可以用来连接键盘及鼠标。

在现在的计算机中 PS/2 接口已经慢慢地被 USB 接口所取代，只有少部分的台式机仍然提供完整的 PS/2 键盘及鼠标接口。不过，由于 USB 接口对键盘最大能支持 6 键无冲突，而 PS/2 键盘接口可以支持所有按键同时而无冲突，因此大部分主板 PS/2 键盘通信接口仍然被保留，或是仅保留一组 PS/2 键盘及鼠标都可共享的 PS/2 接口但同时保留键盘及鼠标的 PS/2 接口的主板目前已经比较少了。

（6）LPT 接口　LPT 接口为打印机专用接口。

LPT 接口是一种增强了的双向并行传输接口，在 USB 接口出现以前是扫描仪和打印机最常用的接口。最高传输速度为 1.5Mbit/s，设备容易安装及使用，但是速度比较慢。此接口一般用来连接打印机或扫描仪。其默认的中断号是 IRQ7，采用 25 脚的 DB-25 接头，如图 8-7 所示。

（7）MIDI 接口　MIDI（musical Instrument Digital Interface）即乐器数字接口，是音乐与计算机结合的产物。它是一种计算机与 MIDI 设备之间连接的接口，同时也是一种数字音乐的标准。MIDI 不传送声音，只传送像是音调和音乐强度的数字数据，对于绝大多数声卡，在连接 MIDI 设备时需要向声卡的制造商另外购买一条 MIDI 转接线，包括 2 个圆形的 5 针 MIDI 接口和一个游戏杆接口，如图 8-8 所示。

图 8-5　COM 接口　　图 8-6　PS/2 接口　　图 8-7　LPT 接口　　图 8-8　MIDI 接口

2．外围设备与中央处理器之间的信息交换

在计算机系统中，外围设备和中央处理器传输的信息包括设备地址信息、数据信息、设备状态信息和控制信息。这里具体指某一设备上的数据交换、设备当前的操作状态和中央处理器对外围设备的控制操作命令等。

通常数据传输的控制方式有同步和异步两种。同步传输是指在统一的时钟节拍下不同的外围设备一起进行数据传输；而异步传输并没有统一的时钟，而是根据应答信号来决定传输周期。在实际工作中，如果传输时间短于一个节拍，同步传输就是一种浪费，而异步传输可以充分利用 I/O 通道上的工作时间。

在微型计算机或者小型计算机中，多数采用程序查询、中断和直接存储器访问方式，在大型机中一般采用 I/O 处理器和中断方式。

外围设备不管采用哪一种控制和传输方式，大致的连接模式如图 8-9 所示。

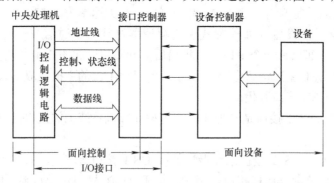

图 8-9　外围设备和计算机的连接模式

8.2　输入设备

1．键盘

键盘是最重要的字符输入设备，其基本组成元器件是按键，通过识别所按按键产生的

二进制信息，并将信息送入计算机中，完成输入过程。一般键盘盘面分为 4 个键区：打字键盘区称为英文主键盘区，或字符键区；数字小键盘区又称副键盘区，在键盘盘面右侧；功能键区在盘面上部；还有屏幕编辑键区和光标移动键区。

微机常用 84 键的基本键盘和 101 键的通用扩展键盘。随着计算机网络的发展，键盘键数已经增加到 104、105 键。

通常使用的键盘采用阵列结构，如图 8-10 所示。设有 $m×n$ 个按键，组成一个 m 行 n 列的矩阵，只要有 $m+n$ 根连线就可判别哪一个按键被按下了。每按一个键传送一个字节的数据，完成一个字节数据的输入。例如，一个键盘有 64 个键，用 8 行和 8 列的矩阵表示，根据某行某列的输出线上的电位可以唯一地判定是哪个键被按下了。

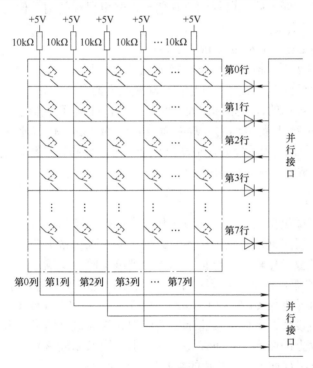

图 8-10　8×8 键位识别原理图

2．鼠标

鼠标（mouse）因其外形像一只拖着长尾巴的老鼠而得名。利用鼠标可以方便地指定指针在显示屏幕上的位置，比用键盘上的光标移动键要快而且方便。

（1）鼠标分类　目前市面上流行的鼠标有两种：光电鼠标和无线鼠标。此前，应用的最多的为机械鼠标。

机械鼠标：主要是通过其底部中心的一个外表涂有橡胶的钢球的滚动来带动钢球上两个靠轮的转动，它们在弹簧的作用下与钢球之间保持一定的压力，当钢球滚动时，靠轮随着转动。靠轮的轴端有一个栅轮，像车轮的辐条一样，将轮面分成许多栅格。栅轮两边有光电检测器，发光二极管发出的光线透过栅轮，照到另一边的光电晶体管上，使其导通，在控制线路得到一个低电平。当栅条挡住光线时，光电晶体管截止，得到高电平。随着栅轮的转动，就可产生一系列高低电平脉冲。

CPU 对这些脉冲计数，根据脉冲多少即可确定鼠标移动的距离。两个靠轮轴相互垂直，分别代表 X 和 Y 方向的位移。其编码电路的触点颤动会影响精度，需要增加补偿电路，并且触点也易磨损。

光电鼠标：通过发光二极管和光电二极管来检测鼠标对于一个表面的相对运动。它没有机械滚动部分，代之以两对互成直角的光电探测器，分别代表 X 和 Y 方向。光电鼠标必须在专用的板上滑动，滑板用相互垂直的线条划分成许多小方格。若发光二极管发出的光线照到板上的空白处，反射到光电晶体管上，使其导通，获得低电平；若照到线条上，则被线条吸收，无反射光线到光电晶体管上，光电晶体管截止，得到高电平。CPU 以 X 和 Y 方向的高低脉冲计数，即可确定鼠标的位移情况。光电鼠标使用方便可靠，精度较高，但进一步提高分辨率受到限制。

无线鼠标：利用 DRF（digital radio frequency，数字无线电频率）技术把鼠标在 X 轴或 Y 轴上的移动、按键按下或抬起的信息转换成无线信号并发送给主机。与主机的通信和控制原理和其他方式的鼠标完全相同，只是在移动检测方面有些差异。

（2）性能指标　鼠标的性能指标主要是指分辨率，即鼠标每移动 1in（1in≈2.54cm）所能检测出的点数（dpi）。目前鼠标的分辨率为 200～3600dpi，传送速率一般为 1200bit/s，鼠标按钮数为 2～3 个。使用鼠标时，滑动鼠标使屏幕上的指针移到指定位置，然后单击、右击或双击，即可完成软件指定的功能。

3. 图像输入设备

（1）摄像机　摄像机摄取的景物经数字化后变成数字图像存入磁盘。当图像已经被记录到某种介质上时，要用读出装置读出图像。如记录在录像带上的图像要用录像机读出，再将视频信号经图像板量化输入计算机。如果想把纸上的图像输入计算机，一种方法是用摄像机对着纸上的图像摄像输入，但由于纸的反光、亮度不匀等因素，会降低图像的质量；另一种方法是利用装有 CCD（电荷耦合器件）的图文扫描仪或图文传真机。有一种称作光机扫描鼓的专用设备，可以直接将纸上的图像转换成数字图像存入计算机。有一种扫描鼓还可以读出胶片上的图像，并可以将显示器上的图像制成感光胶片输出，人们再用胶片扩印成相片，甚至还有直接输出照片的视频硬拷贝机。

（2）数字照相机　近年来被广泛使用的数字照相机在色彩质量和图像清晰度等方面不断改进。数字照相机内置存储器，并带有 LCD 预映屏幕。在拍照时观察屏幕可将最佳快照录入相机的存储器中，并即时删除不理想的照片。其最大的特点是可以联机，如果照片拍得不够理想，则可以把它们载到计算机中，对其进行编辑，直到满意为止。因此，人们可以在瞬间获取图像，也可在拍摄照片后把其上传到因特网上。

数字照相机可以减少图片成像成本，迅速、便捷地采集图像。

而现在更多的时候，智能手机的操作便捷性与成像质量也不低于数字相机，使多数用户直接使用手机来进行拍照。

4. 触摸屏

对多数不熟悉计算机操作的用户来说，面对众多的键盘输入方式（尤其是汉字输入），难免感到陌生，触摸屏就是为改善人机交互方式而采用的一种便捷的输入方式。目前，触摸屏已被广泛应用在许多领域的控制和查询等方面。

触摸屏是透明的，可以安装在任何一种显示器屏幕的外面。使用时，显示器屏幕上根据实际应用的需要显示出用户所需控制的项目或查询的内容，供用户选择。用户只要用手指（或其他东西）点一下所选择的项目，即可由触摸屏将此信息送到计算机中，所以显示屏上显示的项目或标题相当于"伪按键"。实际上，触摸屏是一种定位设备，用户通过与触摸屏的直接接触，向计算机输入的是接触点的坐标位置，后面的工作就由程序去执行了。

触摸屏系统一般包括两部分：触摸屏控制卡和触摸检测装置。

触摸屏控制卡上有微处理器和固化的监控程序，其主要作用是将触摸检测装置送来的触摸信息转换成触点坐标，再送给计算机；同时，它能接收计算机送来的命令，并予以执行。触摸屏控制卡及其电源可以安装在显示器内，称为内置式；也可安装在显示器外面，称为外挂式。

触摸屏根据其所采用的技术可以分成 5 类：电阻式、电容式、红外线式、表面声波技术和底座式矢量压力测力技术。

8.3　输出设备——显示器

8.3.1　显示设备的分类与相关概念

计算机运行程序结束后，其处理结果以二进制数的形式存放在主存中，计算机必须把二进制数据表示的运算结果转换成人们能识别的形式，通过输出设备反馈给用户。常见的输出设备有显示器和打印机等。显示器能以可见光的形式输出信息，它是目前计算机系统中应用最广泛的输出设备。

1．图形和图像

图形是指没有亮暗层次变化的线条图，如电路图、机械零件图、建筑工程图等，是使用点、线、面、体生成的平面图和立体图。

图像是指用摄像机拍摄下来的照片、录像等，是具有亮暗层次变化的图片。经计算机处理和显示的图像，需将每幅图片上连续的亮暗层次变化转换为离散的数字量，逐点存入计算机，并以点阵方式输出，因此处理图像需要占用较大的存储空间。

2．分辨率和灰度级

分辨率是指整个荧光屏上所能表示的像素个数。像素越密，分辨率就越高，图像就越清晰。分辨率取决于显像管荧光粉的粒度、荧光屏的尺寸和电子束的聚焦能力。例如，12in 彩色 CRT 的分辨率为 640 像素×480 像素，每个像素的间距为 0.31mm，水平方向的 640 个像素所占显示长度为 0.31mm×640=198.4mm，垂直方向 480 个像素所占显示长度为 0.31mm×480= 148.88mm，水平和垂直方向的长宽比例为 4∶3。按这个分辨率表示的图像具有较好的水平线性和垂直线性，否则看起来会失真变形。

灰度级是指所显示的像素点的亮暗差别，在彩色显示器中则表现为颜色的种类。灰度级越多，图像的亮暗层次表现得越清楚逼真。每个像素的灰度级用若干位二进制数表示，如果用 4 位表示一个像素的灰度级或颜色，则可以表示 2^4=16 级灰度；如果用 8 位表示一个像素的灰度级或颜色，则有 2^8=256 级灰度或 256 种颜色。字符显示器只用 0、1 两级灰度就可表示字符的有无，故这种只有两级灰度的显示器称为单色显示器。具有多种灰度级的黑白显示器称为多灰度级黑白显示器。图像显示器的灰度级一般为 64 级或 256 级。

3．刷新和刷新存储器

CRT 发光是由电子束打在荧光粉上引起的。电子束扫过该像素点之后，其发光亮度只能维持几十毫秒便消失。为了使人眼能看到稳定的图像，必须使电子束不断地重复扫描整个屏幕，这个过程叫作刷新（refresh）。每秒的刷新次数称为刷新频率。根据人眼视觉暂留原理，刷新频率大于 30 次/s 时眼睛才不会感到闪烁。显示设备中通常选用电视中的标准，每秒刷新 50 帧图像。

为了满足刷新图像的要求，必须把一帧图像信息保存起来，存储一帧图像全部像素数据的存储器称为刷新存储器，也叫视频存储器（VRAM）（电视不用视频存储器也可以看到图像，是因为电视接收机不断接收从天线传来的信号）。其存储容量由图像分辨率和灰度级决定。分辨率越高，灰度级越多，刷新存储器容量越大。例如分辨率为 1024 像素×1024 像素，灰度级为 256 级的图像，存储容量为 1024×1024×8bit=1MB。刷新存储器的读/写周期必须满足刷新频率的要求。在上例中，要求 1s 内至少读出 50MB。

4．随机扫描和光栅扫描

电子束在荧光屏上按某种轨迹运动称为扫描，控制电子束扫描轨迹的电路叫作扫描偏转电路。扫描方式有两种：随机扫描和光栅扫描。

随机扫描是控制电子束在 CRT 屏幕上随机地运动，从而产生图形和字符。电子束只在需要作图的地方扫描，而不必扫描整个屏幕。因此，这种扫描方式速度快，图像清晰，但控制复杂，价格较贵。

光栅扫描是电视中采用的扫描方法。在电视中图像充满整个画面，因此要求电子束扫过整个屏幕。光栅扫描是从上到下顺序扫描，采用逐行扫描和隔行扫描两种方式。逐行扫描就是从屏幕顶部开始一行接一行地扫描，一直到底，反复进行。

电视系统采用隔行扫描，它把一帧图像分为奇数场（行 1，3，5，…）和偶数场（行 0，2，4，…）。我国电视标准是 625 行，奇数场和偶数场各 312.5 行。扫描顺序是先偶数场再奇数场，交替传送，每秒显示 50 场（帧）。光栅扫描的缺点是冗余时间长，分辨率不如随机扫描。但由于电视中扫描技术已经成熟，计算机系统中除高质量图形显示器外，大部分字符、图形、图像显示器都采用光栅扫描方式。

8.3.2　字符显示器

字符显示器是计算机系统中最基本的外围设备。字符显示器能在屏幕上显示每一个字符的形状。输入时把一个字符变成一个数字编码，存入计算机中；输出时必须再变回来，把该字符的编码变成这个字符的形状。显示字符的方法以点阵为基础，每一个字符用若干个光点组成的点阵表示，多个光点组成字符的线条笔画，显示出字符的外形。在 IBM PC 的显示器上，全屏可显示 25 行字符，每行有 80 个字符，因此可显示 80×25 个字符=2000 个字符。

例如，单色点阵式字符显示器的每幅画面显示 25 行×80 列共 2000 个字符。显示器内应包括一个 2KB 大小 RAM 的显示存储器与画面字符相对应。每个字符由点阵组成，若用 5×7 的点阵来表示，即用 7 行 5 列的亮点组成。通过控制各点的亮暗，即可显示出不同符号。为了把显示存储器内 ASCII 码变成 5×7 点阵字符形式，需要利用字符发生器进行变换。常用的字符发生器是由存储 64 种字符的 ROM 所组成。每个字符用 8B 来表示。因此，字符发生器 ROM 中共有 512B 信息，每个字符的 ASCII 编码对应于存放该字符 8B 信息的起始地址。实际上 ASCII 码字符除去校验位，还有 7 位。可利用其低 6 位作为字符 ROM 的地址。显示存储器与屏幕的关系如图 8-11 所示。字符发生器地址与显示内容的关系如图 8-12 所示。

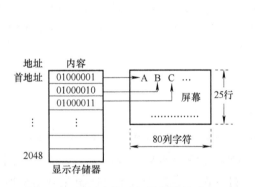

图 8-11　显示存储器与屏幕的关系

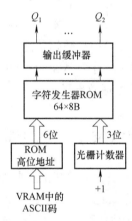

图 8-12　字符发生器地址与显示内容的关系

VRAM 中某一个地址存储单元的内容为 01000110，把 01000110 作为字符发生器 ROM 点阵的起始地址，找到 F 的字形，再根据表示字符点阵线数的光栅计数器，逐行读出该点阵各行之值，通过 $O_1 \sim O_5$ 输出，控制 CRT 的控制栅，在屏幕上显示 F 字形。其原理如图 8-13 所示。

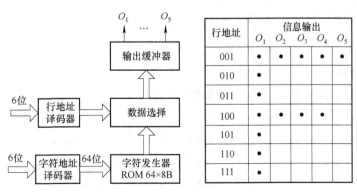

图 8-13　字符发生器显示原理

8.3.3 图形和图像显示

光栅扫描显示器是当今应用最多的显示器。光栅扫描显示器的特点是把对应于屏幕上每个像素的信息都用存储器存起来，然后按地址顺序逐个地刷新显示在屏幕上。其硬件结构如图 8-14 所示。

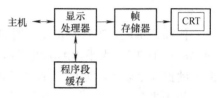

图 8-14　光栅扫描显示器的硬件结构

在微机系统中，主机和 CRT 设备之间的电路都放在显示适配器的接口中。

帧存储器中存放了一帧图像或图形信息，和屏幕上的像素一一对应，如果屏幕的分辨率为 1024 像素×1024 像素，帧存储器就要有 1024×1024 个单元；如果屏幕上像素的灰度为 256 级，帧存储器每个单元的字长就要是 8 位。因此，帧存储器的容量直接取决于显示器的分辨率和灰度级。对于本例，要有 1024×1024×8bit=1MB 的帧存容量。

要降低适配器成本，需要减少卡上显存容量，将结构数据存储在主存储器中。原有的总线难以胜任图形数据传送，Intel 公司提出了新型视频标准 AGP，并推出了三维图形/图像加速芯片，符合 AGP 标准的适配器也随之出现。在微机中是否具有 AGP 接口卡，对图形/图像的处理效果影响很大。

8.4　输出设备——打印机

打印设备是计算机的重要输出设备之一，它能将机器处理的结果以字符、图形等人们所能识别的形式记录在纸上。计算机的打印设备种类繁多，性能各异，结构上的差别也很大。

按打印原理分类，可分为击打式和非击打式两大类。击打式打印机是利用机械作用使印字机构与色带和纸相撞击而打印字符。非击打式打印机是采用电、磁、光、喷墨等物理、化学方法印刷字符，如激光打印机、静电打印机、喷墨打印机等。击打式打印机成本低，缺点是噪音大、速度慢。非击打式打印机速度快、噪音低，打印质量比击打式好。

按工作方式划分，可分为串行打印机和行式打印机两种。串行打印机是逐字打印，行式打印机的速度比串行打印机快，它一次就可以输出一行。

按打印纸的宽度不同，可分为宽行打印机和窄行打印机，此外，还有图形/图像打印机，以及具有彩色效果的彩色打印机等。

1. 喷墨打印机

喷墨打印机可直接将墨水喷射到普通纸上实现打印，如喷射多种颜色的墨水则可实现彩色硬拷贝输出。

图 8-15 显示了一种电荷控制式打印机的印刷原理和字符形成过程。喷墨打印机主要由喷墨头、充电电极、偏转电极、墨水供应及过滤回收系统和相应控制电路组成。

有的喷墨打印机采用两对互相垂直的偏转板，对墨滴的印字位置进行二维控制。上面介绍的打印机只有一个喷墨头，因此速度较慢。

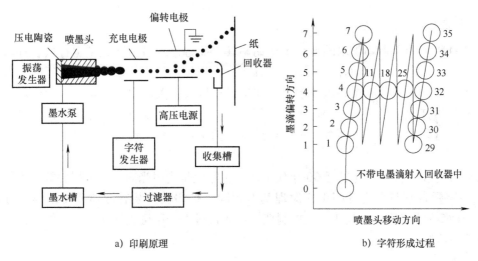

a）印刷原理　　　　　　　　　　　　b）字符形成过程

图 8-15　喷墨打印机原理图

2. 激光打印机

激光打印机是一种高速度、高精度、低噪声的非击打式打印机，又叫激光印字机。它是激光技术与电子照相技术相结合的产物。与静电复印机的工作原理相似。

激光打印机的结构如图 8-16 所示。激光打印机是非击打式硬拷贝输出设备，输出速度快，打印质量高，可使用普通纸张。其打印分辨率达到每英寸 300 个点以上，缓冲存储器容量一般在 1MB 以上，是汉字或图形/图像输出的理想设备，因而在办公自动化及轻印刷系统中得到了广泛的应用。

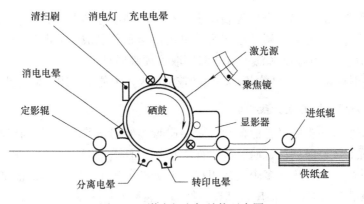

图 8-16　激光打印机结构示意图

激光打印机是逐页输出的，因此也将这一类设备称为页式输出设备。页式输出设备的输出速度用每分钟输出的页数（pages per minute，PPM）来表示。高速激光打印机的速度在 100PPM 以上，中速为 30~60PPM。它们主要用于大型计算机系统。低速激光打印机的速度为 10~20PPM，甚至在 10PPM 以下，主要用于办公自动化系统和文字编辑系统。

打印设备与计算机之间的接口比较简单。分为串行接口和并行接口两种。串行接口采用标准的 RS-232 接口，每次输出一位数据。并行接口每次输出一个字节数据。

3．打印机的发展趋势

针式打印机随着市场需求的变化也在调整其产品方向。目前除大型宽行报表打印仍维持其优势外，逐渐转向微型打印机和特种打印机。例如，超市的购物单、银行的存款单、酒店账单、航空公司的机票、铁路的车票和货运单以及海关的报关单等。因为中低档激光打印机和喷墨打印机仅可打印 A4 幅面的纸张，且对纸张的厚度有一定要求，不能多联打印，而针式打印机在这些方面都具有不可被取代的优势，新型针式打印机的分辨率可达到360dpi。

3D 打印技术出现于 20 世纪 90 年代中期，实际上是利用光固化和纸层叠等技术的最新快速成型装置。它与普通打印工作原理基本相同，打印机内装有液体或粉末等"打印材料"，与计算机连接后，通过计算机控制把"打印材料"一层层叠加起来，最终把计算机上的蓝图变成实物。

8.5 硬磁盘存储设备

磁盘存储器是计算机系统中最主要的外存设备。自从 1956 年美国 IBM 公司研制出第一个商品化的磁盘以来，它在结构、性能等方面都有了很大的发展。目前，大、中、小型及微型计算机普遍都配有磁盘机，这是因为磁盘有很多优于其他外存的地方，如存取速度快，存储容量大，易于脱机保存等。

8.5.1 硬磁盘存储器的结构与分类

硬磁盘存储器指的是记录介质为硬质圆形盘片的辅助存储器系统。它以铝合金等金属作为盘基，盘面敷有磁性记录层，磁层可以采用甩涂工艺制成，此时磁粉呈不连续的颗粒存在；也可以用电镀、化学镀和溅射等方法制取连续膜磁盘。

硬磁盘存储器种类很多，结构各异，性能差别很大，为便于叙述，采用以下分类方法。

1．根据磁头的工作方式分类

按此法可分成移动头磁盘存储器和固定头磁盘存储器。移动头磁盘存储器存取数据时磁头在磁盘盘面上做径向移动，磁头与盘面不接触，且随气流浮动，因此称为浮动磁头。这种存储器可以由一个盘片或多个盘片组成，并装在主轴上。盘片的每面都有一个磁头。这种结构的硬磁盘存储器应用很广，其典型结构为温彻斯特磁盘。

固定头磁盘存储器的磁头位置固定，磁盘的每一个磁道都对应一个磁头，盘片也不可更换。其特点是存取速度快，省去了磁头沿盘片径向运动找磁道的时间，磁头处于工作状态就可开始读/写。

2．根据磁盘可换与否分类

按此法分类有可换盘存储器和固定盘存储器两种。

可换盘存储器是指磁盘不用时可以从驱动器中取出脱机保存。这种磁盘可以在兼容的磁盘存储器间交换数据。由于可以脱机保存，因而便于扩大存储容量。

固定盘存储器是指磁盘不能从驱动器中取出，更换时要把整个头盘组合体一起更换。这种结构的磁盘存储器称为温彻斯特磁盘（Winchester disk）。温彻斯特磁盘简称温盘，是一种可移动磁头固定盘片的磁盘存储器，它是目前应用最广、最有代表性的硬磁盘存储器。

固态硬盘（solid state disk，SSD）又称固态电子存储阵列硬盘。基于闪存的固态硬盘是固态硬盘的主要类别，其内部构造十分简单。固态硬盘内主体其实就是一块印制电路板（printed circuit board，PCB），而这块 PCB 上最基本的配件就是控制芯片、缓存芯片和用于存储数据的闪存芯片。SSD 广泛应用于军事、车载、工控、视频监控、网络监控、网络终端、电力、医疗、航空等领域。

8.5.2　硬磁盘驱动器及硬磁盘控制器

1. 硬磁盘驱动器

磁盘驱动器是一种精密的电子和机械装置，因此各部件的加工安装有严格的技术要求。对于温盘驱动器，还要求在超净环境里组装。各类磁盘驱动器的具体结构虽然有差别，但基本结构相同，主要由定位驱动系统、主轴系统和数据转换系统组成。图 8-17 所示是硬磁盘驱动器的结构示意图。

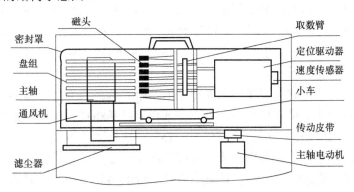

图 8-17　硬磁盘驱动器的结构示意图

主轴系统的作用是安装盘片，并驱动它们以额定转速稳定旋转。其主要部件是主轴电动机和有关控制电路。数据转换系统的作用是控制数据的写入和读出，包括磁头、磁头选择电路、读/写电路以及索引、区标电路等。

2. 硬磁盘控制器

硬磁盘控制器是主机与硬磁盘驱动器之间的接口。由于硬磁盘存储器是高速外存设备，故与主机之间采用成批交换数据方式。它作为主机与驱动器之间连接桥梁的控制器，需要有两个方面的接口：一个是与主机的接口，控制外存与主机总线之间交换数据；另一个是与设备的接口，根据主机命令控制设备的操作。前者称为系统级接口，后者称为设备级接口。

主机与磁盘驱动器交换数据的控制逻辑如图 8-18 所示。磁盘上的信息经读磁头读出以后送读放大器，然后进行数据与时钟的分离，再进行串/并转换、格式变换，最后送入数据缓冲器。经 DMA（直接存储器传送）控制将数据传送到主机总线。

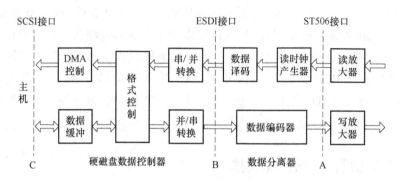

图 8-18　硬磁盘控制器的控制逻辑

8.5.3　硬磁盘存储器的技术指标

硬磁盘存储器的主要技术指标包括存储密度、存储容量、存取时间、数据传输率、硬盘转速及缓存。

（1）存储密度　存储密度分道密度与位密度。道密度是沿磁盘半径方向单位长度上的磁道数，单位为道/in。磁盘的道密度一般为 100～200 道/in，有的高达 400 道/in。位密度是磁道单位长度上能记录的二进制代码位数，单位为 bit/in。磁盘位密度一般为 2000～4000bit/in，有的高达 5000bit/in 以上。

（2）存储容量　一个磁盘存储器所能存储的字节总数称为磁盘存储器的存储容量。存储容量有格式化容量和非格式化容量之分。格式化容量是指按照某种特定的记录格式所能存储信息的总量，也就是用户可以真正使用的容量。非格式化容量是磁记录表面可以利用的磁化单元总数。将磁盘存储器用于某计算机系统中，必须首先进行格式化操作，然后才能供用户记录信息。格式化容量一般是非格式化容量的 60%～70%。目前，大型磁盘组的存储容量可达数千兆字节以上。

（3）存取时间　存取时间是指从发出读/写命令后，磁头从某一起始位置移动至新的记录位置，到开始从盘片表面读出或写入信息所需要的时间。这段时间由两个数值所决定：一个是将磁头定位至所要求的磁道上所需的时间，称为定位时间或找道时间；另一个是找道完成后至磁道上需要访问的信息到达磁头下的时间，称为等待时间。这两个时间都是随机变化的，因此往往使用平均值来表示。平均存取时间等于平均找道时间与平均等待时间之和。平均找道时间是最大找道时间与最小找道时间的平均值。平均等待时间和磁盘转速有关，它用磁盘旋转一周所需时间的一半来表示。

（4）数据传输率　磁盘存储器在单位时间内向主机传送数据的字节数叫作数据传输率。传输率与存储设备和主机接口逻辑有关，从主机接口逻辑考虑，应有足够快的传送速度向设备接收/发送信息。从存储设备考虑，假设磁盘旋转速度为 n r/s，每条磁道容量为 NB，则数据传输率 $D_r=nN$（B/s），也可以写成 $D_r=Dv$（B/s），其中 D 为位密度，v 为磁盘旋转的线速度。

（5）硬盘转速　硬盘主轴电动机的旋转速度是决定硬盘内部传输率的关键因素之一。转速是硬盘内电动机主轴的旋转速度，也就是硬盘盘片在一分钟内所能完成的最大转数。硬盘转速以每分钟多少转来表示，单位表示为 r/min（revolutions per minute）。

转速越大，内部传输率就越快，访问时间就越短，硬盘的整体性能也就越好。硬盘的主轴电动机带动盘片高速旋转，产生浮力使磁头飘浮在盘片上方。要将所要存取资料的扇区带到磁头下方，转速越快，则等待时间也就越短。因此，转速在很大程度上决定了硬盘的速度。

（6）缓存　缓存是位于硬盘控制器上的一块内存芯片，有很高的存取速度，也是硬盘内部存储和外界接口之间的缓冲器。

8.5.4　硬磁盘的 NCQ 技术

NCQ（native command queuing，原生命令队列）是被设计用于改进在日益增加的负荷情况下硬盘的性能和稳定性的技术，避免像传统硬盘那样机械地按照接收命令的先后顺序移动磁头读/写硬盘的不同位置，从而减少磁头反复移动带来的损耗，延长硬盘的寿命。

大多数情况下数据存入硬盘并非是顺序存入，而是随机存入，甚至有可能一个文件被分别存于不同的盘片上。对于不支持 NCQ 的硬盘来说，大量的数据读/写需要反复重复上面的步骤，而对于不同位置的数据存取，磁头需要更多的操作，降低了存取效率。支持 NCQ 技术的硬盘对接收到的指令按照它们访问的地址的距离进行了重排列，这样对硬盘机械动作的执行过程实施智能化的内部管理，大大地提高了整个工作流程的效率。即取出队列中的命令，然后重新排序，以便有效地获取和发送主机请求的数据，在硬盘执行某一命令的同时，队列中可以加入新的命令并排在等待执行的作业中。显然，指令排列后减少了磁头来回移动的时间，使数据的读/写更有效。

当应用程序发送多条指令到用户的硬盘，NCQ 可以优化完成这些指令的顺序，从而降低机械负荷，达到提升性能的目的。 NCQ 技术是一种使硬盘内部优化工作负荷执行顺序，通过对内部队列中的命令进行重新排序，从而实现智能数据管理，改善硬盘因机械部件而受到的各种性能制约。不过，要充分使用 NCQ 技术，光有硬盘支持是不行的，还要对应的硬盘控制器（如南桥芯片中的磁盘控制器）支持才行。例如，Intel 从 945 芯片组的 ICH7 南桥开始支持 NCQ 技术，nVidia 从 nForce4 SLI 芯片组开始支持 NCQ 技术。

8.6　磁盘阵列

RAID 是在 CPU 性能逐年增强，而输入/输出设备速度受限，存储容量又与日俱增的背景下产生的。磁盘阵列有"独立磁盘构成的具有冗余能力的阵列"之意。由很多块独立的磁盘组合成一个容量巨大的磁盘组，利用个别磁盘提供数据所产生加成效果提升整个磁盘系统的效能。利用这项技术，将数据切割成许多区段，分别存放在各个硬盘上。

可以把 RAID 理解为一种使用磁盘驱动器的方法，它将一组磁盘驱动器用某种逻辑方式联系起来，作为逻辑上的一个磁盘驱动器来使用。一般情况下，组成的逻辑磁盘驱动器的容量要小于各个磁盘驱动器的总和。RAID 的具体实现可以靠硬件，也可以靠软件，Windows NT 操作系统就提供软件 RAID 功能。

磁盘阵列还能利用同位检查（parity check）的概念，在数组中任意一个硬盘故障时，仍可读出数据，在数据重构时，将数据经计算后重新置入新硬盘中。

8.6.1　RAID 概述

1988 年，由加利福尼亚大学伯克利分校的 David A. Patterson 等人组成的柏克莱研究小组在发表的文章中，谈到了 RAID 这个词汇，而且定义了 RAID 的 5 层级。RAID 最初是即把相同的数据存储在多个硬盘的不同的地方的方法，简称"磁盘阵列"。后来进行了修改，就成了 redundant array of independent disks，"独立磁盘冗余阵列"。尽管如此，但它的实质内容并没有发生改变。可以理解为把数据放在多个硬盘上，输入/输出操作能以平衡的方式交叠，改良性能。

RAID 的优点主要有以下一些：

1）提高传输速率。RAID 通过在多个磁盘上同时存储和读取数据来大幅提高存储系统的数据吞吐量。在 RAID 中，可以让很多磁盘驱动器同时传输数据，而这些磁盘驱动器在逻辑上又是一个磁盘驱动器，所以使用 RAID 可以达到单个磁盘驱动器几倍、几十倍甚至上百倍的速率。

2）在价格上，RAID 和传统的大直径磁盘驱动器比较，在同等容量下，价格要低很多。功耗也小很多。

3）提供容错功能。如果不考虑磁盘的循环冗余校验码（CRC），普通磁盘驱动器无法提供容错功能。而 RAID 的容错是建立在每个磁盘驱动器的硬件容错功能之上的，所以 RAID 能提供更高的安全性。在很多 RAID 模式中都有较为完备的相互校验/恢复的措施，甚至是直接相互的镜像备份，从而大大提高了 RAID 系统的容错度，提高了系统的稳定性。

8.6.2　RAID 的分级

1987 年，美国的 D. Patterson 等人把 RAID 分成 5 级，也经常被说成 6 级容错，即 RAID 1～RAID 5，后来为方便分类，人们增加了 RAID 0，共 6 级。其中，RAID 2 方案与磁盘本身的工作特性不太符合，RAID 3 要求多个物理磁盘同步并保持相关扇区同步，难以得到好的性能价格比，采用得较少。其他四种已被广泛接受并得到应用。经过磁盘技术的不断更新，目前 RAID 的分级更趋向多样化。

1. RAID 0

RAID 0 是最早出现的 RAID 模式，即数据分条（data stripping）技术。RAID 0 是组建磁盘阵列中最简单的一种形式，只需要两块以上的硬盘即可，成本低，可以提高整个磁盘的性能和吞吐量。RAID 0 没有提供冗余或错误修复能力，但实现成本是最低的。

RAID 0 最简单的实现方式就是把 N 块同样的硬盘用硬件的形式通过智能磁盘控制器或用操作系统中的磁盘驱动程序以软件的方式串联在一起，创建一个大的卷集，在使用时，数据依次写入到各块硬盘中。它的最大优点就是可以整倍地提高硬盘的容量。如使用 3 块 80GB 的硬盘组建成 RAID 0 模式，那么磁盘容量就会是 240GB。在速度方面，和单独一块硬盘的速度完全相同。其最大的缺点在于，任何一块硬盘出现故障，整个系统将会受到破坏，可靠性仅为单独一块硬盘的 $1/N$。

由图 8-19 中可以看出，由于一个传输过程由多个硬盘分担，这相当于增加了传输带宽，所以 RAID 0 的读/写速度在整个 RAID 中列居首位。但因任何一个硬盘损坏都会使整个 RAID 系统失效，所以其安全性反而比单个硬盘低。因此，RAID 0 一般用于对数据安全性要求不高，但对速度要求很高的场合。

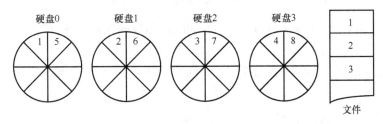

图 8-19　RAID 0 数据存放

虽然 RAID 0 可以提供更多的空间和更好的性能，但是整个系统是非常不可靠的，如果出现故障，无法进行任何补救。

2. RAID 1

RAID 1 称为磁盘镜像。其原理是把一个磁盘的数据镜像到另一个磁盘上，也就是说数据在写入一块磁盘的同时，会在另一块闲置的磁盘上生成镜像文件，在不影响性能的情况下，最大限度地保证系统的可靠性和可修复性。如图 8-20 所示，在系统中任何一对镜像盘中至少有一块磁盘可以使用，甚至可以在一半数量的硬盘出现问题时系

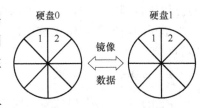

图 8-20　RAID 1 数据存放

统都可以正常运行。当一块硬盘失效时，系统会忽略该硬盘，转而使用剩余的镜像盘读/写数据，具备很好的磁盘稳定性。

虽然这样对数据来讲绝对安全，但是成本也会明显增加，磁盘利用率为 50%。以 4 块 80GB 容量的硬盘为例，可利用的磁盘空间仅为 160GB。另外，出现硬盘故障的 RAID 系统不再可靠，应当及时更换损坏的硬盘，否则剩余的镜像盘也出现问题，那么整个系统就会崩溃。更换新盘后原有数据会需要很长的时间同步镜像，外界对数据的访问不会受到影响，只是这时整个系统的性能有所下降。因此，RAID 1 多用在保存重要数据的场合。

3. RAID 1+0

在兼顾性能和安全性的前提下，出现了 RAID 1+0。RAID 1+0 至少需要 4 个硬盘，其中 2 个作为数据盘，另 2 个作为数据的镜像盘。这样，RAID 1+0 在理论上同时保证了

RAID 0 的性能和 RAID 1 的安全性，为之付出的代价是比 RAID 0 或 RAID 1 多 1 倍的硬盘数量。

这里值得一提的是 Intel 公司提出的 Matrix RAID，其实质也是一种 RAID 1+0 方案。此方案可较好地解决了性能和安全性的矛盾。如图 8-21 所示，Matrix RAID 可看成是 RAID 0 和 RAID 1 的结合体，它至少需要两块硬盘才能实现。这两块硬盘被划分成两个区域。其中，RAID 0 和 RAID 1 区域大小的分隔可由用户按照需要决定。

图 8-21　Intel Matrix RAID 数据存放

n1 区（白色区）：组成 RAID 0，是高性能区，存放操作系统及应用程序。有效空间为 100GB。

n2 区（有圆点区）：组成 RAID 1，是高安全区，用于存储重要数据。有效空间为 50GB。

4．RAID 2

RAID 2 带海明码校验。从概念上讲，RAID 2 同 RAID 3 类似，两者都是将数据条块化分布于不同的硬盘上，条块单位为位或字节。然而 RAID 2 使用一定的编码技术来提供错误检查及恢复。这种编码技术需要多个磁盘存放检查及恢复信息，使得 RAID 2 技术实施更复杂，因此，在商业环境中很少使用。各个磁盘上是数据的各个位，由一个数据不同的位运算得到的海明校验码可以保存在另一组磁盘上。由于海明码的特点，它可以在数据发生错误的情况下将错误校正，以保证输出的正确。输出数据的速率与驱动器组中速度最慢的相等。

5．RAID 3

RAID 3 是带奇偶校验码的并行传送。这种校验码与 RAID 2 不同，只能查错不能纠错。它访问数据时一次处理一个带区，这样可以提高读取和写入的速度。校验码在写入数据时产生并保存在另一个磁盘上。需要实现时，用户必须要有三个以上的驱动器。写入速率与读出速率都很高，因为校验位比较少，因此计算时间相对而言比较少。RAID 3 主要用于图形（包括动画）等要求吞吐率比较高的场合。不同于 RAID 2，RAID 3 使用单块磁盘存放奇偶校验信息。如果一块磁盘失效，奇偶盘及其他数据盘可以重新产生数据。如果奇偶盘失效，则不影响数据使用。RAID 3 对于大量的连续数据可提供很好的传输率，但是对于随机数据，奇偶盘会成为写操作的瓶颈。

6．RAID 4

RAID 4 是带奇偶校验码的独立磁盘结构。RAID 4 和 RAID 3 很相似，不同的是，它对数据的访问是按数据块进行的，也就是按磁盘进行的。RAID 3 是一次一横条，而 RAID 4 一次一竖条。它的特点和 RAID3 也很相似，不过在失败恢复时，它的难度可要比 RAID3

大得多了，控制器的设计难度也要大许多，而且访问数据的效率不太高。

如图 8-22 所示，RAID 4 是在 RAID 0 的基础上，对 N 个存储数据的硬盘再增加一个校验磁盘。当 $N+1$ 个硬盘中任意一个出故障时，可利用其余的 N 个硬盘计算出故障盘中的正确的数据内容，但计算很费时。另外，此方案因受奇偶校验盘的制约，不支持多个数据盘的并行写操作。

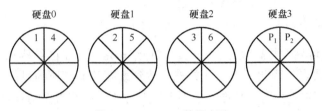

图 8-22　RAID 4 数据存放

7. RAID 5

RAID 5 是分布式奇偶校验的独立磁盘结构。它的奇偶校验码存在于所有的磁盘上，对应的读出效率很高，写入效率一般，但是块式的访问效率较高。因为奇偶校验码在不同的磁盘上，所以提高了可靠性。但是它对数据传输的并行性解决不好，而且控制器的设计也相当困难。RAID 5 与 RAID 3 相比，重要的区别在于，RAID 3 每进行一次数据传输，需涉及所有的阵列盘，而对于 RAID 5 来说，大部分数据传输只对一块磁盘操作，可进行并行操作。

如图 8-23 所示，每个盘轮流作校验盘。RAID 5 对 RAID 的改进还表现在某些情况下，可对多个磁盘执行并行写操作，因为它不再受单独一个奇偶硬盘的约束。

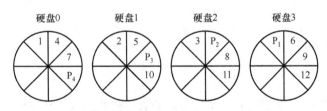

图 8-23　RAID 5 数据存放

RAID 5E 相当于在 RAID 5 的基础上增加了热备份盘，可允许两块硬盘损坏，数据可靠性更高。

8. RAID 6

RAID 6 是带两种分布式存储的奇偶校验的独立磁盘结构。它是对 RAID 5 的扩展，主要是用于要求数据绝对不能出错的场合。当然，由于引入了第二种奇偶校验值，所以需要 $N+2$ 个磁盘，同时对控制器的设计变得十分复杂，写入速度也不快，此外，用于计算奇偶校验值和验证数据的正确性所花费的时间比较多，造成了不必要的负载。

9. RAID 7

RAID 7 是优化的高速数据传送磁盘结构。RAID 7 所有的 I/O 传送都是同步进行分别控制，这样提高了系统的并行性和系统访问数据的速度。每个磁盘都带有高速缓冲存储器，实时操作系统可以使用任何实时操作芯片，达到不同实时系统的需要。它允许使用SNMP进行管理和监视，可以对校验区指定独立的传送信道以提高效率。它还可以连接多台主机，由于采用并行结构，因此数据访问效率大大提高。需要注意的是，它引入了一个高速缓冲存储器，这有利有弊，因为一旦系统断电，在高速缓冲存储器内的数据就会全部丢失，因此需要和UPS（不断电系统）一起工作。

10. 其他类型的RAID

RAID 10 是高可靠性与高效磁盘结构。这种结构是一个带区结构加一个镜像结构，因为两种结构各有优缺点，因此可以相互补充，达到既高效又高速的目的。这种结构的价格高，可扩充性不好。它主要用于数据容量不大，但对速度和差错控制有要求的数据库中。

RAID 53 是高效数据传送磁盘结构。这种结构就是 RAID 3 和带区结构的统一，速度比较快，也有容错功能，但价格非常高，不易于实现。这是因为所有的数据必须经过带区和按位存储两种方法。在考虑到效率的情况下，要求这些磁盘同步比较困难。

RAID 5E 是在 RAID 5 级别基础上的改进，与 RAID 5 类似，数据的校验信息均匀分布在各硬盘上，但是在每个硬盘上都保留了一部分未使用的空间，这部分空间没有进行条带化，最多允许两块物理硬盘出现故障。由于 RAID 5E 是把数据分布在所有的硬盘上，性能就会比 RAID 5 加一块热备盘要好得多。当一块硬盘出现故障时，有故障硬盘上的数据会被压缩到其他硬盘上未使用的空间，逻辑盘保持 RAID 5 级别。

与 RAID 5E 相比，RAID 5EE 的数据分布更有效率，每个硬盘的一部分空间被用作分布的热备盘，它们是阵列的一部分，当阵列中一个物理硬盘出现故障时，数据重建的速度会更快。

8.6.3　RAID 技术的应用

1. DAS

传统的网络存储设备都是将 RAID 硬盘阵列直接连接到网络系统的服务器上，而 DAS（direct access storage，直接访问存储）以服务器为中心。

2. NAS

NAS（network attached storage，网络附加存储设备）以数据为中心。在 NAS 存储结构中，存储系统不再通过 I/O 总线附属于某个特定的服务器或客户机，而是直接通过网络接口与网络直接相连，由用户通过网络访问。

3. SAN

SAN（storage area networks，存储区域网）以网络为中心，是一种类似于普通局域网的高速存储网络。提供了一种与现有 LAN 连接的简易方法，允许企业独立地增加它们的存储容量，并使网络性能不至于受到数据访问的影响。这种独立的专有网络存储方式使得SAN 具有不少优势：可扩展性高；存储硬件功能的发挥不受 LAN 的影响；易管理；集中式管理软件使得远程管理和无人值守得以实现；容错能力强。

SAN 主要用于存储量大的工作环境，如医院大型 PACS 等。但现在由于需求量不大，成本高，而影响了 SAN 的市场。

8.6.4　固态硬盘 RAID 技术

目前，固态硬盘的 RAID 阵列技术普遍使用，其中固态硬盘和机械硬盘组合搭建的混合式 RAID 阵列实现了两者特性的互补，更为常用。随着固态硬盘技术的不断成熟，性价比不断提高，推进了固态硬盘与机械硬盘组合形成的 RAID 阵列以及固态硬盘的闪存芯片与芯片组合形成的芯片级纯固态硬盘 RAID 阵列的研发进程。

由于目前固态硬盘价格高于机械硬盘，固态硬盘与机械硬盘构成的混合式 RAID 阵列与其他纯固态硬盘 RAID 阵列相比，在成本控制方面有较大的优势。但在性能与可靠性方面，多个固态硬盘构成的 RAID 阵列要优于固态硬盘与机械硬盘构成的混合式 RAID 阵列，而目前大多数固态硬盘厂商都采用固态硬盘内部的芯片级 RAID 阵列来进一步提升性能，降低功耗。

对于嵌入式 RAID 阵列技术的 iRAID，这种结构的初步研究结果表明，RAID 系统将不再是一群独立的驱动器，未来将可能只有一个单一的高密度磁盘。那么，这些存储系统的磁盘阵列，如云存储系统，在性能、功率消耗、体积方面会有更大的改善，而成本进一步降低，同时也更容易维护。

由此，嵌入式 RAID 技术是固态硬盘 RAID 阵列技术的主要研究方向之一，具有广阔的应用前景，涉及教育、娱乐、国防等多个应用领域，特别是在航空、军事等工作环境复杂程度高、数据安全级别要求高的领域，将会有大的作为。另外，目前评估固态硬盘 RAID 的可靠性方面的研究较少，需要尽快完善针对 RAID 可靠性的评价体系及方法，由此可靠性分析研究也将成为固态硬盘 RAID 阵列技术的研究重点之一。

除此之外，下面两方面也会在固态硬盘 RAID 阵列技术研究中受到关注。

1）大数据存储结构与搜索引擎研究。数据存储系统是确定数据挖掘性能和成本的核心。新型的大数据存储架构可整合分布式以及嵌入式搜索引擎内的每一个存储驱动器，突破数据吞吐量和数据访问存储系统的限制，提升大数据存储接口的带宽。

2）快速重建机制研究。固态硬盘的 RAID 结构采用相应的重建机制，将加快从统计错误到恢复数据等整个重建的进程，同时有助于降低重建过程中数据丢失的风险。重建机制对于一个完善的固态硬盘 RAID 结构来说是不可或缺的，需要根据其 RAID 阵列特点进行开发并优化处理。

8.7　光盘存储设备

光盘和磁盘在记录原理上很相似，都属于表面介质存储器，但相对于利用磁通变化和磁化电流进行读/写的磁盘而言，光盘是利用光学方式读/写信息的圆盘，光盘存储器则是以光盘为存储介质的存储器。

1．光盘存储技术的特点

1）记录密度高，存储容量大，一张光盘容量可高达 650MB 以上。

2）采用非接触方式（光学头与盘面的距离几乎比磁头与盘面的间隙大 1 万倍）读/写，无磨损，可靠性高。

3）可长期保存信息达数十年以上。

4）成本低廉，易于大批量生产和复制。

5）存储密度高，体积小，更换盘片方便。

6）对使用环境要求不高，无须采用特殊的防震和防尘措施。

7）数据传输速率比磁盘低，基本速率（单倍速）为 150KB/s。

2．光盘存储器的类型

根据性能和用途的不同，光盘存储器可分为以下四种类型。

（1）CD-ROM 光盘　CD-ROM（compact disk read only memory，CDROM）是一种只读型光盘，又称固定型光盘。它由生产厂家预先写入数据和程序，使用时用户只能读出，不能修改或写入新内容。

（2）CD-R 光盘　CD-R 又称只写一次性光盘。它采用 WORM（write one read many）标准。光盘由用户写入信息，写入后可多次读出，但只能写一次，信息写入后不能再修改。

（3）CD-RW 光盘　这种光盘是可写入、擦除、重写的可逆性记录光盘。CD-RW 光盘类似于磁盘，可重复读/写。

（4）DVD-ROM 光盘　DVD 是一种通用数字光盘（digital versatile disk），简称高容量 CD。事实上，任何 DVD-ROM 光驱都是 CD-ROM 光驱，即这类光驱既能读 CD 光盘，也能读 DVD 光盘。DVD 除了密度较高以外，其他技术与 CD-ROM 完全相同。

3．光盘存储器的组成

与磁盘存储器类似，光盘存储器也是由光盘控制器、光盘驱动器和光盘片组成。

光盘控制器主要包括数据输入缓冲器、记录格式器、编码器、读出格式器和数据输出缓冲器等部分。

光盘驱动器主要由电动机驱动机构、定位机构、光学头装置及电路组成，其中光学头装置是最复杂，也是驱动器最关键的部分。

光盘片包括光盘的基片和记录介质。基片一般采用聚碳酸酯晶片制成，是一种耐热的有机玻璃。上面介绍的四种光盘，表面上看完全一样，都是一张直径为 120mm 的盘片，中心有一个供固定盘片用的 15mm 直径的小圆孔，环孔中心半径 13.5mm 范围内和盘片外沿 1mm 内是空白区，真正存放数据的便是中间一段宽度为 38mm 的环形区域。它们的不同之处在于这些光盘的记录层的化学成分存在差异。

8.8　闪速存储器

闪速存储器（flash memory）简称闪存，是 20 世纪 80 年代中期问世的一种非易失性存储器。它不仅具有 RAM 存储器的可擦、可写、可编程的特点，而且所写入的数据在断电后不会消失。在这一点上，闪存的功能类似于 E^2PROM。但与 E^2PROM 不同的是，它必须按块擦除，而 E^2PROM 可以一次擦除一个字节。由于闪存这种面向块的操作特性，使它不能代替 RAM 作为主存。这是因为 CPU 需要按字节访问主存。

目前闪存的应用主要有以下两大领域：

1）在便携式计算机或数码产品中作为快速存储卡和固态盘（也称"硅"盘），以代替磁盘。例如，用于数字照相机中的闪存卡是数字照相机的最好搭档，被称为是"数字胶卷"。

2）用于完全整合型的移动存储设备中，这种完全整合型的移动存储设备把存储介质、控制器、接口全部集成在单一的物理装置内。目前，主流的移动存储设备有 U 盘和掌上型可移动硬盘。

由于闪存的容量大、存取速度快，对文件的保存时间比软盘长，作为新一代的移动存储媒介，它已经淘汰传统软盘而占领市场。

闪速存储器也有不足：一是其读/写速度还有一定限制，虽然并行闪存的操作已明显快于串行闪存，但仍然需要很长的等待时间，这是无法满足高速持续读/写的主要因素。目前，大多数产品的读/写速度小于 1MB/s，只有少量产品的持续读/写速度可以达到 10MB/s；二是写入次数受限制，寿命为 100 万次左右，所以，目前它已经也慢慢退出了市场。

本 章 小 结

外围设备大体分为输入设备、输出设备、外存设备、数据通信设备、过程控制设备五大类。每一种设备，都是在它自己的设备控制器控制下进行工作，而设备控制器则通过适配器（接口）和主机相连，并受主机的控制。

常用的计算机输入设备有图形输入设备（键盘和鼠标等）、图像输入设备、语音输入设备。它们把程序和数据转换成计算机可以接受和识别的电信号，然后送给 CPU。

计算机运行程序结束后，其处理结果以二进制数的形式存放在主存中，计算机必须把用二进制数据表示的运算结果转换成人们能识别的形式，通过输出设备反馈给用户。常见的输出设备有显示器和打印机等。

磁盘属于磁表面存储器，特点是存储容量大，价格低，记录信息永久保存，但存取速度较慢，因此在计算机系统中作为辅助大容量存储器使用。

硬磁盘存储器的主要技术指标有：存储密度、存储容量、存取时间、数据传输率、硬盘转速及缓存。

习　题　8

一、选择题

1. 计算机的外围设备是指（　　　）。

A. 输入/输出设备   B. 外存储器

C. 输入/输出设备及外存储器   D. 除了 CPU 和主存以外的其他设备

2. 打印机根据打印原理可以分为（ ）和（ ）两大类，在（ ）打印机中，只有（ ）能打印汉字。请从下面答案中选择填空。

  A. 针式打印机 B. 活字型打印机 C. 击打式   D. 非击打式

二、简答题

1. 有一光栅扫描图形显示器，每帧为 1024 像素×1024 像素，可以显示 256 种颜色。问：刷新存储器容量至少需要多大？

2. 某磁盘存储器转速为 3000 r/min，共有 4 个记录面，每道记录信息为 12288B，最小磁道直径为 230mm，共有 275 道。问：

（1）磁盘存储器的存储容量是多少？

（2）最高位密度与最低位密度是多少？

（3）磁盘数据传输率是多少？

（4）平均等待时间是多少？

3. 一台活动头磁盘机的盘片组共有 20 个可用的盘面，每个盘面直径 18in，可供记录部分宽 5in，已知道密度为 100 道/in，位密度为 1000 bit/in（最内道），并假定各磁道记录的信息位数相同。问：

（1）盘片组总容量是多少字节？

（2）若要求数据传输率为 1MB/s，磁盘机转速每分钟应是多少转？

4. 某双面磁盘，每面有 220 道，已知磁盘转速为 4000 r/min，数据传输率为 185000B/s，求磁盘总容量。

第 9 章
输入/输出系统

随着计算机技术的不断发展和计算机应用领域的进一步扩大，需要进入计算机系统进行处理的数据量急剧增长，对计算机系统的输入/输出设备的要求逐步提高。同时，计算机系统输入/输出设备的种类日益增多，使得输入/输出设备对计算机系统的影响日益显著。本章分析了输入/输出系统组成，同时详细地介绍了各种输入/输出控制方式。

9.1 输入/输出系统概论

计算机系统划分为 CPU 子系统、存储子系统和输入/输出子系统三大部分，其中输入/输出子系统（简称 I/O 系统）用于计算机与外部世界进行联系。例如，计算机可以通过键盘等输入设备输入程序和数据，再通过显示器等输出设备输出结果。

由此可见，I/O 系统的基本功能包括：控制和定时，CPU 通信，设备通信，数据缓冲及检错。

上述功能是由设备控制器（或称为 I/O 接口）的硬件和操作系统共同完成的。

9.1.1 输入/输出设备的编址

通常，CPU 对 I/O 设备有两种编址方式：一种是将外围设备与存储器统一编址；另一种是外围设备单独编址。

1. 与存储器统一编址

将外围设备和存储器统一进行编址，即将内存地址编码扩大到外围设备上。在统一编址的输入/输出系统中，CPU 将输入/输出设备视为内存的一部分。这样，对外设的访问就如同对主存单元的访问一样。这种编址方式的优点是操作方式灵活。不一定使用专门的 I/O 指令，使用通用的访内存的指令即可完成访问外设的操作。其缺点是需占用小部分内存存储空间。

2. 独立编址

独立编址又称为单独编址，是将外围设备的编址与内存编址相区别，对所有外围设备进行独立编址。

独立编址需要 CPU 用不同于内存读/写操作的命令控制外围设备，因此在独立编址方式中需要有专门的外围设备输入/输出指令。一般来说，I/O 地址线与存储器地址线公用，即分时共享地址总线，并设置专门的信号线来区分是存储器访问周期还是 I/O 访问周期。如果是存储器访问周期，则地址总线送出存储地址；如果是 I/O 访问周期，则地址总线送出 I/O 接口地址。例如，在 8086 中，主存地址范围为 00000H～0FFFFFH，其中 I/O 接口地址范围为 0000H～0FFFFH，它们互相独立，互不影响。

采用独立编址方式的优点是不占用存储空间，缺点是需要用专门的 I/O 指令。其寻址方式较简单，所以编程灵活性稍差。

9.1.2　I/O 接口的功能与分类

1．I/O 接口的功能

接口是指两个相对独立子系统之间的相连部分。由于外围设备在结构和工作原理上与主机有很大的差异，它们都有各自独立的时钟、独立的时序控制和状态标志。同时，主机与外设工作在不同的速度下，有不同的数据格式等。因此，在主机与外设进行数据交换时，必须引入相应的逻辑部件解决两者之间的同步与协调、数据格式转换等问题，这个逻辑部件称为设备控制器。

由于主机与各种 I/O 设备的相对独立性，它们一般是无法直接相连的，而必须经过一个"转换"机构。用于连接主机与 I/O 设备的这个转换机构及接口电路，简称 I/O 接口。图 9-1 表明了它们三个之间的关系。

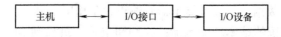

图 9-1　主机、I/O 接口和 I/O 设备之间的关系

显然，I/O 接口不仅仅完成物理上的连接，它还具有下述的主要功能：

1）具有识别地址码即地址译码功能。一台计算机系统中包含多台 I/O 设备，相应的就不止一个 I/O 接口。由于 I/O 总线与所有设备的接口电路相连，但 CPU 究竟选择哪台设备，还得通过设备选择线上的设备码来确定。该设备码将送到所有设备的接口，因此，要求每个接口都必须具有选址功能，即当设备选择线上的设备码与本设备码相符时，应发出设备选中信号 SEL。这种功能可以通过接口内的设备选择电路来实现。

2）实现主机和外围设备之间的通信联络控制，包括同步控制、设备选择和中断控制等。DMA 设备还应具有直接访问存储器功能，并给出存储地址。CPU 发出 I/O 数据传送命令时，必须指明设备地址码，经各设备接口译码后，让选中的设备参与数据传送。

3）支持主机采取程序查询、中断、DMA 等访问方式。为了实现某种访问方式，I/O 接口必须有相应的控制逻辑。

4）实现数据缓冲，以达到主机同外设之间的速度匹配。在接口电路中，一般设置一个或几个数据缓冲器。在传送过程中，先将数据送入数据缓冲器中，然后再送到目的设备（输出）或主机（输入）。

5）进行数据类型、格式等方面的转换。例如，CPU 字长为 16 位，而 I/O 设备按位串行传送数据，则 I/O 接口需进行串—并数据格式的转换。有一些设备的信号电平与主机不同，则需要进行电平转换。

6）传递控制命令和状态信息。当 CPU 要启动某一外设时，通过接口中的命令寄存器向外设发出启动命令，当外设准备就绪时，就有"准备好"状态信息送到接口中的状态寄存器，为 CPU 提供外设已经具备与主机交换数据条件的反馈信息。当外设向 CPU 提出中断请求和 DMA 请求时，CPU 也应有相应的响应信号反馈给外设。

2．I/O 接口的分类

按照不同的分类方法可以把 I/O 接口分为以下几种：

1）按照数据传送方式可分为并行接口和串行接口。这里所说的数据传送方式指的是外设和接口一侧的传送方式，而在主机和接口一侧，数据总是并行传送的。

在并行接口中，设备和接口是将一个字节（或字）的所有位同时传送，一次传送的信息量大，数据线的数目将随着传送数据带宽的增加而增加。在串行接口中，设备和接口间的数据是一位一位串行传送的，一次传输的信息量小，但只需一根数据线。而接口和主机之间是按字节或字并行传送的。在远程终端和计算机网络设备等离主机较远的场合下，用串行接口比较经济合算。

总的来说，并行接口适宜于传输距离较近、要求传输速度较高的场合，其接口电路相对简单；串行接口则适用于传输距离较远、速度相对较低的场合，其传输线路成本较低，而接口电路较并行接口复杂。

2）按主机访问 I/O 设备的控制方式，可分成程序控制 I/O 接口、程序中断 I/O 接口和直接存储器存取（DMA）接口，以及更复杂一些的通道控制接口等。

3）按时序控制方式可分为同步接口和异步接口。同步接口是指与同步总线相连的接口，其信息传送由统一的时序信号同步控制。异步接口则是指与异步总线相连的接口，其信号传送采用异步应答方式控制。

4）按功能选择的灵活性分类，可分为可编程接口和不可编程接口两种。可编程接口的功能及操作方式可用程序来改变或选择（如 Intel 8255、Intel 8251）；不可编程接口不能由程序来改变它的功能，但可以通过硬连线逻辑来实现不同的功能（如 Intel 8212）。

5）按数据传送的控制方式分类，可分为程序型接口和 DMA 型接口。程序型接口用于连接速度比较慢的 I/O 设备，如显示终端、键盘、打印机等。现代计算机一般都可以采用程序中断方式实现主机与 I/O 设备之间的信息交换，所以都配有这类接口，如 Intel 8259。

6）按通用性分类，可分为通用接口和专用接口。通用接口是可供多种外设使用的标准接口，通用性强。专用接口是为某类外设或某种用途专门设计的。

7）按输入/输出的信号分类，可分为数字接口和模拟接口。数字接口的输入/输出全为数字信号，以上列举的并行接口和串行接口都是数字接口。而模/数转换器和数/模转换器属于模拟接口。

8）按应用分类，可分为运动辅助接口、用户交互接口、传感器接口和控制接口。运动辅助接口是计算机日常工作必需的接口器件，包括数据总线、地址总线、控制总线的驱动器和接收器、时钟电路等。用户交互接口包括计算机终端、键盘接口等。而温度传感器接口、压力传感器接口等都是传感器接口。控制接口主要用于计算机控制系统。

9.2 程序直接控制方式

程序直接控制方式的主要特点是：CPU 直接通过 I/O 接口进行操作访问，主机与外设交换信息的每一过程都在程序中表示出来。它具体又分为两种方式。

1．立即程序传送方式

在这种方式中，I/O 接口总是准备好接收主机输出的数据，或总是准备好输入主机的数据，因而 CPU 无须询问接口的状态，就可以直接利用 I/O 指令访问相应的 I/O 接口，输入或输出数据。这类接口是最简单的，也被广泛应用，一般用于纯电子部件的输入/输出，以及完全由 CPU 决定传送时间的场合。例如，CPU 直接控制信号灯和 D/A 转换器，输出信号控制电动机或阀门等，直接读取开关状态，读取一个时间值，启动高速 A/D 转换器后立即取回结果等。当然，这种方式的局限性是很大的，它只有在无须了解外设的实时状态时才能有效工作。

2．程序查询方式

许多外设的工作状态是很难预知的，例如，何时按键，一台打印机是否能接收新的打印信息等。这就要求 CPU 在程序中进行查询，如果接口尚未准备好，CPU 就等待，如果已做好准备，CPU 才能执行 I/O 指令，这就是程序查询方式。

在 I/O 接口中要设置状态位以表示外设的工作状态。有些设备的状态信息较多，可组成一个或多个状态字，占用一个或几个 I/O 接口地址，可由 CPU 用输入指令读取。

在相应的 I/O 程序中需进行下列几步操作，其软件模型如图 9-2 所示。

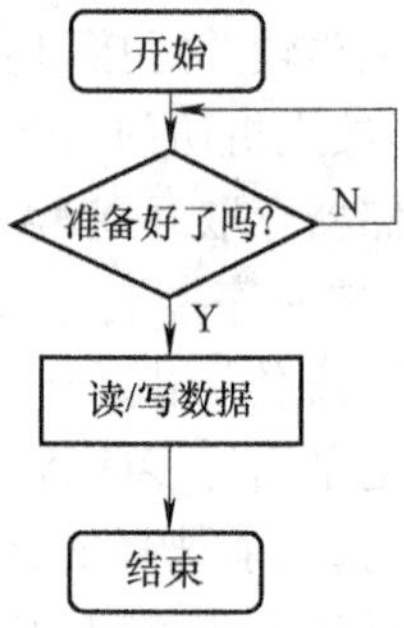

1）读取外设状态信息。

2）判断是否可进行新的操作，如判断键盘是否有新的键被按下，或打印机是否准备好接收新数据。如果设备尚未准备好，则返回第 1）步；若已准备好，就进行下一步。

图 9-2 程序查询接口的软件模型

3）执行所需的 I/O 操作，如从键盘接口读数，或送出打印信息到打印机接口。

不难看出，在上述模型中如果不设状态位，程序中不进行状态查询就直接进行 I/O 操作，则成为立即程序传送方式。因此，程序查询方式包含了立即程序传送方式的功能。

3．程序查询方式接口

在实际应用中，程序查询方式是最简单、最经济的信息传送方式，只需要很少的硬件。那么，接口至少有两个寄存器：一个是数据缓冲寄存器，即数据端口，用来存放和 CPU 进行传送的数据信息；另一个是提供 CPU 查询的设备状态寄存器，即状态端口，这个寄存器由多个标志位组成，这其中最重要的是"外设准备就绪"标志位（输入或输出设备的准备就绪状态可以不是同一位）。当 CPU 得到这个标志位后就进行判断，以决定下一步是继续循环等待还是进行 I/O 传送。

（1）输入接口　用设备选择电路来识别设备地址，当地址线上的设备号和本设备号一致时，SEL 信号有效，可以接收命令。数据缓冲寄存器用于存放要传送的数据。该接口的工作过程如下：

1）当 CPU 通过 I/O 指令启动输入设备时，指令的设备码字段通过地址线送至设备选择电路。

2）若该接口的设备码和地址线上的代码一致，那么输出 SEL 信号有效。

3）I/O 指令的启动命令经过"与非"门将工作触发器置 1，将完成触发器置 0。

4）由工作触发器启动设备工作。

5）输入设备将数据送到数据缓冲寄存器。

6）由设备发出设备工作结束信号，将完成触发器置 1，工作触发器置 0，表示外设准备就绪。

7）完成触发器以"准备就绪"状态通知 CPU，表示"数据缓冲满"。

8）CPU 执行输入指令，将数据缓冲寄存器中的数据送到 CPU 的通用寄存器，再存入主存相关存储单元。

（2）输出接口

1）CPU 首先执行输入指令读取状态字，如 BUSY=1，表示接口的输出锁存器是满的，CPU 只能等待，继续读取状态字，直到 BUSY=0 为止。

2）若 BUSY=0，表示接口的输出锁存器是空的，允许 CPU 向外设发送数据。

3）CPU 执行输出指令，将数据送入锁存器，并将 BUSY 触发器置 1。

4）当输出设备把 CPU 送来的数据真正输出之后，将发出一个 $\overline{\text{ACK}}$ 信号，使 BUSY 触发器置 0，准备下一次传送。

9.3　程序中断方式

在程序查询方式中，CPU 的利用率不高，这是因为 CPU 对外设会执行大量无效的查询。如果 CPU 采取不断查询的方法，则长期处于等待状态，不能做别的处理，也不能对其他事件及时做出反应。即使采取定时查询的方法，也不能完全克服上述缺点，因为它仍然存在大量无效查询。如果查询的时间间隔较长，就不能对外部状态的改变及时做出响应，若两次查询之间出现多次事件，就会丢失信息；如果查询的时间间隔选取得较短，则无效查询急剧增加，CPU 效率就会降低。那么，怎样才能使 CPU 既能对事件做出及时响应，又可以尽量避免无效操作以提高 CPU 效率呢？采用程序中断方式可以解决这个问题。

9.3.1　中断的概念及应用

1．中断的概念

由 I/O 设备或其他计划外的急需处理的事件引起的，它使 CPU 暂时中断现在正在执行的程序，而转去处理这些事件，处理完后再返回原程序继续执行，这种控制方式称为"程序中断方式"，简称为中断。

这种工作方式最常见，可用于对键盘的管理。平时，不知道是否有人按键，因此 CPU 可执行自己的程序（主程序）；当键盘中某键被按下时，向 CPU 发出一个"中断请求"信号；CPU 响应该申请，中断当前工作程序，保存程序的当前位置（断点）；CPU 转入读键处理程序，以执行程序方式处理键值输入，一般要先保存被中断程序（主程序）的寄存器内容，然后再进行读键等操作；在读键处理程序完成后，先恢复被保存的主程序的寄存器内容，然后回到主程序的中断处，继续执行原程序。

在这个例子中，按键操作是一个外部事件，所提出的申请称为中断请求；原程序被中断的位置（程序地址）称为断点；用于处理该事件（读键）的程序称为中断处理（服务）程序；保存被中断的位置称为保存断点；在中断处理程序中要保存原程序的寄存器内容，称为保护现场；在中断处理程序即将结束前要恢复这些寄存器内容，称为恢复现场。由于中断处理程序是临时嵌入的一段，所以又称为中断处理子程序；被打断而以后又被恢复执行的原程序，称为主程序。

中断有两个重要特征，程序切换（控制权的转移）和随机性。

从执行路径来看，中断过程的程序转移类似于子程序调用，但它们在本质上存在重大区别。子程序调用是由主程序安排在特定位置上的，通常是完成主程序要求的功能；而中断发生在随机的时刻，可以从主程序的任一位置进行程序切换，而且中断处理程序的功能往往与被打断的主程序没有直接关联。这里的随机性是相对于具体发生时刻而言的。中断事件是事先安排好的，但什么时候发生则是随机的。

2．中断的应用

（1）CPU 与 I/O 设备并行工作　如图 9-3 所示为 CPU 和 I/O 设备（打印机）并行工作的时间安排。可以看出，大部分时间 CPU 与打印机是并行工作的。当打印机完成一行打印后，向 CPU 发出中断信号，若 CPU 响应中断，则停止正在执行的程序转入打印中断程序，将要打印的下一行字传送到打印机控制器并启动打印机工作。然后，CPU 又继续执行原来的程序，此时打印机开始了新一行字的打印过程。打印机打印一行字需要几毫秒到几十毫秒的时间，而中断处理的时间是很短的，一般是微秒级。那么从宏观上看，CPU 和 I/O 设备在一定程度上是并行工作的。

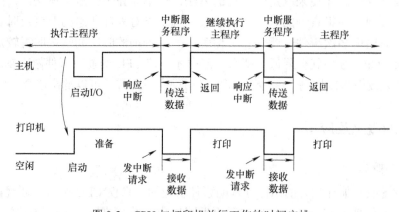

图 9-3　CPU 与打印机并行工作的时间安排

（2）硬件故障处理 如掉电、存储器校验出错、运算溢出等故障，都是随机出现的，不可能预先安排在程序中某个位置进行处理，只能以中断方式进行处理。即事先编写好各种故障中断处理程序，一旦发生故障，立即转入这些处理程序。

例如发生掉电时，电源检测电路发出掉电中断请求信号，CPU 利用电源短暂的维持时间进行一些紧急处理，如将重要的信息存入非易失性存储器中。若系统带有不间断电源（UPS），可将内存信息存入磁盘，或在 UPS 支持下继续工作一段时间。又如，从存储器读出数据时发现奇偶校验出错、CRC 校验出错等，也将提出中断请求。以上几种情况属于硬件故障。

软件运行中也可能发生意外的故障。比较常见的，如定点运算中由于比例因子选取不当而出现溢出；除法运算中除数为 0，产生除 0 错误中断；访存时地址超出允许范围，产生地址越界中断；用户程序中使用了非法指令等。以上情况一般称为软件故障。

（3）实现人机交互 在计算机工作过程中，人要随机地干预机器，如抽查计算中间结果，了解机器的工作状态，给机器下达临时性的命令等。对于没有中断系统的计算机，这些功能几乎是无法实现的。利用中断系统实现人机交互很方便、很有效。

（4）实现多道程序和分时操作 计算机实现多道程序运行是提高机器效率的有效手段。多道程序的切换运行需要借助于中断系统。在一道程序的运行中，由 I/O 中断系统切换到另外一道程序运行。也可以通过分配每道程序一个固定时间片，利用时钟定时发出中断进行程序切换。

（5）实现实时处理 所谓实时处理，是指在某个事件或现象出现时及时进行处理，而不是集中起来再进行批处理。例如，在某个计算机过程控制系统中，当随机出现压力过大、温度过高等情况时，必须及时输入到计算机进行处理。这些事件出现的时刻是随机的，而不是程序本身所能预见的，因此，要求计算机中断正在执行的程序，转而去执行中断服务程序。在实际工程中，利用中断技术进行实时控制已广泛应用于各个生产领域。

（6）实现目态程序和操作系统（管态程序）的联系 可以在用户程序中安排一条"访管"指令或"Trap"指令进入操作系统，称之为"软中断"。软中断处理过程与其他中断类似。

9.3.2 中断概述

1. 中断的产生

引起中断的事件，即发出中断请求的来源，称为中断源。一般来说，一台计算机允许有多个中断源，例如，8086/8088 CPU 允许有 256 个直接中断源，它们可来自 CPU 的内部或外部。

由于每个中断源向 CPU 发出中断请求的时间是随机的，为了记录中断事件并区分不同的中断源，可以采用具有存储功能的触发器来记录中断源，这个触发器称为中断请求触发器（INTR）。

当中断源发出引起中断的事件时，先将它保存在设备控制器的"中断触发器"中，即将"中断触发器"置"1"。当中断触发器为"1"时，向 CPU 发出"中断请求"信号。每个中断源有一个中断触发器。全机的多个中断触发器构成中断寄存器，其内容称为中断字或中断码。CPU 进行中断处理时，根据中断字和中断码确定中断源，以转入相应的服务程序。

2．中断的分级与中断优先权

在设计中断系统时，要把全部中断源按中断性质和处理的轻重缓急进行排队并给予优先权。所谓优先权是指有多个中断同时发生时，对中断响应的优先次序。

当中断源数量很多时，中断字就会很长。同时，也由于软件处理的方便，一般把所有中断按不同的类别分为若干级，称为中断分级，在同一级中还可以有多个中断源。首先按中断级确定优先次序，然后在同一级再确定各个中断源的优先权。

当对设备分配优先权时，必须考虑数据的传输率和服务程序的要求。来自某些设备的数据只是在一个短的时间内有效，为了保证数据的有效性，通常把最高的优先权分配给它们。较低的优先权分配给数据有效期较长的设备，以及具有数据自动恢复能力的设备。

每个中断源都有一个和它对应的中断服务程序，每个中断服务程序都有和它对应的优先级别。当然，CPU 正在执行的程序也有优先级。只有当某个中断源的优先级别高于 CPU 现在执行程序的优先级别时，才能中止 CPU 执行现在的程序。

3．非屏蔽中断和可屏蔽中断

一般在 CPU 内部设有一个"中断允许标志位"，即中断允许触发器（EINT）。只有该触发器为"1"状态时，才允许处理器响应中断；如果该触发器被清零，则不响应所有中断源的中断。

可将中断源分为两类：一类不受 EINT 控制，称为非屏蔽中断，即只要有非屏蔽中断产生，CPU 可立即响应，与 EINT 状态无关；另一类中断源受 EINT 控制，称为可屏蔽中断。非屏蔽的中断无论中断系统是否开中断，中断源的中断请求一旦提出，CPU 必须立即响应，如电源掉电就是不可屏蔽中断。与可屏蔽中断相比，非屏蔽中断具有最高优先权。

若 EINT=1，称为开中断状态，即 CPU 允许中断，此时若有可屏蔽中断产生，则 CPU 能够响应。若有下列情况应开中断。

1）不管是单中断还是多重中断，在中断服务程序执行完毕，恢复中断现场之后。

2）在多重中断的情况下，保护中断现场之后。

若 EINT=0，称为关中断状态，对于可屏蔽中断请求 CPU 不响应。而"中断允许标志位"可通过"开中断"或"关中断"指令来置位和复位。进入中断服务程序后自动"关中断"。若有下列情况应关中断。

1）当已经响应某一级中断请求，不再允许被其他中断请求打断时。

2）在中断处理过程的保护和恢复现场之前。

4．中断屏蔽

当产生中断请求后，用程序方式有选择地封锁部分中断，而允许其余部分中断仍然得到响应，称为中断屏蔽。中断屏蔽很像电话"免打扰"功能，它可用来保证 CPU 在执行一些重要程序时不被打断，从而确保其操作在最短时间内完成，称为操作的"原子性"。

具体的实现方法是为每个中断源设置一个中断屏蔽触发器（MASK）来屏蔽该设备的中断请求。每个中断请求信号在送给判优电路之前，还要受到屏蔽触发器的控制。当 MASK=1，那么对应的中断请求被屏蔽。中断请求触发器和中断屏蔽触发器是成对出现的，只有当 INTR=1（中断源有中断请求），MASK=0（该级中断未被屏蔽），才允许对应的中断请求送往 CPU。

可以把多个中断屏蔽触发器组织在一起构成屏蔽寄存器，内容为屏蔽字或屏蔽码，可以用软件来设置。屏蔽字某一位的状态决定了这个中断源能否发出中断请求信号。这样，可以通过设置屏蔽字来实现 CPU 对中断处理的控制，能让中断在系统中合理协调的执行。

例如，若一个中断系统有 8 个中断源，每一个中断源按优先级高低分别赋予一个屏蔽字。屏蔽字与中断源的优先级别是一一对应的，"0"表示开放，"1"表示屏蔽。表 9-1 列出了各中断源对应的屏蔽字。

其中，第 1 级中断源的屏蔽字是 8 个 "1"，它的优先级别最高，可以禁止本级和更低级的中断请求响应……第 8 级中断源的屏蔽字只有第 8 位（最低位）为 "1"，其他各位均为 "0"，它的优先级别最低，只能禁止本级的中断请求响应，而对其他更高级别的中断请求全部开放。

表 9-1　各中断源对应的屏蔽字

中断源的优先级	屏蔽字（8 位）
1	11111111
2	01111111
3	00111111
4	00011111
5	00001111
6	00000111
7	00000011
8	00000001

5. 中断级别的提高

中断屏蔽除了可以选择性的屏蔽部分中断之外，还有一个作用是可以改变中断优先级，即可以把原来优先级别较低的中断源变成较高的级别，称为中断升级。实际也是一种动态改变优先级别的方法。

这种改变中断源优先级别的方式实质上是改变中断处理的次序，而不是从根本上改变中断源的优先级。中断处理次序和中断响应次序是不同的概念。中断响应次序是由硬件排队电路决定的，不能改变。但是中断处理次序是可以由屏蔽码来改变的，也就是把屏蔽码看成软排队器。中断处理次序可以不同于中断响应次序。

例如，一个计算机的中断系统有 4 个中断源，每个中断源对应一个屏蔽码。表 9-2 是程序优先级和屏蔽码之间的关系，中断响应的优先次序为 4→3→2→1。根据表 9-2 给出的屏蔽码，中断处理次序和中断响应次序是一致的。

表 9-2　程序优先级和屏蔽码之间的关系

程序级别	屏蔽码			
	1 级	2 级	3 级	4 级
第 1 级	1	0	0	0
第 2 级	1	0	0	0
第 3 级	1	1	1	0
第 4 级	1	1	1	1

当多个中断请求同时出现时，如同时出现 1、2、4 中断请求，处理次序和响应次序一致，按照优先次序一一响应，也就是响应次序应该是 4、2、1。当中断请求先后出现时，允许优先级别高的中断请求打断优先级别低的中断服务程序，实现中断嵌套。例如，CPU 在处理第 3 级中断时，它的屏蔽码对第 4 级中断是开放的，所以当第 3 级中断请求响应

后，在执行中断服务程序过程中又提出了第 4 级中断请求，那么此时会立即被第 4 级中断请求打断，CPU 转去执行第 4 级中断服务程序，等第 4 级中断服务程序执行完毕后，再返回接着执行第 3 级中断服务程序。

在不改变中断响应次序的条件下，通过改写屏蔽码可以改变中断处理次序，例如，要使中断处理次序改为 1→3→4→2，只需将中断屏蔽码改为表 9-3 所示即可。

表 9-3　改变处理次序的屏蔽码

程序级别	屏 蔽 码			
	1 级	2 级	3 级	4 级
第 1 级	1	1	1	1
第 2 级	0	1	0	0
第 3 级	0	1	1	1
第 4 级	0	1	0	1

在提出同样的中断请求的情况下，CPU 正在执行现行程序时，中断源 1、2、4 同时请求中断服务，显然它们都没有被屏蔽。按照中断优先级别的高低，CPU 首先响应并处理第 1 级中断请求，当第 1 级中断处理完后，响应第 2 级中断请求。CPU 处理第 2 级中断时，它的屏蔽字对第 4 级中断是开放的，所以当第 2 级的中断服务程序执行到开中断指令后，立即被第 4 级中断请求打断。CPU 转去执行第 4 级的中断服务程序，等到第 4 级的中断服务程序执行完成以后，再返回接着执行第 2 级中断服务程序。

如果当第 3 级中断请求到来并在执行它的中断服务程序的过程中，又来了第 1 级中断请求，第 3 级中断服务程序将被第 1 级中断请求打断，转去执行第 1 级中断服务程序。在此过程中，虽然出现了第 2 级中断请求，但是因为第 2 级的处理级别最低，所以不理睬它的中断请求，直到第 3 级的中断服务程序执行完毕，再去响应第 2 级中断请求。

由此可见，屏蔽技术可以为使用者提供一种方法，可以用程序控制中断系统，动态调度多重中断优先处理的次序，从而进一步提高中断系统的灵活性。

6. 多重中断处理

多重中断处理是指在处理某一个中断过程中又发生了新的中断，从而中断该服务程序的执行，又转去进行新的中断处理。这种重叠处理中断的现象又称为中断嵌套。一般情况下，在处理某级中的某个中断时，与它同级的或比它低级的中断请求应不能中断它的处理，而在处理完该中断返回主程序后，再去响应和处理这些中断。而比它优先级高的中断请求却能中断它的处理。也就是说，当 CPU 正在执行某中断服务程序期间，若有更高优先级的中断请求发生，且 CPU 处于开中断状态时，CPU 暂时中止对原中断服务程序的执行，转去执行新的中断请求的服务程序，处理完后再返回原中断服务程序继续执行。

如图 9-4 所示为一个 4 级中断嵌套的例子。4 级中断请求的优先级别由高到低为 1→2→3→4。在 CPU 执行主程序过程中同时出现了两个中断请求 3 和 2，因第 2 级中断优先权高于第 3 级中断，应首先去执行第 2 级

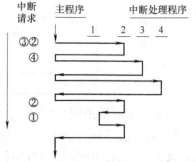

图 9-4　多重中断处理示意图

中断服务程序。若此时又出现了第 4 级的中断请求，则 CPU 将不予理睬。第 2 级中断服务程序执行完成返回主程序后，再转去执行第 3 级的中断服务程序，然后再执行第 4 级中断服务程序。若在 CPU 再次执行第 2 级中断服务程序过程中，出现了第 1 级中断请求，因其优先级高于第 2 级，则 CPU 暂停对第 2 级中断服务程序的执行，转去执行第 1 级中断服务程序。等第 1 级中断服务程序执行完后，再去执行第 2 级中断服务程序。在本例中，中断请求次序为 2→3→4→2→1，而中断完成次序为 2→3→4→1→2，两者不相同。

思考一下：如果上例中的优先级为 4→3→2→1，那么在发出同样的中断请求次序时，中断完成次序是怎样的？

为能实现中断嵌套，在中断处理程序中可以这样安排：保护现场后，先做些紧迫事件处理，如将接口中的数据取回主机，然后开中断（使 ENIT=1），允许响应其他中断；若有其他优先级更高的请求发生，则保存原中断处理程序的断点和现场，转去处理新的请求；若无其他优先级更高的请求，则继续执行处理程序，最后恢复现场，返回。

在许多中断系统中，为每个中断请求设置一个屏蔽位。在允许多重中断的方式中，每当响应中断请求时，就在处理程序中送出新的屏蔽字，将与该请求同级的以及优先级低的请求屏蔽掉。这样，在多重中断嵌套中，嵌入的只能是优先级更高的中断。

如前面所述中断级的响应次序是由硬件（排队判优线路）来决定的，但是，在有优先级中断屏蔽控制条件下，系统软件根据需要可以改变屏蔽字的状态，从而改变多重中断处理次序，这反映了中断系统软硬结合带来的灵活性。

9.3.3　中断源判别

1．中断源的类型

（1）内中断和外中断

1）内中断指的是由 CPU 内部硬件或软件原因引起的中断，如单步中断、溢出中断等。

2）外中断指 CPU 以外的部件引起的中断。外中断又可以分为不可屏蔽中断和可屏蔽中断两种。不可屏蔽中断的中断优先级别较高，经常适用于应急处理，如断电、主存读/写校验错误；而可屏蔽中断级别较低，常用于一般 I/O 设备的信息交换。

（2）意外中断和计划中断

1）意外中断是随机产生的，不是预先安排好的。当这种中断发生时，由中断系统强迫计算机中止现在正在执行的程序并转入中断服务程序。

2）计划中断又叫作程序自中断，不是随机产生的，而是在程序中安排的有关指令，这些指令可以让计算机处于中断处理的过程，如 X86 指令系统中的软中断指令"INT n"。

（3）向量中断和非向量中断

1）向量中断指中断服务程序的入口地址，是由中断事件自己提供的中断。中断事件在提出中断请求的同时，通过硬件向主机提供中断服务程序的入口地址，即向量地址。

2）非向量中断的中断事件不能直接提供中断服务程序的入口地址。

（4）单中断和多重中断

1）单中断在 CPU 执行中断服务程序的过程中不能被再次中断。

2）多重中断是指在执行某个中断服务程序的过程中，CPU 可以根据优先级的高低响应级别更高的中断请求，又称中断嵌套。多重中断表示了计算机中断功能的强弱，有的计算机最多能实现 8 级以上的多重中断。

2. 判别中断源

可以用软件和硬件两种方式来确定中断源。

（1）程序查询法　当 CPU 接到中断请求信号后，就执行查询程序，由查询程序按一定排队次序检查各个设备的"中断触发器"（或称为中断标志），当遇到第一个"1"标志时，即找到了优先进行处理的中断源，取出其设备码，根据设备码转入相应的中断服务程序。这是最简单的中断判别方法。

显然，程序查询法将软件判断方式和识别中断源结合在一起，当查询到中断请求信号的来源，也就找到了中断源，可以立即响应并转到对应中断服务程序。

这种方法简单，可以灵活修改中断源的优先级别，但是查询和判优都是靠程序实现的，这样会占用 CPU 时间，并且判优速度也比较慢。

（2）硬件判优电路　即由硬件确定中断源。图 9-5a 所示为中断请求逻辑图，当任一设备的中断触发器为"1"时，通过"或"门向 CPU 发出中断请求信号 INTR。图 9-5b 所示为串行排队判优线路，图中画出了三个中断源，其设备码分别为 001010、001011 和 001000。

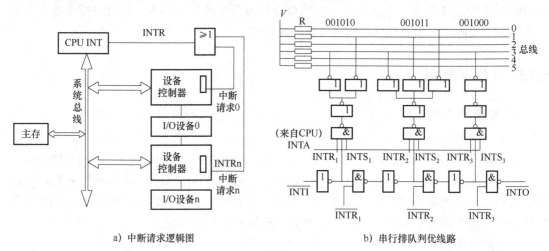

a）中断请求逻辑图　　　　　　　b）串行排队判优线路

图 9-5　中断请求串行排队逻辑

图中的下半部分由门 1～门 6 组成一个串行的优先链，称作排队链。$INTR_i$（$i=1\sim3$）是从各设备来的中断请求信号，优先顺序从高到低，依次是 $INTR_1$、$INTR_2$、$INTR_3$。图的上半部分是一个编码电路，它将产生请求中断的设备中优先权最高的设备码经总线送往 CPU，设备码是依靠连接到总线的集极开路反相器 13～18 生成的，当设备码某位为"1"时，其总线输出为低电平。

图中 $INTS_1$、$INTS_2$、$INTS_3$ 为 $INTR_1$、$INTR_2$、$INTR_3$ 对应的中断排队选中信号。INTA 是由 CPU 送来的取中断设备号码。INTI 为中断排队输入信号，INTO 为中断排队输出信号。若要扩充中断源可根据其优先权的高低串接于排队链的左端和右端。总线标号由上而下为 0～5。若没有更高优先权的请求时，INTI=0，门 1 的输出为高电平，即

INTS₁=1，若此时中断请求信号 INTR₁ 为高电平（即有中断请求），且 INTA 为高电平，则 INTR₁ 被选中。此时，INTR₁ 为低电平，使得 INTS₂ 和 INTS₃ 全为低电平，则 INTR₂、INTR₃ 中断请求被封锁。这时，向 CPU 发出中断请求，并由译码电路将设备码 001010 送总线。CPU 从总线取走该设备码，并执行其中断服务程序。若此时 INTR₁ 无中断请求，则 INTR₁ 为高电平，$\overline{\text{INTR}_1}$ 为低电平，经过门 2 和门 3，使 INTS₂ 为高电平。如果 INTR₂ 为高电平，则被选中，否则，将顺序选择请求中断的中断源优先权最高者。

（3）向量中断法　现代计算机系统广泛采用向量中断（矢量中断）结构，即中断源通过有关控制逻辑给出相应的一个向量编码，CPU 据此通过一系列变化得到中断处理程序的入口地址，无须软件查询。

一般将中断处理程序入口地址称为中断向量。在早期的一些简单系统中，采用一级向量方式，即直接由中断源产生中断向量。但由于缺乏灵活性，对中断源的向量产生机构要求较高，现已较少采用。现在常用的是二级向量或多级向量方式，如 8086 CPU 采用二级向量方式。中断源向 CPU 提供一个中断类型码，可视为第一级向量编码。8086 用一个字节表示中断类型码，因此可有 256 个类型码，可表示 256 个中断源。其中，内部中断占用固定的类型码，还有一部分是系统保留部分，其余是用户可自由使用的类型码。

向量中断是指中断服务程序的入口地址由中断事件自己提供。中断事件在提出中断请求的同时，通过硬件向主机提供中断服务程序入口地址或指针，即向量地址。

1）向量地址是中断服务程序的入口地址。如果向量地址就是中断服务程序的入口地址，则 CPU 不需要再经过处理就可以进入相应的中断服务程序，Z-80 的中断方式 0 就是这种情况。每个中断源由硬件电路形成一条包含中断服务程序入口地址的特殊指令——重新启动指令，然后转入相应中断服务程序。中断源提供给 CPU 一个 RST 指令，操作码为 11XXX111，其中 XXX 为三位二进制码，取值范围是 000～111，所以，RST 指令有 8 种组合方式。

RST 指令只要完成将断点（PC 的内容）压到堆栈保存，然后把向量地址（XXX）×8 送给 PC。这样，RST 指令可以调用存储器前 64B 的 8 个中断服务程序中的任意一个，两个入口地址间隔 8 个单元，依次是 00H,08H,10H,…,38H。如果中断服务程序较短就可以直接放在这些单元里，但是如果较长就可以在这些单元里再放一条转移指令，用来转移到真正的中断服务程序中去。例如，当指令为 RST6 时，经 CPU 处理后得到的向量地址 VA=0030H，也就是说，这个中断源的中断服务程序的入口地址是 0030H。

2）向量地址是中断向量表的指针。如果向量地址是中断向量表的指针，则向量地址指向一个中断向量表，从中断向量表的相应单元中取出中断服务程序的入口地址，此时中断源给出的向量地址是中断服务程序入口地址的地址。

中断向量表通常是在主存中开辟一块存储空间，用来存放中断服务程序的入口地址信息。在 CPU 响应中断后，中断硬件自动地将向量地址送到数据总线上，CPU 读数据总线获得向量地址，然后根据向量地址查询向量表获得中断服务程序入口地址，从而转入中断服务程序。

例如，80x86 的中断向量表占用主存 00000H～003FFH 共 1KB 的存储空间，表中内容分为 256 项，对应于中断类型号 0～255，每一项占 4B，高地址的两个字节用来存放中断服务程序所在段的段地址，低地址的两个字节用来存放中断服务程序入口处所在段的偏移地址。从中断向量表的结构可知，n 号中断服务程序的入口地址存放在表中 $4 \times n$～$4 \times n+3$ 共 4B。

再如，在向量地址内存放一条无条件转移指令，CPU 响应中断时，只要把向量地址（如 10H）送到 PC，执行这条指令，可以无条件转向打印机服务程序入口地址 200H。还有一种方法是设置向量地址表，把此表放在存储器内，存储单元地址为向量地址，存储单元内容为入口地址，只要访问向量地址所指向的存储单元，就可以获得入口地址。

向量中断方式具有很高的灵活性，易于扩展，入口地址生成速度较快（只需几次访存，约为微秒级），且不因中断源数目的增加而减慢，硬件实现也较容易。

9.3.4 中断处理过程

1. 中断响应的条件

在计算机中 CPU 在响应中断必须同时满足以下三个条件：

1）中断源要发出中断请求，同时 CPU 还必须接收到这个中断请求。

2）CPU 允许接收中断请求。当 CPU 允许中断的话，也就是开中断状态。CPU 内部的中断允许触发器 ENIT=1 的时候，CPU 才可以响应中断源的中断请求（这个过程叫中断允许）。如果 ENIT=0，CPU 处于不允许中断状态，那么即使中断源有中断请求，CPU 也不会响应（这个过程叫中断关闭）。

3）一条指令已经执行完毕，没有开始执行下一条指令。一旦 CPU 响应中断的条件得到满足，CPU 开始响应中断，转入中断服务程序，进行中断处理。

2. 中断处理过程

不同计算机对中断的处理各具特色，就其大多数而论，中断处理过程如图 9-6 所示。

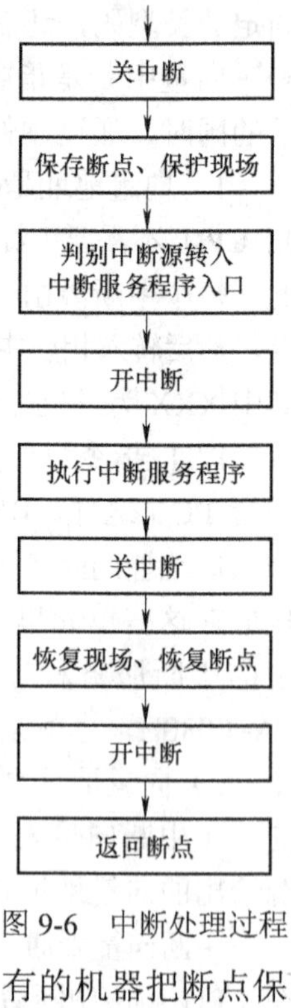

1）关中断，进入不可再次响应中断的状态。因为接下去要保存断点，保存现场。在保存现场过程中，即使有更高级的中断源申请中断，CPU 也不应该响应。否则如果现场保存不完整，在中断服务程序结束之后，也就不能正确地恢复现场并继续执行现行程序。

2）保存断点和现场。为了在中断处理结束后能正确地返回到中断点，在响应中断时，必须把当前的程序计数器（PC）中的内容（即断点）保存起来。对现场信息的处理有两种方式：一种是由硬件对现场信息进行保存和恢复；另一种是由软件即中断服务程序对现场信息保存和恢复。

图 9-6　中断处理过程

对于由硬件保存现场信息的方式，各种不同的机器有不同的方案。有的机器把断点保存在主存固定的单元，中断屏蔽码也保存在固定单元中；有的机器则不然，它在每次响应中断后从主存单元分别取出新的程序计数器内容和处理器状态字来代替，称为交换新、旧状态字方式。

3）判别中断源转入中断服务程序入口。在多个中断源同时请求中断的情况下，本次实际响应的只能是优先权最高的那个中断源。所以，需要进一步判别中断源，并转入相应的中断服务程序入口。

4）开中断。因为接下去就要执行中断服务程序，开中断将允许更高级中断请求得到响应，实现中断嵌套。

5）执行中断服务程序。不同中断源的中断服务程序是不同的，实际有效的工作是在此程序中实现的。

6）第二次关中断。执行完中断服务程序后需要退出中断，在退出前，又应进入不可中断状态，即关中断，恢复现场，恢复断点，避免在恢复现场和恢复断点过程中因其他中断的请求而出现问题。然后开中断，返回原程序执行。

7）恢复现场，恢复断点。系统利用硬件或软件恢复以前保存的现场和断点数据。

8）开中断。系统完成现场和断点恢复工作后，将转回原程序。

9）返回断点。开始允许接收中断请求，然后继续原有程序的运行。

进入中断时执行的关中断、保护断点等操作一般是由硬件实现的，它类似于一条指令，但与一般的指令不同，它并不是指令系统中的一条真正的指令，没有操作码，所以是一种不允许而且也不可能被用户使用的特殊指令，不能被编写在程序中。因此，常常被称为"中断隐指令"。

9.3.5　程序中断设备接口

程序中断设备接口一般由设备选择器、工作状态逻辑（中断请求、屏蔽位）、中断排队、中断控制逻辑、设备码回送逻辑和数据缓冲寄存器等组成。接口标准化，通过总线与主机相连。

1. 设备选择器

每一台外设接口都设置一个设备选择器，连接在系统上的每一台设备都有一个设备码。当 CPU 需要使用某外设时，通过 I/O 指令或其他访问 I/O 设备地址的指令，将设备码通过地址送往所有外围设备接口，但仅仅具有该设备码的设备选择器才产生选中信号（SEL）。该外围设备及其接口才能响应主机的控制并进行数据传送。

2. 中断控制逻辑和工作状态逻辑

图 9-7 中的中断控制逻辑是带有中断屏蔽的接口逻辑。它包括两个工作状态寄存器，完成触发器（DONE）和忙触发器（BUSY），还有一个中断请求器和一个中断屏蔽触发器。当该设备被选中，即选中信号（SEL）为高电平时，忙触发器（BUSY）置"1"，启动设备，同时完成触发器（DONE）置"0"。当设备完成输入/输出动作，需要请求中断时，由完成信号将 DONE 触发器置"1"。如果此时屏蔽触发器为"0"态，则在指令结束信号 RQENB 的作用下，使中断请求触发器置"1"，向 CPU 发出中断请求信号 INTR。但若中断屏蔽触发器处于"1"态，则即使 DONE 触发器为"1"，仍不能产生中断请求信号，直到中断屏蔽触发器为"0"态为止。中断屏蔽触发器是由 I/O 指令来置位或复位的。图中的 IORST 是 CPU 送来的复位（I/O 总清）信号，MSKO 是其置位信号。

3. 中断排队和设备码回送逻辑

CPU 接到外围设备的中断请求后，若可以响应中断，则需知道是哪台设备要求服务。因此，需要将请求中断的设备码送给 CPU。当多个外设有中断请求时，必须先为优先级高的外设服务。这个任务是通过排队线路和设备码回送逻辑来完成的，其逻辑线路如图 9-5 所示。

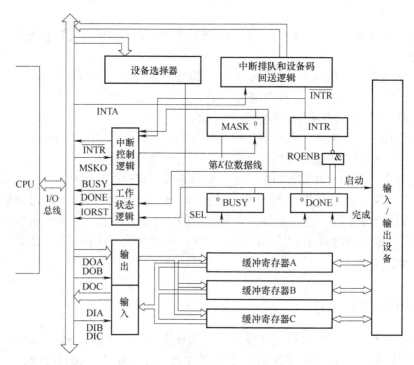

图 9-7　某机程序中断设备接口框图

4．数据缓冲寄存器

每个外设的接口都设有数据缓冲寄存器，其长度为一个字节，或一个字长。有的只需要一个数据缓冲器，有的可设多个。图 9-7 中有三个缓冲寄存器 A、B、C。在 CPU 送来的 DOA 或 DIA 信号控制下分别完成缓冲寄存器 A 的接收或发送工作。

除上述标准部件外，各个外围设备还可设置一些特殊的控制电路，以适应不同的外围设备的需要，如启停电路。

不同机器的程序中断设备接口逻辑是不同的，但基本原理是一致的。程序中断控制逻辑已由专用集成电路芯片实现。

9.4　DMA 输入/输出方式

由于中断控制方式不适用于大批量数据传送的场合，为提高大批量数据传送的效率，在输入/输出系统中引入直接存储器存取（DMA）方式进行数据传送。

DMA 是 I/O 设备与主存储器之间由硬件组成的直接数据通路，用于高速 I/O 设备与主存之间的成组数据传送。数据传送是在 DMA 控制器下进行的，由 DMA 控制器给出当前正在传送的数据字的主存地址，并统计传送数据的个数以确定一组数据的传送是否已结束。在主存中要开辟连续地址的专用缓冲器，用于提供或接收传送的数据。在数据传送前和结束后要通过程序或中断方式对缓冲器和 DMA 控制器进行预处理和后处理。

在 DMA 方式中，CPU 很少干预数据的输入/输出，只是在数据传送开始前，初始化 DMA 控制器中的设备地址寄存器、内存地址寄存器和数据字个数计数器等。CPU 不用直接干预数据传送开始以后的工作。DMA 通过中断与 CPU 保持联系，以便在数据传送完成或发生异常时及时通知 CPU 加以干预。

DMA 最大的优点是速度快。由于 CPU 基本不干预数据的传送操作，与前面两种数据传送方式相比节省了 CPU 取指令、取数据、送数据等操作。在数据传送过程中，也不需要进行类似保存现场、恢复现场的工作。内存地址的修改、计数器的操作均由硬件线路直接实现，降低了系统程序的复杂性。DMA 的特点主要表现在以下几个方面：

1）DMA 使内存既可被 CPU 访问，同时也可被快速外设直接访问。

2）在传输数据块时，内存地址的确定、数据的传送及计数控制器的计数等工作均由硬件完成。

3）需要在内存中开设专用缓冲区，及时提供或接收数据。在 DMA 数据传送开始前和结束后，CPU 通过中断方式对缓冲区进行预处理和后处理。

4）CPU 几乎完全与外设并行工作，提高了系统的效率。

为了有效地利用 DMA 方式传送数据，一般采用 CPU 暂停访问内存、周期窃取（周期挪用）及与 DMA 交替访问这三种方式解决 CPU 与 DMA 控制器同时访问内存的问题。

9.4.1 DMA 的三种工作方式

1. CPU 暂停方式

当外设要求传送一批数据时，由 DMA 控制器向 CPU 发出一个停止信号，要求 CPU 放弃对地址总线、数据总线和有关控制总线的控制权。在获得总线控制权后，DMA 控制器开始控制数据传送。在一批数据传送结束后，DMA 控制器通知 CPU 可以使用内存，并交出总线控制权，如图 9-8 所示。显然，在这种 DMA 传送过程中，CPU 基本处于不工作状态。

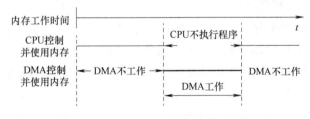

图 9-8 CPU 暂停方式

这种传送方法的优点是控制简单，可以适应数据传输速度很高的外设成组传送数据。其缺点是在 DMA 控制器访问内存期间，CPU 和内存的效能没有得到充分的发挥。由于一般外设传送两个数据的间隔大于内存的存储周期，因此在外设传输数据的间隔期间，内存资源没有得到充分的利用。

2. CPU 周期窃取方式

在这种 DMA 传送方式中，当外设没有 DMA 请求时，CPU 按程序要求访问内存。若有 DMA 控制器请求时，由 DMA 控制器与主存储器之间转送一个数据，占用（窃取）一个 CPU 周期，即 CPU 暂停工作一个周期，然后继续执行程序。

在周期窃取 DMA 传送方式中，当外设提出 DMA 请求时可能遇到三种情况：第一种是 CPU 不需要访问内存（如 CPU 正在执行乘法指令，由于乘法指令执行时间较长，此时 CPU 不需要访问内存），那么 DMA 控制器窃取一、二个内存周期对 CPU 执行程序没有任何影响；第二种是 I/O 设备请求 DMA 传送时，CPU 正在访问内存，此时必须等存取周期结束，CPU 才能让出总线所有权；第三种情况是在 DMA 控制器控制外设访问内存的同时，CPU 正在访问内存，产生内存访问冲突。在产生冲突的情况下，DMA 控制访问内存优先，原因是外设对内存的访问有时间要求，如果不立即访问就有可能丢失数据，所以必须在下一个访问内存请求到达之前完成当前数据的存取操作，这时就要窃取一、二个存取周期。也就是说，在 CPU 执行访问内存指令过程中插入了 DMA 请求，并挪用了一、二个存取周期。这样明显延缓了 CPU 执行程序的速度，如图 9-9 所示。

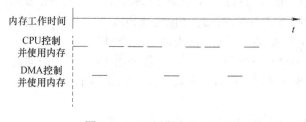

图 9-9　CPU 周期窃取方式

与 CPU 暂停方式相比，CPU 周期窃取的方式既实现了数据的输入/输出传送，又较好地发挥了内存和 CPU 的效率，因而在计算机系统中得到了较广泛的应用。但由于外设每次窃取内存周期都必须经历 DMA 控制器申请总线的控制权、接管总线控制权和归还总线控制权的过程，整个过程一般要持续 2 ~ 5 个内存周期（视计算机的具体情况而定），因此这种方法适用于外设读取周期大于内存存取周期的情况。

3．DMA 与 CPU 交替访问方式

这是标准的 DMA 工作方式。若传送数据时 CPU 正好不占用存储总线，则对 CPU 不产生任何影响。若 DMA 控制器和 CPU 同时需要访问存储总线，则 DMA 的优先级高于 CPU。在 DMA 传送数据过程中，不能占用或破坏 CPU 硬件资源或工作状态，否则将影响 CPU 的程序执行，如图 9-10 所示。

这种方式适合于 CPU 的工作周期比内存存取周期长的情况。例如，CPU 的工作周期为 1.4μs，内存的存取周期小于 0.7μs，那么可以把一个 CPU 周期分成两个周期，一个供 DMA 访存，一个供 CPU 访存。此工作方式不需要总线使用权的申请、建立和归还，总线使用权是通过拆分的 CPU 周期分别控制。CPU 和 DMA 接口各自有独立的访存地址寄存器、数据寄存器和读/写信号。那么，总线就变成了拆分的 CPU 工作周期控制下的多路转换器，总线控制权的转移几乎不用多花费什么时间，具有很高的 DMA 传送速率。

在这种工作方式中，CPU 既不停止主程序的运行也不进入等待状态，就完成了 DMA 的数据传送，当然对应的硬件逻辑结构也会变得更为复杂。

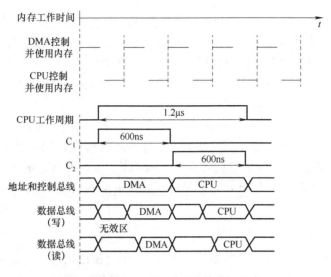

图 9-10　DMA 和 CPU 交替访问方式

9.4.2　DMA 控制器的组成

DMA 控制器的基本组成如图 9-11 所示。它包括设备寄存器、中断控制逻辑和 DMA 控制/状态逻辑等。

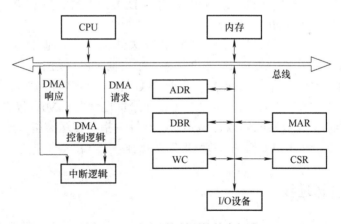

图 9-11　DMA 控制器的基本组成

1. 设备寄存器

DMA 控制器中包含多个寄存器。

1）地址寄存器（MAR）。该寄存器初始值为主缓冲区的首地址，在传送前由程序送入。主缓冲区的地址是连续的。在 DMA 传送期间，每交换一个字，由硬件逻辑将其自动加 1，成为下一次转送的内存地址。

2）外围设备地址寄存器（ADR）。该寄存器存放 I/O 设备的设备码，或者表示设备信息存储区的寻址信息，如磁盘数据所在的区号、盘面号和柱面号等。具体内容取决于 I/O 设备的数据格式和地址编址方式。

3）字数计数器（WC）。该计数器对传送数据的总字数进行统计，在传送开始前，由程序将要传送的一组数据的字数送入 WC，以后每传送一个字（或字节）计数器自动减 1，当 WC 内容为零时表示数据已全部传送完毕。

4）控制与状态寄存器（CSR）。该寄存器用来存放控制字和状态字。有的接口中使用两个寄存器分别存放控制字和状态字。

5）数据缓冲寄存器（DBR）。该寄存器用来暂存 I/O 设备与内存传送的数据。通常 DMA 与内存之间是按字传送的，而 DMA 与设备之间可能是按字节或位传送的，因此 DMA 还可能要包括装配和拆卸字信息的硬件，如数据移位缓冲器、字节计数器等。

各寄存器均有自己的总线地址，它们是内存的指定单元或 I/O 设备号，CPU 可对这些寄存器进行读/写。

2. 中断控制逻辑

当一组数据交换结束，即字计数器为"0"时，由"溢出信号"触发中断，向 CPU 发出中断请求，要求 CPU 对 DMA 进行后处理工作。需要注意的是，这里的中断和 9.4.1 小节介绍的中断技术是相同的，但目的不同，9.4.1 小节是为了数据的输入或输出，而这里是为了告知 CPU 一批数据传送结束。

3. DMA 控制/状态逻辑

由控制和时序电路以及状态标志触发器等组成。用于控制修改内存地址计数器和字计数器，指定 DMA 的传送方向（输入或输出），并对 DMA 请求信号和 CPU 响应信号进行协调和同步，为 DMA 控制器的核心部分。

每当设备准备好一个数据字（或一个字传送结束），就向 DMA 接口提出申请（DREQ），控制/状态逻辑在接收 DMA 中断请求之后，向 CPU 发出一个 DMA 传送请求信号，发出总线使用权的请求信号（HRQ），要求 CPU 让出总线的控制权。在接到 CPU 传来的传送响应信号（HLDA）之后，控制/状态逻辑开始负责管理 DMA 传送的全过程，包括对内存地址寄存器和字计数器的修改、识别总线地址、指定传送类型（输入或输出）以及通知设备已经被授予一个 DMA 周期（DACK）等操作。

9.4.3　DMA 的传送过程

DMA 的数据传送过程可分为三个阶段：DMA 传送前预处理、数据传送及传送后处理，如图 9-12a 所示。图 9-12b 所示的是第二个阶段数据传送的过程。

1. DMA 传送前预处理

在进行 DMA 数据传送之前要做一些必要的准备工作。它包括以下几项主要内容：

1）要将内存中某数据块送往外围设备接口，则需先准备好数据。要从接口读数据块送入内存，则需在内存中设置相应的缓冲区。

2）初始化 DMA 接口的有关控制逻辑。例如，将内存缓冲区或数据块的首址送入"存储器指针"，将数据块长度送往"块长计数器"，并送出有关命令字以确定传送方向等控制信息及 I/O 设备有关寻址信息等。

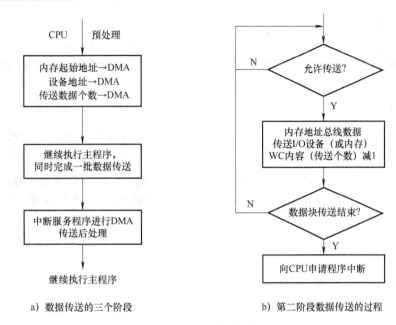

a) 数据传送的三个阶段　　　　b) 第二阶段数据传送的过程

图 9-12　DMA 的数据传送过程

3) 由于在 DMA 传送结束后常以中断的方式请求 CPU 进行后处理, 所以在 DMA 初始化阶段还应进行这方面的相关初始化工作。

在这些工作完成之后, CPU 继续执行原来的程序。外设在准备好发送的数据 (输入数据时) 或已处理完上次接收的数据 (输出数据时) 后向 DMA 控制器发出 DMA 请求, DMA 控制器发出 DMA 请求, 申请内存和总线的控制权。当同时有几个 DMA 请求存在时, 硬件线路按照固定的优先级排队进行处理。在该 DMA 控制器得到内存和总线的控制权后开始传送数据。

2. DMA 控制 I/O 设备与内存之间的数据传送

I/O 设备启动后, 若要输入数据, 则进行以下操作:

1) 从输入介质读入一个字到 DBR 中, 若 I/O 设备是面向字符的, 也就是一次读入的数据为一个字节, 则组成一个字需要经过装配。

2) 向 CPU 发出 DMA 请求, 在取得总线控制权后, 将 DBR 中的数据送入内存的数据寄存器。

3) 将 DMA 中的 MAR 内容送内存的地址寄存器, 启动写操作, 将数据写入内存。

4) 将 WC 的值减 1, 将 MAR 的值加 1, 给出下一个字的地址。

5) 判断 WC 是否为 "0"。若不是, 说明还有数据需要传送, 检查无误后准备下一字的输入; 若 WC 为 0, 表明一组数据已传送完毕, 此时应置结束标志, 向 CPU 发出中断请求。

若要输出数据, 应进行以下操作:

1) 将 MAR 的内容送内存的地址寄存器。

2) 启动内存读操作, 将对应单元的内容读入内存的数据寄存器。

3) 将内存数据寄存器的内容送到 DMA 的 DBR 中。

4) DBR 的内容送到输出设备, 若为字符设备, 则需要将 DBR 内容拆成字符输出。

5）将 WC 的值减 1，MAR 的值加 1，为下一个字的输出做好准备。

6）判断 WC 的内容是否为 0。若不为 0，说明还需继续传送，输出设备处理完成数据后，发 DMA 请求。若 WC 为 0 或检验有错，则停止传送，向 CPU 发出结束中断请求或出错中断请求。

3．DMA 传送后处理

一旦 DMA 的中断请求得到响应，CPU 则停止原程序的运行，转向中断服务程序完成 DMA 的结束处理工作。这些工作通常包括对送入内存的数据进行校验，测试传送过程中是否发生错误，以及确定是否继续传送数据等。若需继续交换数据，则还要对 DMA 控制器进行初始化；若不需交换数据，则停止外设；若出错，则转错误诊断及处理程序。

9.4.4　DMA 接口

1．DMA 接口与系统的连接方式

DMA 接口与系统的连接方式有两种，如图 9-13 所示。

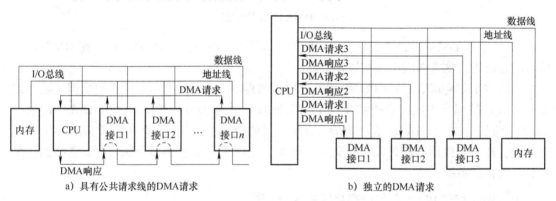

a）具有公共请求线的DMA请求　　　　　b）独立的DMA请求

图 9-13　DMA 接口与系统的连接方式

图 9-13a 所示为具有公共请求线的 DMA 请求方式，若干个 DMA 接口通过一条公用的 DMA 请求线向 CPU 申请总线控制权。CPU 发出响应信号，用链式查询方式通过 DMA 接口，首先选中的设备获得总线控制权，就可以占用总线和内存传送信息。

图 9-13b 所示为独立的 DMA 请求方式，每一个 DMA 接口各有一对独立的 DMA 请求线和 DMA 响应线，由 CPU 的优先级判优机构裁决首先响应哪个请求，并在响应线上发出响应信号，获得响应信号的 DMA 接口就可以控制总线和内存传送数据。

2．DMA 接口类型

（1）选择型 DMA 接口　这种类型的 DMA 接口的逻辑框图如图 9-14 所示。

选择型 DMA 接口的主要特点是可以连接多个外围设备。在逻辑上只允许连接一个设备，也就是说，DMA 接口在某个时间段内，只能为一个设备服务，通常是在预处理时将所选设备的设备号送入设备地址寄存器。选择型 DMA 接口适用于数据传输率很高的设备。

（2）多路型 DMA 接口　这类 DMA 接口不仅在物理上可以连接多个外围设备，在逻

辑上也允许多个设备同时工作，每个设备和 DMA 接口进行数据传送的时候采用字节交叉的方式。每个和它连接的设备都设置了一套寄存器分别存放各自的传送参数。图 9-15a、b 所示分别是链式多路型 DMA 接口和独立请求多路型 DMA 接口。

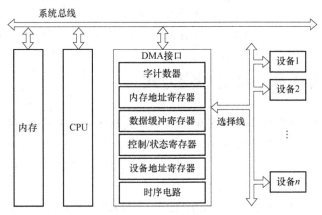

图 9-14　选择型 DMA 接口的逻辑框图

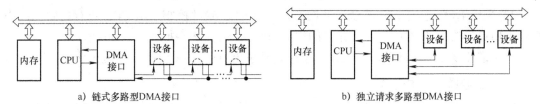

图 9-15　多路型 DMA 接口的逻辑框图

多路型 DMA 接口适合于同时为多个数据传输率不十分高的设备服务。

图 9-16 是多路型 DMA 接口的工作原理示意图。图中磁盘、磁带、打印机同时工作。磁盘、磁带、打印机分别每隔 30μs、45μs、150μs 向 DMA 接口发出请求，磁盘的优先级高于磁带，磁带的优先级高于打印机。

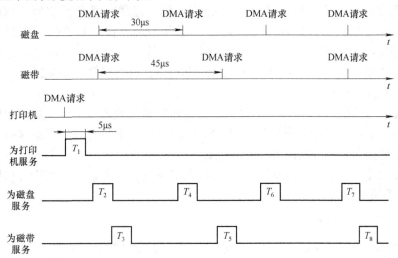

图 9-16　多路型 DMA 接口的工作原理示意图

假设 DMA 接口完成一次 DMA 数据传送需要 5μs，由图可知，打印机首先发请求，那么 DMA 接口首先为打印机服务（T_1）；接着磁盘、磁带同时有 DMA 请求，按优先级先响应磁盘请求（T_2），再响应磁带请求（T_3），每次 DMA 传送都是一个字节。这样，在一共约 90μs 的时间里，DMA 接口为打印机服务一次（T_1），为磁盘服务 4 次（T_2、T_4、T_6、T_7），为磁带服务 3 次（T_3、T_5、T_8）。可以看出，DMA 接口还有很多空闲时间，完全可以再容纳更多的设备。

9.5　通道控制方式和外围处理器方式

对于高速外设的成组数据交换，采用 DMA 方式不仅节省了 CPU 开销，而且提高了系统的吞吐能力。在小型、微型计算机中，采用程序中断和 DMA 方式进行系统的 I/O 处理是有效的。但在大、中型计算机系统中，外设配置多，数据传送频繁，整体运行速度要求较高，若仍用 DMA 方式会存在下述问题：

1）如果为数众多的外设都配置专用的 DMA 控制器，将大幅度增加硬件，从而提高了成本。而且要为解决众多 DMA 同时访问主存的冲突，使控制复杂化。

2）采用 DMA 传送方式的众多外设均直接由 CPU 管理控制，由 CPU 进行初始化，势必会占用更多的 CPU 时间，而且频繁的周期窃取会降低 CPU 执行程序的效率。

为了避免发生上述问题，在大、中型计算机系统中采用 I/O 通道方式进行数据交换。

1．I/O 通道的基本概念

I/O 通道是计算机系统中代替 CPU 管理与控制外设的独立部件，是一种能执行有限 I/O 指令集合–通道命令的 I/O 处理器。

在通道控制方式下，一个主机可以连接通道，每个通道又可连接多台 I/O 设备，这些设备可具有不同速度，可以是不同种类。这种输入/输出系统增强了主机与通道操作的并行能力以及各通道之间、同一通道的各设备之间的并行操作能力。同时，也为用户提供了增、减外围设备的灵活性。

采用通道方式组织输入/输出系统，多使用主机—通道—设备控制器—I/O 设备四级连接方式。通道通过执行通道程序实施对 I/O 系统的统一管理和控制，因此，它是完成输入/输出操作的主要部件。在 CPU 启动通道后，通道自动地去内存取出通道指令并执行指令，直到数据交换过程结束向 CPU 发出中断请求，进行通道结束处理工作。

DMA 与通道的重要区别如下：

1）DMA 完全借助于专门设计的硬件控制逻辑完成对数据传送的控制，而通道则是一组通道命令与具有特殊功能的处理器，通过执行通道程序来实现对数据转送的控制，所以说通道更加具有独立处理数据输入/输出的功能。

2）DMA 工作时只能对一台或少数几台同类设备进行控制，而通道则可以同时控制几台同类或者不同类的设备。

2．通道的功能和控制

目前，通道结构的功能已得到进一步增强，具有了完整的逻辑结构，形成与主 CPU 并行工作的 I/O 处理器（I/O processor，IOP）。CPU 将 I/O 操作方式与内容存入内存，用命令通知 IOP 并由 IOP 独立地管理 I/O 操作，需要时，CPU 可对 IOP 进行检测，终止 IOP 操作。

（1）通道控制原理　通道是一种比 DMA 更高级的 I/O 控制部件，具有更强的独立处理数据输入/输出的功能，能同时控制多台同类型或不同类型的设备。它在一定的硬件基础上利用通道程序实现对 I/O 的控制，更多地免去了 CPU 的介入，使系统的并行性更高。

1）通道指令和通道程序。和别的处理器一样，通道的功能是通过解释并执行由它特有的通道指令组成的通道程序实现对外围设备的控制。在不同的机器中通道指令的设置是不同的，不过最基本的部分都相差不多，如一般都有"读"和"写"等功能。通道指令除了要指出读或写操作之外，还要指出被传送数据在内存中的开始地址以及传送数据的个数等。通道独立于 CPU，往往用两个或几个字组成一条通道指令，称为通道控制字或通道命令字(CCW)。下面是由两个字组成的通道指令格式：

第一字：

命令码	数据地址

第二字：

标志	传送个数

在通用的计算机系统中设置了一组功能较强的通道指令，构成通道指令系统。有了这种指令系统，人们便可以按照程序设计的方法，根据使用外围设备的需要，编写通道程序。通过中央处理器执行输入/输出指令，把通道程序交给通道去解释执行。执行完这个通道程序，就完成了这次传输操作的全过程。早期的通道程序存放在主机的内存中，即通道与 CPU 共用内存。后来，一些计算机为通道配置了局部存储器，进一步提高了通道与 CPU 工作的并行性。

2）输入/输出指令。引入了通道，输入/输出工作虽然可以独立于中央处理器独立进行，但通道的工作还必须听从中央处理器的统一调度。为此，现代的计算机系统中，中央处理器设有"输入/输出"指令。常见的该类指令有"启动""查询"和"停止"等。中央处理器可以用"启动"指令启动通道，要求输入/输出设备完成某种操作或数据传输；可用"查询"指令了解和查询输入/输出设备的状态及工作情况；用"停止"指令停止输入/输出设备的工作。

输入/输出指令应给出通道开始工作所需的全部参数，如通道执行何种操作，在哪一个通道和设备上进行操作等。输入/输出指令和中央处理器其他指令形式相同，由操作码和地址码组成。操作码表示执行何种操作，地址码用来表示通道和设备的编码。通道程序的首地址可在执行输入/输出指令前预先送入约定内存单元或专用寄存器。

3）输入/输出中断。中央处理器启动通道后，通道和外围设备将独立地进行工作。通道和输入/输出设备采用"中断"的方式及时向中央处理器报告其工作状况，中央处理器根据报告做出相应的处理。这种中断称为输入/输出中断，又称外设中断。

输入/输出中断可分为下面几种：

① 报告某操作正常结束的"正常结束"中断。

② 报告输入/输出操作已经到达预定环节的"进程中断"。

③ 输入/输出设备发现的"故障中断"。

④ 人对输入/输出设备发出干预的"干预中断"。

（2）通道的功能　通道除了承担 DMA 的全部功能外，还承担了设备控制器的初始化工作，并包括低速外设单个字符传送的程序中断功能，因此它分担了计算机系统中全部或大部分 I/O 功能，提高了计算机系统功能分布式程度。通道大致应具有如下功能：

1）接收 CPU 的 I/O 指令，确定要访问的子通道及外围设备。

2）根据 CPU 给出的信息，从内存（或专用寄存器）中读取子通道的通道指令，并分析该指令，向设备控制器和设备发送工作命令。

3）对来自各子通道的数据交换请求，按优先次序进行排队，实现分时工作。

4）根据通道指令给出的交换代码个数和内存始址以及设备中的区域，实现外围设备和内存之间的代码传送。

5）将外围设备的中断请求和子通道的中断请求进行排队，按优先次序送往 CPU 并报告传送情况。

6）控制外围设备执行某些非信息传送的控制操作。

7）接收外围设备的状态信息，保存通道状态信息，并可根据需要将这些信息传送到内存指定单元中。

（3）通道的基本构造　图 9-17 给出了通道基本部分的组成（点画线内的部分属于通道)。可以看出，通道已是一个较完整的处理器，它与 CPU 的区别仅在于它是一个专用处理器。

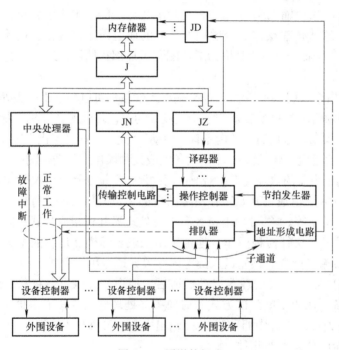

图 9-17　通道的组成

通道的主要部件如下：

1）通道指令寄存器（JZ），用来存放正在执行的通道指令。

2）代码缓冲寄存器（JN），是外围设备与内存进行代码交换时暂存被交换代码的寄存器。

3）节拍发生器，它和 CPU 中的脉冲(节拍)分配器一样，产生通道工作的节拍，控制整个通道有序地工作。

4）操作控制器，根据通道指令所规定的操作或排队结果，按通道节拍产生通道微操作。

5）传输控制电路，控制并传输外围设备和通道之间的代码及信号。

6）排队器，根据预先确定的优先次序，对各子通道提出的请求进行排队，确定通道下一次和哪一个子通道的外围设备进行交换，每次都是让优先级高的先进行交换。排队器加上子通道的记忆部件，就能实现逐个地启动子通道进行工作。图 9-17 中排队器和各设备控制器的连线表示子通道。左边设备控制器与 CPU 以及与传输控制电路之间的连线，是所有设备控制器都有的，为清楚起见图中予以省略。

7）地址形成电路：是根据排队器给出的子通道号确定与该子通道对应的通道程序的指令地址的装置。它相当于 CPU 中的程序计数器。

（4）通道控制的工作过程 通道执行一次输入/输出操作，大体要经过启动、传输和结束三个阶段。

1）CPU 执行输入/输出指令。当程序执行到需要输入/输出时，由专门的外设管理程序将本次输入/输出的各种主要信息准备好，根据输入/输出的具体要求，组织好通道程序，存入内存，并将它的首地址送至约定单元或专用寄存器中，然后执行输入/输出指令，向通道发出"启动 I/O"命令。

2）通道控制外围设备进行传输。通道接到"启动 I/O"命令后进行以下工作：

① 从约定的单元或专用寄存器中取得通道程序首地址，并检查其是否正确。

② 根据这个首地址从内存读取第一条通道指令。

③ 检查通道、子通道的状态是否能使用。若不能使用，则形成结果特征，报告启动失败，该通道指令无效。

④ 如果该通道和子通道能够使用，则把第一条通道指令的命令码发到响应设备进行启动。等到设备回答并断定启动成功后，建立结果特征"已启动成功"；否则，建立结果特征"启动失败"，结束操作。

⑤ 启动成功后，通道将通道程序首地址保留到子通道中，此时通道可以处理其他工作，设备具体执行通道指令规定的操作。

⑥ 若是传送数据操作，设备便依次按自己的工作频率发出使用通道的申请，进行排队。通道响应设备申请，将数据从内存经通道发送至设备，或反之。当传输完一个数据后，通道修改内存地址（加 1）和传输个数（减 1），直至要传输个数达到 0 为止，结束该条通道指令的执行。

3）通道指令执行结束及输入/输出结束。当设备全部完成一条通道指令规定的操作时，便发出"设备结束"信号，表示该条通道指令确定的传输已经结束，对应子通道可再往下执行一条新的指令。如果执行完的通道指令不是该通道程序中最后一条指令，子道进入通道请求排队。通道响应该请求后，将保留在子通道中的通道指令地址更新，指向下一条通道指令，并再次从内存读取新的一条通道指令。一般每取出一条新的通道指令，就将命令码通过子通道发往设备继续进行传输。

如果结束的通道指令是通道程序的最后一条，那么这个设备的结束信号使通道引起输入/输出中断，报告 CPU，本通道程序执行完毕，输入/输出操作全部结束。

当 CPU 响应中断后，程序可以根据通道状态，分析结束原因并进行必要的处理。

3．通道类型

按照输入/输出的传送方式，通道可以分成三类。

（1）字节多路通道　字节多路通道（multiplexor channel）是一种简单的低速共享通道，在时间分割的基础上，服务于多台低速和中速外围设备。字节多路通道包括多个子通道，每个子通道服务于一个设备控制器，可以独立地执行通道指令。

字节多路通道要求每种设备轮流占用一个很短的时间片，不同的设备在各自执行的时间片内与通道在逻辑上建立不同的传输连接，实现数据的传送。如图 9-18 所示，字节多路通道先选择设备 A，为其传送一个字节 A_1，然后又选择设备 B，传送字节 B_1，再选择设备 C，传送字节 C_1。再交叉地传送 $A_2, B_2, C_2, \cdots$。所以，字节多路通道的功能好比一个多路开关，轮流地接通各设备。例如，数据传输率是 1000B/s，传送一个字节的时间是 1ms，而通道从设备接收或发送一个字节只需要几百纳秒，所以通道在传送两个字节之间有很多空闲时间，字节多路通道正是利用这个空闲时间为其他设备服务。

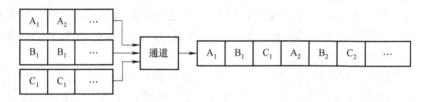

图 9-18　字节多路通道传送方式示意图

（2）选择通道　选择通道（selector channel）又称为高速通道，在物理上它可以连接多个设备，但这些设备不能同时工作。每次只能从所连接的设备中选择一台 I/O 设备的通道程序，此刻该通道程序独占了整个通道，当它与内存交换完数据后，才能转去执行另一个设备的通道程序，为另一台设备服务。

如图 9-19 所示，选择通道先选择设备 A，成组连续地传送 $A_1, A_2, \cdots$，当设备 A 传送完毕后，选择通道又选择设备 B，成组连续地传送 $B_1, B_2, \cdots$ 再选择设备 C，成组连续地传送 $C_1, C_2, \cdots$。

选择通道主要用于连接高速外围设备，如磁盘等，信息以数据块方式高速传输。由于数据传输率很高，所以在数据传送期间只为一台设备服务。但是这类设备的辅助操作时间较长。

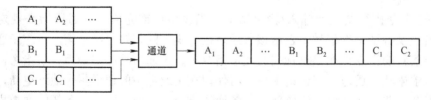

图 9-19　选择通道传送方式示意图

（3）数组多路通道　数组多路通道（array multiplexor channel）是把字节多路通道和选择

通道结合起来的一种通道结构，是对选择通道的改进。当某设备进行数据传送时，通道只为该设备服务；当设备在执行寻址等辅助操作时，通道暂时断开与这个设备的连接，挂起设备的通道程序，去为其他设备服务。所以，数组多路通道很像一个多道程序的处理器。

数组多路通道不仅在物理上可以连接多个设备，而且在一段时间内能交替执行多个设备的通道程序，也就是说，在逻辑上可以连接多个设备，这些设备都是高速设备。它有多个子通道，既可以执行多路通道程序，像字节多路通道那样使所有子通道分时共享总通道，又可以像选择通道那样的方式传送数据；既具有多路并行操作的能力，又具有很高的数据传输速率，使通道的效率大大提高。

数组多路通道与选择通道一样，都可用来连接高速外设。在一条数组多路通道上，物理上和逻辑上都可连接多台外设。数组多路通道是以数据交叉的方式同时为多台高速外设服务的。具体地说，就是利用为某一台外设寻址的时间去为另一台外设传送数据，从时序上来看可用图 9-20 来描述。

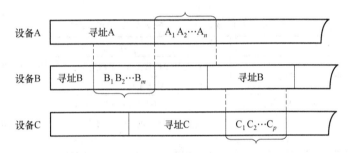

图 9-20 数组多路通道的传输过程

三种类型的通道组织在一起，可配置若干台不同种类、不同速度的 I/O 设备，使计算机的 I/O 组织更合理、更完善、管理更方便。如图 9-21 所示是大型机 8089 IOP 的基本通道组织结构。

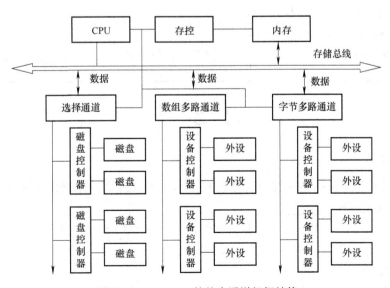

图 9-21 8089 IOP 的基本通道组织结构

4．外围处理器传送方式

外围处理器基本上独立于主机工作。在多数系统中，设置多台外围处理器，分别承担 I/O 控制、通信、维护、诊断等任务。有了外围处理器后，使计算机系统结构有了质的飞跃，由功能集中式发展为功能分散的分布式系统。该系统的结构与图 9-2 类似，但要将图中的 CH 改为 I/O 处理器。

本 章 小 结

一个完整的计算机系统的性能，不仅取决于 CPU，还取决于 I/O 的速度。而各种外围设备的数据传输速率相差很大。在计算机系统中，CPU 对外围设备的管理方式有程序查询、程序中断、DMA、通道以及外围处理器方式。每种方式都需要硬件和软件结合起来进行。

五种主要的主机和外设之间的数据传送方式比较见表 9-4。

表 9-4　五种输入/输出控制方式的性能比较

类　型	优　点	缺　点	适 用 场 合
程序查询方式	传送方式简单，控制接口硬件少	CPU 与外设串行工作，CPU 经常处于等待状态，系统效率低	CPU 速度不高，外设种类不多
程序中断方式	CPU 不处于单纯等待状态，一定程度上实现 CPU 与外设的并行工作	CPU 在保存/恢复断点和现场时花费一些时间，降低了 CPU 效率，会引起数据丢失	不宜用于传送大批量数据
DMA方式	数据传送全由硬件实现，除头、尾外，整个传送过程不必 CPU 干预，效率高	对外设的管理和某些控制仍要 CPU 完成，一个 DMA 通道需一个 DMA 控制器	小型/微型机需传送大批量数据的场合
通道方式	能同时控制高/低速外设，兼有程序输入/输出功能，又有 DMA 的高速传送数据功能。系统效率高	增加了设备和控制的复杂性	外设种类和数量都较多的场合
外围处理器方式	由单个计算机或服务器组成，输入/输出速度快，并行性高。系统效率最高	进一步增加了设备和控制的复杂性	复杂的应用场合以及大量数据处理场合

习 题 9

一、选择题

1．计算机系统的输入/输出接口是＿＿(1)＿＿的交接面。主机一侧通常是标准的 ＿＿(2)＿＿。一般这个接口就是各种 ＿＿(3)＿＿。

（1）A．存储器与 CPU　B．主机与外围设备　C．存储器与外围设备

（2）A．内部总线　B．外部总线　C．系统总线

（3）A．设备控制器　B．总线适配器

2．中断处理过程中保存现场的工作是＿＿(1)＿＿的。保存现场中最基本的工作是保存断

点和当前状态，其他工作是保存当前寄存器的内容等。后者与具体的中断处理有关，常在 (2) 用 (3) 实现；前者常用在 (4) 用 (5) 完成。

设 CPU 中有 16 个通用寄存器，其中断处理程序运行时仅用到其中的两个，则进入该处理程序前要把这 (6) 个寄存器内容保存到内存中去。

若某机器在响应中断时，由硬件将 PC 保存到主存 00001 单元中，而该机允许多重中断，则进入中断程序后， (7) 将此单元的内容转存到其他单元中。

(1) A. 必需的　B. 可有可无的

(2)(4) A. 中断发生前　B. 响应中断前　C. 具体的中断服务程序执行时
　　　　 D. 响应中断时

(3)(5) A. 硬件　B. 软件　(6) A. 16　B. 2　(7) A. 不必　B. 必须

3. 设置中断触发器保存外设提出的中断请求，是因为 (1) 和 (2) 。后者也是中断分级、中断排队、中断屏蔽、中断禁止与允许、多重中断等概念提出的缘由。

(1)(2) A. 中断不需要立即处理　B. 中断设备与 CPU 不同步　C. CPU 无法对发生的中断请求立即进行处理　D. 可能有多个中断同时发生

4. 一般 CPU 在一条指令执行结束前判断是否有中断请求，若无，则执行下一条指令，若有，则按如下步骤进行中断处理。步骤 a，关中断，然后将断点（PC 内容）和程序状态字等现场保存，并转入中断处理程序。步骤 b，判断中断源，根据中断源进入处理相应中断服务程序。步骤 c，先做好设置新的中断屏蔽码等待准备工作后即执行开中断，然后进入具体的中断服务程序执行中断服务。步骤 d，先执行关中断，然后立即执行中断返回。

选择合适的答案完成下述填空：

步骤 a 由 (1) 实现。若采用向量中断方式，则不必执行此步骤。步骤 c 中开中断的目的是 (2) 。由于设置了 (3) ，故可在多重中断发生时改变中断响应顺序。步骤 c 的开中断是由 (4) 实现的。多重中断发生在 (5) 的一段时间内。

(1) A. 程序　B. 中断隐指令（硬件）

(2) A. 使原来的屏蔽码不起作用　B. 便于高级的中断请求得以及时处理

(3) A. 新的屏蔽码　B. 开中断

(4) A. 程序　B. 硬件

(5) A. 步骤 c 之后　B. 步骤 c 的开中断和步骤 d 的关中断之间
　　 C. 步骤 c 执行中断服务程序后到步骤 d 的关中断之前

5. 在 DMA 的三种工作方式中，传送同样多的数据：采用 CPU 暂停方式时，速度 (1) 。采用程序中断方式传送数据时，需暂时中止正在执行的 CPU 程序；而采用 DMA 方式，在传送数据时， (2) 暂时中止正在执行的 CPU 程序。

(1) A. 最快　B. 最慢　(2) A. 也需要　B. 不需要

二、名词解释

接口、串行接口、并行接口、总线、系统总线、同步总线、异步总线、立即程序传送方式、程序查询方式、程序中断方式、DMA 方式、通道、IOP、向量中断、中断向量、中断屏蔽、多重中断、DMA 初始化。

三、简答题

1．程序中断设备接口由哪些逻辑电路组成？各逻辑电路的作用是什么？

2．简述中断处理的过程。指出其中哪些工作是由硬件实现的，哪些是由软件实现的。

3．中断屏蔽的作用是什么？计算机中有一些故障或事件是不允许屏蔽的，掉电中断允许屏蔽吗？

4．CPU 响应中断的条件是什么？

5．假定某外设向 CPU 传送信息，最高频率为 40 kHz，而响应的中断处理程序的执行时间为 40μs，问该外设是否可采用中断方式工作？为什么？

6．DMA 接口由哪些逻辑电路组成？各逻辑电路的作用是什么？

7．简述 DMA 处理的全过程，指出哪些工作是由软件实现的，哪些工作是由硬件实现的。

8．下面的叙述哪些是正确的？

（1）与各中断源的中断级别相比，CPU（或主程序）的级别最高。

（2）DMA 设备的中断级别比其他 I/O 设备高，否则，数据可能丢失。

（3）中断级别最高的是"不可屏蔽中断"。

9．从中断源的急迫程度、CPU 响应时间和接口控制电路三个方面，说明程序中断和 DMA 的差别。

10．数据传送的控制方式有哪几种？

参 考 文 献

[1] 蒋本珊. 计算机组成原理[M]. 4 版. 北京：清华大学出版社，2019.

[2] 唐朔飞. 计算机组成原理[M]. 2 版. 北京：高等教育出版社，2013.

[3] 白中英，戴志涛. 计算机组成原理[M]. 5 版. 北京：科学出版社，2019.

[4] 陈智勇. 计算机组成原理[M]. 西安：西安电子科技大学出版社，2019.

[5] 帕特森，亨尼斯. 计算机组成与设计：软件/硬件接口[M]. 5 版. 王党辉，康继昌，安建峰，等译. 北京：机械工业出版社，2015.

[6] 克莱门茨. 计算机组成原理[M]. 沈立，王苏峰，肖晓强，译. 北京：机械工业出版社，2017.

[7] 谢树煜. 计算机组成原理[M]. 3 版. 北京：清华大学出版社，2017.